液浮陀螺仪性能改进技术

陈桂明　刘小方　占　君
　　　　刘鲭洁　张　倩　著

科学出版社

北　京

内 容 简 介

液浮陀螺仪具有高精度、长寿命和高可靠性等优点。液浮陀螺仪涉及材料、机电、控制、制导等多个学科领域，其性能受材料特性、加工工艺、装配水平、温度控制、电机性能、轴承性能等因素影响较大，且各因素之间又相互关联、相互制约。

本书系统分析了液浮陀螺仪的结构、工作原理及影响液浮陀螺仪精度和稳定性的重要因素，在大量实验和工程实践数据分析的基础上，主要从温度场、框架变形、振动三个方面研究并提出了液浮陀螺仪性能改进技术。

本书可作为自动控制、惯性制导等相关专业领域的学生、教师、科研工作者和工程技术人员的参考用书。

图书在版编目(CIP)数据

液浮陀螺仪性能改进技术 / 陈桂明等著. —北京：科学出版社，2014
ISBN 978-7-03-039382-1

Ⅰ. 液… Ⅱ. 陈… Ⅲ. 液浮陀螺仪-性能-研究 Ⅳ. TN965

中国版本图书馆 CIP 数据核字(2013)第 309820 号

责任编辑：魏英杰 杨向萍 / 责任校对：彭 涛
责任印制：张 倩 / 封面设计：陈 敬

科学出版社 出版
北京东黄城根北街 16 号
邮政编码：100717
http://www.sciencep.com
北京凌奇印刷有限责任公司 印刷
科学出版社发行 各地新华书店经销
*
2014 年 1 月第 一 版 开本：B5(720×1000)
2014 年 1 月第一次印刷 印张：14 3/4
字数：295 000

POD定价： 80.00元
(如有印装质量问题，我社负责调换)

前　言

陀螺仪是惯性制导和导航系统的核心元件之一。近年来，陀螺仪技术发展迅速，各种新型陀螺仪层出不穷，但传统的框架式液浮陀螺仪由于其高精度、长寿命和高可靠性，仍将在相当长的时间内占据重要的地位。液浮陀螺仪技术涉及材料、机电、控制、制导等多个学科领域，其精度受材料特性、加工工艺、装配水平、温度控制、电机性能、轴承性能等因素影响较大，且各因素之间又相互关联、相互制约。因此，液浮陀螺仪制造是一项十分复杂的系统工程，分析影响液浮陀螺仪性能的诸因素及其之间的相互作用关系非常重要，也十分必要。

目前，我国制造的高精度液浮陀螺仪性能达到了较高水准，但与美国、俄罗斯等国家最高性能液浮陀螺仪水平相比仍有一定差距。近年来，随着我国工业水平的快速提高，基础研究力度的加大和加工工艺水平的明显改善，相关工业部门和科研院所积极研究高精度液浮陀螺仪关键技术，尝试突破影响高精度液浮陀螺仪性能的技术颈瓶。本书就是课题组在这一领域进行的一些有益探索和研究成果的总结。我们主要从温度场、框架变形、振动三个方面对液浮陀螺仪进行性能改进技术研究。全书内容分为 10 章。

第 1 章综述液浮陀螺仪的结构和工作原理，介绍陀螺温度场、框架尺寸稳定性及陀螺电机振动的国内外相关研究现状，并阐述液浮陀螺仪性能改进技术研究的目的及本书主要内容。

第 2 章对液浮陀螺温度场分布进行建模仿真，并对仿真结果进行分析。分析温度对液浮陀螺仪性能的影响，分别应用红外热像法和电阻法两种方法实验测量液浮陀螺仪工作状态下的温度场分布情况，对实验结果进行分析，并与仿真结果对比。

第 3 章研究液浮陀螺仪性能与陀螺温度场的关系。针对影响陀螺仪性能的温度场分布因素，提出两种温度场分布优化方案，并对改进加热片法进行了建模仿真，验证优化方案的可行性。

第 4 章研究陀螺框架变形相关问题，主要包括框架加工残余应力测量与分析、材料性能对框架刚度特性影响、框架应力与尺寸变化规律等。

第 5 章模拟研究陀螺框架部分加工工艺，包括热处理、切削工艺，并重点分析钻削工艺参数对框架加工的影响。

第 6 章研究复合时效工艺提高陀螺框架的尺寸稳定性，测量并分析框架加工残余应力和尺寸稳定性，研究复合时效工艺作用机理。

第 7 章研究优化加工工艺提高陀螺框架的尺寸稳定性，包括线切割、提高转速和内芯模固定，并与第 6 章的复合时效工艺优化效果进行比较。

第 8 章分析陀螺动力学方程并推导出陀螺力矩误差模型和漂移误差模型。研究陀螺电机振动机理，针对陀螺电机、浮子的振动特性分别设计陀螺电机、浮子振动测量实验方案，实现了振动测试和振动信号获取；设计陀螺性能测试实验方案，选取具有关键意义的性能参数作为研究对象。

第 9 章研究基于优化 BP 神经网络的陀螺仪性能预测方法和基于 CCGA-SVM 的陀螺仪性能预测方法，并将这些方法应用于基于电机振动特征的陀螺仪性能预测。

第 10 章将第 9 章的陀螺仪性能预测方法应用于基于浮子振动特征的陀螺仪性能预测中，并和基于电机振动特征的陀螺仪性能预测结果进行分析比较。

本书的研究内容得到了航天科技九院 16 所相关专业室、哈尔滨工业大学武高辉教授课题组、西安交通大学李严怀博士等单位和个人的大力无私帮助，尤其是在实验材料、数据分析、加工工艺等方面，作者受益匪浅，在此表示真诚的感谢。

书中引用了大量国内外专家学者的研究成果，对所引用的成果均列出了参考文献。作者对这些专家学者在该领域做出的贡献和无私的奉献表示崇高的敬意，对能引用他们的成果感到十分荣幸并由衷的感谢。如书中有引用到您的相关研究成果而未被标注的，烦请您迅速告之作者，以便及时更正。

在书稿的撰写和审定过程中还受到了王佳民、谢勇、杨贺田、高成强、江良洲、赵瑞星、汪刘应、王炜、杨庆、刘顾、刘希亮、杨斌、武伟、张宝俊、褚靖、李方实、王刚、李峰、庞俊磊以及教研室全体同志的大力帮助，在此一并表示感谢。

限于作者的水平、能力，书中不妥之处在所难免，敬请读者批评指正。

作　者

2013 年 3 月

目 录

第1章 绪　　论

1.1　液浮陀螺仪概述

高速旋转的陀螺安装在悬挂装置上,使陀螺主轴在空间具有一个或两个自由度,就构成了陀螺仪[1,2]。陀螺仪的主要特性是稳定的指向性和进动性,应用这两个特性可为载体提供方位、姿态和角速度、角位移等信息。陀螺仪发展至今,种类繁多,可根据结构特点、工作原理等进行分类。常见的分类方法有以下几种:按照陀螺转子主轴所具有的进动自由度数目可分为单自由度陀螺仪和二自由度陀螺仪;按照陀螺仪的支撑方式不同可分为框架陀螺仪、液浮陀螺仪、气浮陀螺仪、静电陀螺仪和挠性陀螺仪等;按产生陀螺效应的原理可分为转子陀螺仪、振动陀螺仪、粒子陀螺仪、激光陀螺仪和光纤陀螺仪等;按输入与输出之间的关系可以把单自由度陀螺仪分为速率陀螺仪、积分陀螺仪和二次积分陀螺仪等。目前单自由度液浮积分陀螺仪大量应用于航天、航空、航海及军事领域,因此本书主要对单自由度液浮积分陀螺仪性能改进技术展开研究。

1.1.1　液浮陀螺仪结构

液浮陀螺仪是在浮子与壳体间充满浮液,使得浮液的密度与浮子的平均密度相等,浮子处于悬浮状态。浮液的浮力能卸除输出轴支撑上的浮载,从而减少支撑的干扰力矩,有效降低陀螺仪漂移角速度。同时,使得液浮陀螺仪还具有很强的抗振动和抗冲击性能,提高输出参数的稳定性。

单自由度液浮陀螺仪结构如图1.1所示。陀螺电机通过框架安装于浮子组件内,具有较大转动惯量,在高速旋转时产生一定角动量以产生陀螺效应。浮子外形为圆筒形,其对称轴即为输出轴。浮子两端分别装有宝石轴承使浮子相对壳体定位,浮子与壳体间有很小的间隙,充满浮液。浮子两端安装有传感器和力矩器。浮子的角运动由传感器测出并转换成电信号供测量和控制用。

(1) 陀螺电机

陀螺电机是为陀螺仪提供动量矩并使之具有陀螺效应的重要元件,它产生的动量矩大小及其稳定性直接关系到陀螺仪的精度、可靠性和寿命,通常把陀螺电机比作陀螺仪的心脏。单自由度液浮陀螺仪的动量矩(角动量)是陀螺仪表传递系数的一部分,应尽量保持不变,当转子转动惯量确定后,陀螺电机的转速必须保持恒定。一般用磁滞式同步电机,但磁滞电机效率较低、损耗大、发热量大,为克服这些

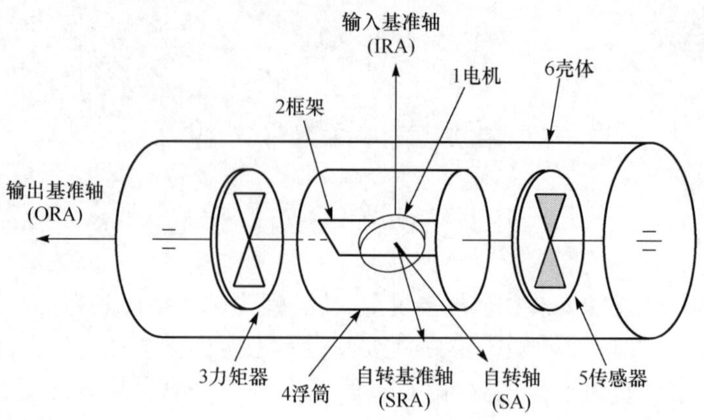

图 1.1 液浮陀螺仪结构示意图

缺点,近年来一方面致力于改进磁性材料,提高磁滞电机的效率,另一方面研究永磁式同步电机,以提高电机的效率,减少发热量,降低仪表温升,改善陀螺仪的性能。为了获取较大角动量,陀螺电机一般采用外转子结构。常用的陀螺电机轴承为止推式滚珠轴承,其优点是承载力大,价格较低。但实践证明,因其径向、轴向刚度不等,滚珠轴承会产生较大的振动和噪声,且寿命有限。

(2) 角度传感器

单自由度液浮陀螺仪的角度传感器作用与其他类型陀螺仪所用的角度传感器相同。单自由度液浮陀螺仪一般工作在闭路系统中,传感器经常保持在零位附近,因此对传感器的选择要求灵敏度高、零位电压小,对线性度要求不高。常用的角度传感器为微动同步器式传感器,传感器定子固定在仪表壳体上,转子固定在浮子一端轴上。当浮子绕其输出轴相对壳体转动时,传感器定、转子之间亦发生相应转角,使传感器输出线圈中产生与此转角成比例的电压信号。另一种适用于液浮陀螺仪的角度传感器为电容式传感器,其结构简单、质量轻,抗磁场干扰能力强,缺点是电容小,需在较高频率的激励下工作,是一种高阻抗型传感器,其输出信号易受电场干扰。

(3) 力矩器

单自由度液浮陀螺仪对所用力矩器的线性度要求较低,可以选用微动同步式力矩器,其定子固定在仪表壳体上,转子固定在浮子转轴上。当定子上的控制绕组有控制电流时,转子就受到转动力矩,力矩会作用到陀螺浮子上。这种力矩器无软导线、结构刚性较好。

(4) 输电装置

在单自由度液浮陀螺仪中,输电装置一般采用软导线式或无接触变压器耦合式。软导线式输电装置具备下列特性:

① 软导线电阻率很小，允许流过较大的电流。

② 软导线材料的弹性模量较低，结构弹性力很小。

③ 软导线应有较小的机械滞后效应，避免拉伸后产生残余变形，对回零后的浮子产生不规则的干扰力矩。

④ 在浮液中，软导线的重力应能由浮液对它的浮力平衡。

液浮陀螺输电装置亦可采用无接触的变压器耦合方式，其原理是输电变压器的定子铁芯和转子铁芯分别固定在陀螺的壳体和浮子上。变压器铁芯用高导磁材料（如铁氧体）构成，电信号可经绕组由壳体传输至浮子上（或浮子到壳体上）。当变压器定子和转子之间的间隙很小（在零点几毫米之内），两者相对转角亦不大时，这种变压器的输电效果较好，不会对浮子产生干扰力矩。无接触变压器耦合式输电装置现在较少采用。

1.1.2 液浮陀螺仪工作原理

单自由度液浮陀螺仪具有进动性，主要包括两个刚体：一个是具有一个转动自由度的内框架，可用绕内框架轴转角的一个广义坐标来描述它的运动；另一个是具有两个转动自由度的转子，可用绕内框架轴和绕自转轴转角的两个广义坐标来描述它的运动。由于单自由度陀螺仪仅绕内框架轴有转动自由度，所以当陀螺基座发生转动时，高速旋转的陀螺转子就产生陀螺效应，并形成陀螺力矩。这个力矩使陀螺产生绕内环轴的进动，进动角速率沿内环轴的正向，使转子自转角动量 H 沿最短途径倒向力矩。由此可知，单自由度陀螺具有敏感且缺少转动自由度方向旋转角速率的特性。

陀螺电机的转子具有较大的转动惯量，在高速旋转时会产生一定的角动量，发生陀螺效应。框架的角运动由传感器测出并转换成电信号，供测量和控制使用。力矩器用来实现控制和误差补偿。扭弹簧和阻尼器视具体情况应用产生不同的陀螺特性。陀螺电机和上述其他元件的转子通过框架组成框架组件，由框架轴承支承于壳体内。这种陀螺只能绕一个框架轴进动，故称为单自由度陀螺仪。

单自由度陀螺仪坐标系由自转基准轴（SRA）、输入基准轴（IRA）和输出基准轴（ORA）组成，与陀螺壳体固连。各轴正方向按下述方式确定：

输出基准轴沿两框架轴承的连线指向的给定方向。

自转基准轴，当传感器处于零位时，按右手定则确定电机旋转的矢量方向。

输入基准轴正方向应保证 IRA-ORA-SRA 按右手定则形成直角坐标系。

陀螺仪工作时，其自转轴（SA）偏离自转基准轴的角度记为 β。

单自由度陀螺仪的动力学特性已有大量文献详述，这里写出其简化运动方程，即

$$J_\beta \ddot{\beta}_x + C_\beta \dot{\beta}_x + K_\beta \beta_x = H\omega_I + M_O \tag{1.1}$$

式中，J_β 为浮子组件(框架)绕输出轴的转动惯量；C_β 为浮子组件相对于壳体的角速率阻尼系数；K_β 为浮子组件相对于壳体的角位移弹性约束系数；β_x 为框架绕输出轴相对于壳体的角位移；$\dot{\beta}_x$ 为框架绕输出轴相对于壳体的角速度；$\ddot{\beta}_x$ 为框架绕输出轴相对于壳体的角加速度；H 为陀螺电机转子动量矩；ω_I 为陀螺壳体沿输入基准轴的角速度；M_O 为沿输出轴作用于框架组件上的干扰力矩和控制力矩之和。

如果单自由度陀螺仪的阻尼小到可忽略，仅弹性力矩与输入陀螺力矩平衡，在输出轴干扰力矩和控制力矩均为 0 时，式(1.1)的稳态解为

$$\beta_x=\frac{H}{K_\beta}\omega_I \tag{1.2}$$

说明在忽略阻尼时，单自由度陀螺仪的稳态输出与输入角速度成正比，称为角速度陀螺仪。

在实际设计中，扭弹簧可以是机械弹簧，也可以是反馈系统形成的电弹簧。这种弹簧在飞行器中经常作为角速率敏感元件得到应用。

在不加弹簧和弹簧刚度小到可以忽略不计时，假设干扰力矩和控制力矩均为 0，则阻尼力矩与输入陀螺力矩平衡，式(1.1)的稳态解为

$$\beta_x=\frac{H}{C_\beta}\int\omega_I\mathrm{d}t \tag{1.3}$$

说明在弹簧刚度忽略不计的条件下，单自由度陀螺的稳态输出与输入角度的积分成正比，这种陀螺仪称为积分陀螺仪。

1.1.3 液浮陀螺仪性能影响因素分析

液浮陀螺仪性能通常主要包括精度和稳定性两方面。液浮陀螺仪作为一种高精密的机械电气装置，影响其精度和稳定性的因素很多，也很复杂，各因素之间又相互关联、相互制约。在改善性能的研究工作中，应先科学、合理地分析影响液浮陀螺仪性能的因素及其之间的相互关系，才能做到有的放矢，避免“头疼医头、脚疼医脚”的片面性和局限性。

(1) 纵向影响因素

纵向影响因素分析指的是对陀螺仪全寿命各阶段影响因素的分析。全寿命周期主要包括设计、制造、测试和使用等几个阶段。

设计是陀螺仪寿命周期过程的第一阶段，只有合理的设计方案才能最大程度提高陀螺仪的精度和稳定性。熟知误差产生的原因及变化规律，才能在设计阶段采取有效措施，使之尽可能降低。

制造是保证陀螺仪性能的关键。制造是靠精密加工、精密装配、精密测量和其他有关的辅助技术来保证的。制造过程还应充分考虑人为因素的影响，生产实际表明针对同一批零件，不同人员装配的成品，其精度和稳定性会有较大的差异。因

此，提高生产和装配过程中的自动化水平是提高陀螺仪精度和稳定性的重要手段。设计和制造之间有密切的联系，在陀螺仪设计的过程中还应充分考虑现行的加工工艺、加工条件、加工精度和加工能力等，避免设计不能加工的空想仪表。

测试是液浮陀螺仪性能的保障，每批次各个产品都要经过严格测试，以保障其各项技术指标满足要求。尤其是随机漂移，在一批产品测试过程中，能积累相应经验为设计、生产提供有效参考。

设计、制造、测试和使用是液浮陀螺寿命周期中的几个重要环节，各个阶段都扮演重要的角色，它们相互关联、相互影响、相互制约。各阶段之间的作用关系如图1.2所示。

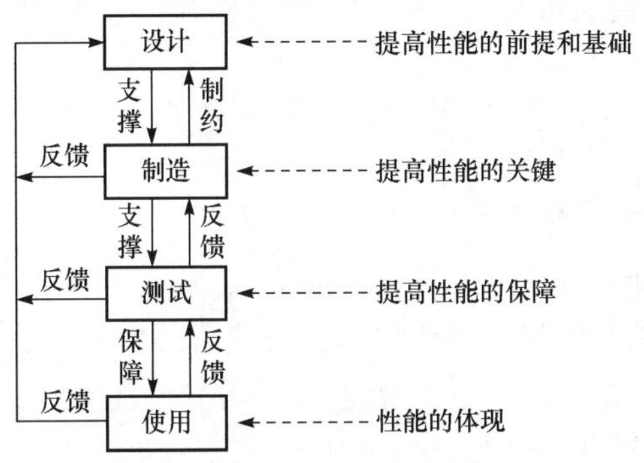

图1.2 寿命周期各阶段相互作用关系

(2) 横向影响因素

横向影响因素指的是在陀螺仪的工作过程中，对其精度产生影响的因素，主要包括温度场梯度、电机框架变形、陀螺电机振动和外界载荷变化等。

液浮陀螺仪对温度场敏感，温度漂移是其主要的误差源之一。温度变化对陀螺仪精度的影响主要反映在两个方面：一是陀螺仪元件材料性能本身对温度的敏感性；二是周围温度场对陀螺仪工作状态的影响。因此，当要求陀螺仪工作在高精度场合时，为了提高精度、补偿温度漂移误差，必须采取温控或温度补偿措施。目前主要有以下三类解决方法：

① 通过合理设计和改善陀螺仪结构使陀螺仪器件的布局、零件的材料和结构的形状满足对温度不敏感的要求。

② 通过采用合适的温控装置或温度控制方法使陀螺仪工作在一个稳定的温度环境内。

③ 通过热力学分析和实验研究的方法辨识出陀螺仪的静态、动态温度模型，并依此进行温度误差补偿。

框架是液浮陀螺仪的主要构件。框架上安装滚珠轴承和转轴以支撑陀螺电机，轴承安装孔精度和孔(轴)的相互位置精度要求很高。框架应具有高的强度和足够的刚度，在过载条件下能保障惯性器件正常工作，框架尺寸稳定性要求高，在使用和储存过程中要保持稳定，在高低温工作环境下也应保持稳定不变形。框架常见的动力学变形有麻花扭、上下扭、平移错位等，这些变形对陀螺工作精度会产生十分严重的影响，应从设计入手，充分考虑加工工艺和材料等因素来增强框架的尺寸稳定性。

陀螺电机是液浮陀螺仪的心脏，为液浮陀螺仪提供动量矩并使之具有陀螺基本特性。它产生动量矩的大小及其工作稳定性直接关系到陀螺仪的精度、可靠性和寿命。电机的低频摆动、谐波力矩、电源波动、电机转子动不平衡和轴承的振动等会引起传感器输出噪声和陀螺仪漂移。陀螺电机的温升引起转子体膨胀或电机轴向不对称膨胀，会使电机质心位移，加剧电机的振动，增大陀螺仪的随机漂移。

1.2 液浮陀螺仪相关研究

1.2.1 液浮陀螺仪国内外发展现状

陀螺技术在惯性系统中具有重要的地位，世界主要国家都将其作为尖端技术，投入巨资研究和开发。近年来惯性技术和惯性器件发展十分迅速，在美、俄、欧盟和日本等国家和地区都形成了重要部门，保持着较高的投资比重。

陀螺仪和惯性系统的精度在很大程度上决定着火箭的控制精度及某些装备的定位、定向及姿态精度。虽然光纤陀螺、激光陀螺、振动陀螺和微型固态惯性器件等新技术的发展对惯性技术产生了变革性的影响，但是因为精度、关键技术和经济性等因素，它们主要占据中低精度陀螺仪表的市场。当前传统的单自由度液浮陀螺仪，在性能上依然具有一定优势，占据一定的市场份额。第四代液浮陀螺仪的随机漂移可降到 10^{-6}°/h～10^{-9}°/h 量级。表 1.1 给出了美国单自由度液浮陀螺仪静态漂移的典型数值。

表 1.1 美国单自由度液浮陀螺仪静态漂移的典型数值

美国公司陀螺仪型号	对比力不敏感的漂移误差/(°/h)	对比力一次方敏感的漂移误差/[(°/h)/g^2]	对比力二次方敏感的漂移误差/[(°/h)/g^2]
本迪克斯 LDRG-100-30 型	1	1	0.015
本迪克斯 64PMR1G 型	0.3	0.15	0.05
斯佩里 SYG-1000 型	0.7	0.2	0.01
诺思罗普 GI-K7 型	0.2	0.2	0.02

液浮陀螺仪工作时对于其陀螺浮子悬浮温度的精度、稳定性以及周围的温度梯度要求都很高。一般的液浮陀螺仪要求内部温度与额定工作温度偏差在±0.5℃范围之内，而用于惯导系统的高精度液浮陀螺仪额定温度偏差要求在

±0.06℃范围之内,甚至更严格,才能保证陀螺仪工作精度[3]。因此,国外十分重视各类陀螺仪热设计问题,理想的热设计使陀螺温度场均匀、恒定,能够减小陀螺仪工作误差,提高陀螺仪稳定性。例如,英国 TRIAD 整体式三轴 RLG 陀螺仪通过精心设计,使大多数偏置误差得到补偿,合理的热设计不仅降低了功耗,而且使所有热源布局最合理,位置稳定性高达 0.005°/h。德雷柏博士成功研制出达到惯性级精度的 TGG 型陀螺仪,突破了 0.000015°/h 的漂移率指标,并在 20 世纪 80 年代装配到 MX 系列洲际导弹的制导系统中。据报道,他们是通过对浮子运动的监控和严格的分区(六区)温控措施来保证陀螺的高精度[4,5]。

我国惯性器件虽然经过几十年的发展有了一定的技术基础和生产能力,但随着对装备性能要求的不断提高,目前的惯性器件已难以满足使用需求,主要原因是技术基础水平还不高。调查表明生产某装备惯性器件陀螺仪的部门由于生产量较大,主要精力放在产品生产上,技术上的问题并没有彻底解决,使得惯性器件参数经常超差,陀螺仪表产品中漂移性能能够达到规定要求的仅占 60%～70%。

惯性器件是控制火箭、导弹等精度的核心部件,液浮陀螺仪需要处于恒定的温度场中才能保证其性能参数在设计范围内。研究发现,在实际产品中,因温度控制元件的布置不合理、控制算法的不精确等原因造成温度场分布不均匀,引起陀螺仪性能参数超差。陀螺电机框架的材料主要为 LY12 铝合金,其加工依然沿用 20 世纪 70 年代摸索的一系列加工工艺,缺乏消除残余应力的理论分析和实验指导,且加工过程中材料残余应力分布、工艺路线对产品残余应力的影响均没有进行分析和测试,从而在实际使用中部分产品因残余应力存在,导致框架产生扭曲、弓形、倾斜等类型的变形,引发器件性能参数超差。研究经验认为,陀螺电机振动是造成质心偏移而影响陀螺精度和稳定性最显著的因素,也就是说陀螺漂移系数与陀螺电机振动存在必然的关系。因此,开展陀螺电机振动对陀螺仪性能影响的研究并制定相应的控制和改进措施,能够从生产源头上改善陀螺仪漂移系数易超差的现状,提高陀螺仪性能。

虽然工业生产部门已从感性上认识到这些问题,但由于陀螺仪生产量大,涉及面广,并没有从技术上根本解决此问题。目前主要是以数量保质量,工作被动,技术改进工作缓慢,周期长,从而影响陀螺仪性能提升,降低装备精度,造成装备成本增加。因此,有必要采用先进技术优化改进陀螺仪性能,从根本上解决陀螺仪性能超差的有关问题,提高装备精度,降低装备全寿命费用。

1.2.2 液浮陀螺仪温度场研究现状

随着液浮陀螺仪表精度的不断提高,温度漂移已经成为主要误差源之一。温度对仪表精度的影响主要表现在两个方面:一是惯性器件本身对温度的敏感性;二是惯性器件周围温度场的影响,即温度梯度的影响。惯性器件内部温度的波动和壳体周围的热梯度都会引起误差。材料的热胀冷缩会使仪表结构零件变形，从而使质心、浮心移动，对仪表形成干扰力矩。温度变化会使惯性器件内部各种材料的物理参数发生变化，浮液的阻尼、力矩器磁性、材料磁性能等的改变，也将直接影响惯性器件的输出。目前，为了降低和补偿温度对惯性器件精度的影响，国内外的研究主要方向和现状如下：

① 研制对温度不敏感的惯性器件。从惯性器件热设计出发，使惯性器件的布局、零件的材料和结构形状，满足对温度不敏感的要求。

对惯性器件的热设计来说，首先要考虑缩短达到工作温度的时间。现代装备对机动性提出越来越高的要求，希望导航系统在极短的时间内从非工作状态过渡到稳定工作状态，然而要使惯性器件各部分温度分布均匀，都能达到工作温度，则需要较长时间。为了缩短过渡时间，可以在惯性器件内部增加加温线圈，启动时接通，使惯性器件的温度快速升高。加温线圈分散放置，使惯性器件内部温度场的分布较快达到均匀。俄罗斯惯性技术专家为了解决导弹发射准备时间和在给定时间内难以达到热平衡状态之间的矛盾，采用了惯性器件内补偿及系统外补偿的双重措施，在设计中通过选择零件材料和尺寸，使惯性器件零组件的热变形在内部实现互相补偿，保持其整体在温度变化时稳定不变。对于无法在零组件级进行补偿的误差，则在系统级测得其启动热模型，通过计算机对误差进行外补偿。其次，尽量使热干扰不形成对惯性器件性能有影响的干扰力矩。惯性器件的结构设计尽可能对称，零件的结构和形状尽可能简单，刚性好。对称结构的质心在对称面上，当温度波动时不会偏离其原来位置，因此不会形成影响仪表性能的干扰力矩。零件的材料应选择热稳定性好、热膨胀系数低和导热系数高的材料。俄罗斯包曼大学通过选择对温度不敏感的浮液及组件材料，已经研制出对温度敏感性低的加速度计。该加速度计精度为 5×10^{-8}/℃，零偏温度系数为 6×10^{-6}/℃，标度因数温度系数为5×10^{-5}/℃，甚至在工作温度超过 150℃时，仍能保持良好性能。

② 在结构中增加负温度系数的材料、元件，以抵消温度变化引起的另外有关材料物理参数的变化，补偿温度对惯性器件精度的影响。

③ 采用一定的硬件、软件措施，严格控制惯性器件额定工作温度。

为了提高惯导系统的精度，减少准备时间，必须对惯导系统、惯导平台、惯性器件采用必要甚至严格的温控措施。传统的陀螺仪温度控制方法采用模拟控制，由装在陀螺仪壳体内部的加热器和敏感元件以及装在陀螺仪壳体外部的控制器和放大器等组成。它能以最简单的方式构成高精度的温度控制系统，但这种模拟温控的精度受到信号的精确性、三角波信号的频率和幅值等影响，并且模拟温控系统在陀螺启动时过渡过程较长、调试困难，更重要的是该系统对陀螺仪工作环境温度较敏感，抑制扰动能力不强。最新的惯性器件内部都具有一级温度控制，而惯导平台的温控为惯性器件提供了一个良好的工作环境。这种两级或三级温控方式，使惯性器件受到瞬态环境温度波动的影响减小。例如,英国的平台上有8个惯性器件,就有平台两级、惯性器件一级,共三级温控。

④ 改变惯性器件测试环境(或工作环境)的温度,辨识出惯性器件静态、动态温度模型,计算出相应的附加误差,进行实时补偿。

当陀螺仪和加速度计的各项系数对温度的特性呈现有规律的变化,且重复性较好时,可以应用适当的温度模型给予校正。惯性器件静态温度模型将温度看成一个静态参量,不包含温度梯度和温度变化率。惯性器件动态温度模型不仅包含温度,还包含温度梯度和温度变化率,它描述一个动态的过程,可以在线实时计算、实时补偿。

1.2.3 液浮陀螺仪框架尺寸稳定性研究现状

金属材料的尺寸稳定性对精密仪器仪表的精度和稳定性具有重大的影响。随着科技对仪器仪表精度要求的不断提高,尺寸稳定化处理工艺已成为精密仪表制造中的关键技术。精密仪表多应用在航空、航天、航海和军事等领域,国内外都高度重视精密仪表的尺寸稳定化技术研究,因此各国对该领域的技术研究成果高度保密[6],公开文献较少。我国原国防科工委"九·五"跨行业重点项目:"精密仪表件亚(毫)微米级尺寸稳定化处理工艺研究",曾针对高精度仪表因结构件尺寸不稳定造成参数漂移、可靠性差、精度低、产品合格率低等问题进行了专项研究。由于国外的技术封锁,国内对材料加工变形消除的研究进展较慢,但也取得了初步成果,有力促进了我国先进装备的发展。例如,浙江大学、南京航空航天大学等对铝合金厚板加工变形消除的研究成果,有力地保障了我国某型飞机研制成功。另外,在材料加工残余应力消除方面也积累了较丰富的成果,相继研究成功了预先形变法、特殊淬火溶液法、深冷法等消除材料热处理加工残余应力,并运用有限元模拟等技术研究了切削、铣削等加工工艺过程的残余应力形成、变化过程,为减小零部件变形制订合理工艺路线。

尺寸稳定化处理主要包括三个方面:

① 降低材料的残余应力。加工后残余应力随时间推移而缓慢的释放,不断达到新的应力平衡状态,这个过程会导致材料的尺寸发生变化。

② 提高材料力学性能。涉及材料稳定性的力学性能指标主要有微屈服强度、微蠕变抗力、应力松弛极限等。

③ 材料内部组织的稳定性。材料内部不稳定,组织会发生转变,导致性能不稳定和材料变形。

对于尺寸稳定化处理目标来说,提高尺寸稳定性表征指标、降低宏观残余应力和稳定材料内部组织等几方面任务存在一定的矛盾。例如,单纯从提高材料组织稳定性和降低残余应力的角度出发,对于时效合金来说,长时间高温时效就可以达到要求，但同时会降低材料的尺寸稳定性指标。在精密仪表加工中，加工残余应力和装配应力是不可避免的，同时在使用过程中还要经受一定载荷的作用。因此，仅仅低的残余应力和稳定组织，在尺寸稳定性表征较低的情况下，仪表的尺寸稳定性也较低。同理，如果仅有高的尺寸稳定性表征也是不充分的，零件中高的残余应力和不稳定组织，在使用或放置过程中会发生应力松弛以及不稳定的组织向稳定状态的转变，同样也不利于尺寸的稳定。对于大多数尺寸稳定化工艺，其目标是达到残余应力、组织和尺寸稳定性表征的平衡，得到最佳效果。

尺寸稳定化方法主要有机械法、热处理法及电场时效等。

1. 机械法

机械法主要用于降低宏观残余应力。机械法通常分为机械拉伸法、机械压缩法和振动时效法。

(1) 机械拉伸法

机械拉伸法消除残余应力的基本原理是对合金板材沿轧制方向施加拉应力，产生的拉应力与原来的残余应力叠加后发生塑性变形，使残余应力得以缓和或释放。由于板材内层金属原有残余拉应力，同时板材心部的屈服强度相对较低，因此心部内层金属首先发生塑性变形，其变形速度比表层金属快，但表层金属将牵制内层金属的变形，所以表层金属将产生拉应力，内层金属将产生压应力，这正好和淬火后板材的残余应力分布相反。当外力去除后，板材会发生弹性应变松弛，此时板材中的残余应力就将是淬火后残余应力与拉伸变形产生的内应力之差，如图 1.3 所示[7]。因此，适当控制施加的外力，其差值可以接近零。有关研究表明，机械拉伸法可消除 90%以上的淬火残余应力[8-11]。

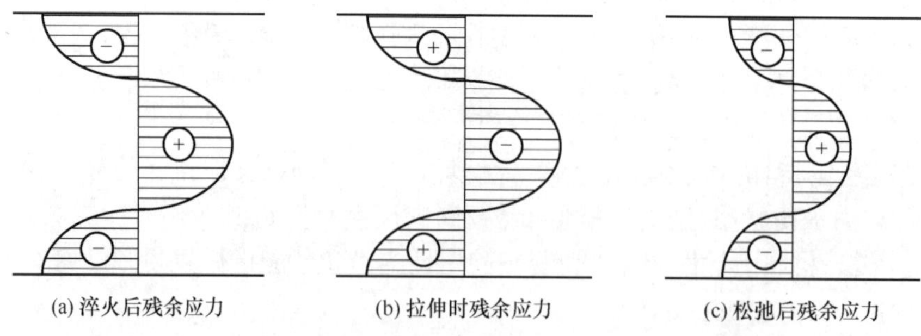

图 1.3 淬火板材拉伸时残余应力重新分布示意图

(2) 机械压缩法

机械压缩法主要用于对形状简单的零件进行压缩，使外加应力与原有残余应力进行叠加，从而使零件整体产生永久性均匀塑性变形，促使残余应力得到缓和或释放。机械压缩法多应用于具有均匀横截面的铝合金板材与轧制件。美、欧等国家开发了冷压法(cold compression method)的工艺,可针对复杂形状的模锻件进行残余应力消除。根据其工作原理又可细分为下述两种[12]:

① 模冷压法(称之为 Tx52 工艺)。将模锻件放置于一个冷压模中施加 1%~5%的永久性压缩变形,消除复杂形状合金模锻件中的残余应力,如图 1.4(a)所示。其具体方法是在一个特制的精整模具中,严格控制铝合金模锻件的变形量使局部材料受拉伸或压缩,从而消除残余应力。因此,该方法是调整而不是消除零件的整体应力。该工艺可使铝合金模锻件上的局部残余应力减小,同时也有可能使其他部位的残余应力增大。另外,由于铝合金模锻件原有较大的残余应力,模压变形量过大将可能引起合金硬化、裂纹甚至断裂,而变形过小则使应力消除效果不佳,因此需要精确控制变形量。

② 精整模拉压法(称之为 Tx54 工艺)。将模锻件置于一个特制的精整模具中,使凸模嵌入复杂模锻件端面的加强筋条的拔模斜度上,产生拉伸与压缩的组合变形,消除合金模锻件中的残余应力,如图 1.4(b)所示。

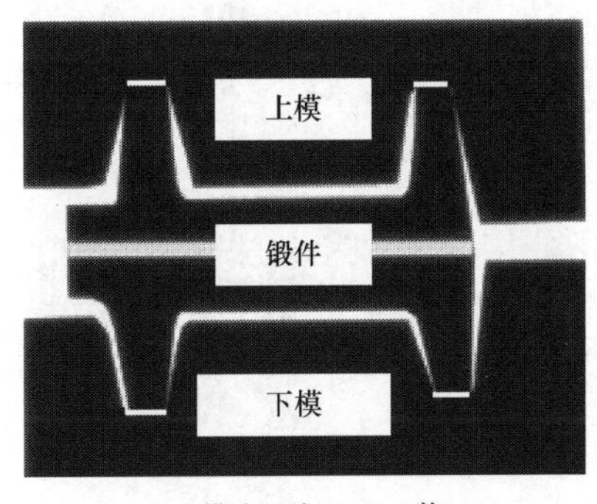

(a) 模冷压法(Tx52工艺)

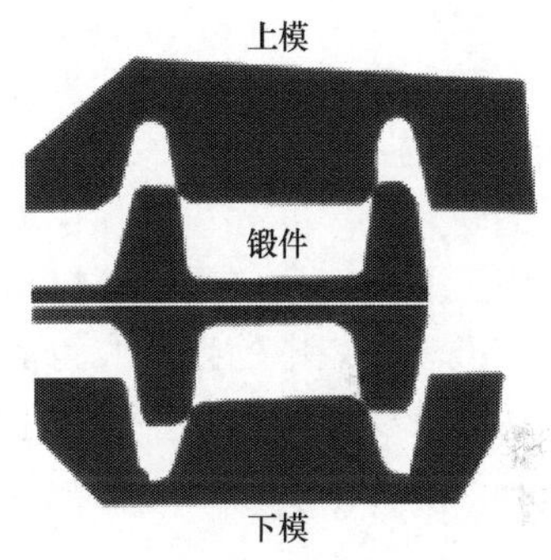

(b) 模拉压法(Tx54工艺)

图 1.4　机械压缩法消除铝合金锻件残余应力示意图

现有文献中有关模冷压法的最早报道出现在 1988 年,瑞士学者 Jaensson 与 Larsson 使用模冷压法对 7010 铝合金隔框锻件进行工艺处理,通过比较处理前扣腹板与两侧缘条不同厚度处的残余应力值,发现残余应力得到大幅降低[13]。

Tanner 在 1997 年第一届“有色金属加工与技术”国际会议上,介绍了美国波音公司采用精整模拉压法消除机舱枢轴模锻件接头残余应力的成功案例[14]。该接头采用 7050T74 状态铝合金锻件作为毛坯,由于毛坯中有很大的淬火残余应力,导致在机械加工过程中极易发生扭曲变形,第一次粗加工后的加工变形超过 5.08mm,至最后精加工共需要 7 次校正工序,且每次校正量各不相同,造成了大量的成本消耗,使 30%以上的机加工零件报废。当采用精整模拉压法后,在同样的机械加工工艺参数下进行数控加工时,第一次粗加工后的加工变形量仅为 0.635mm,而在后续的半精加工与精加工中未发生明显的加工变形,不再需要进行变形校正,因为每次机械加工后零件都很平整。使机械在线加工时间节约了25%以上,而辅助时间节约了30%左右。另外,所有校正工序都可剔除。

上述机械压缩法(Tx52与Tx54)的应力消除效果与模锻件的几何形状、尺寸等因素有关。应用表明,模(拉)压法可有效减少模锻件的加工变形、减少废品率、节约生产成本,因此已被欧美一些航空制造厂商用于消除模锻件的残余应力。但航空模锻件残余应力与加工变形控制技术的研究,涉及国防工业中的关键技术,世界各国都采取了严格的技术保密措施,造成相关的研究进展难以知晓。

(3) 振动时效法

振动时效法主要应用于结构件的残余应力消除,该方法起源于20世纪70年代的美国,并逐渐在西德、英国、法国得到广泛的应用。我国从20世纪80年代初开始引进振动消除应力工艺,目前在某些场合已经取代了时效处理法。学者已经对振动时效进行了很多研究,但对振动时效工艺机理的认识还不充分,包括对交变应力或热载荷下残余应力的消减和重分布研究还不足,且在铝合金的应用中仍存在争议。Mattson和Coleman观察了交变载荷下残余应力的消减,尽管残余压应力部分减小,但仍然对材料的疲劳寿命有益[15]。Morrow和Sinclair最早进行了一些在轴向疲劳实验中基于平均应力消减的残余应力预测实验[16]。Jhansale和Topper[17]依据相同的思想,提出了平均应力消减和轴向应力加载周期成对数线性关系的观点。

为了探究残余应力消减机理,Kodama[18]使用X射线衍射法测量了表面喷丸试样在振动时效中的残余应力消减。通过实验数据比较,残余压应力的消减整体可以达到50%,但无法总结出通用的数学模型。Holzapfel等[19]研究发现在交变应力和热疲劳加载中应力消减效果明显。

2. 热处理法

(1) 时效处理法

时效处理法是降低残余应力的传统方法。铝合金材料对温度非常敏感,因此对铝合金进行时效处理时温度控制要求很严。为进一步改善残余应力消除效果,该方法常与其他消除应力方法结合使用,如时效之后再进行深冷处理等。

长时间时效是一种常用的时效方法,它将材料加热到一定温度下保温,然后空冷。开始应力降低速度较快,随后速度减慢,这一过程本质上是一种热激活过程。加热温度越高,时间越长,应力降低效果越明显,但对于时效强化合金,加温温度超过时效温度后将会显著软化铝合金,微塑性变形抗力将相应降低[20,21]。

(2) 深冷处理法

深冷处理法也称冷稳定处理法,最早由美国ALCOA公司于1950年提出,但由于专利保密等原因,初期相关报道并不多。随着各国对航空航天技术的重视,研究学者的逐渐增多,其文献报道也日益广泛,目前国外已经有了相对稳定的航空构件深冷处理工艺。最近几年国内研究报道也开始增多，但工艺效果总体上还落后于国外。深冷处理的最大优点是能同时消除残余应力和改善材料强度、硬度、耐磨性、组织稳定性，且深冷处理对零件的尺寸与形状没有限制。

深冷处理降低残余应力机理是零件激冷至低温再快速加热的过程中，组织内相与相之间、取向不同的晶粒之间、晶粒内部各方向之间的膨胀系数不同，由此产生的微观应力与原有的残余应力叠加。当这两种应力方向相反时，则彼此抵消；当方向相同时，则应力相加，并超过材料的屈服强度引起局部微观塑性变形(但宏观尺寸变化极小)，使残余应力松弛。深冷处理按照工艺可分为深冷急热法和冷热循环法两大类：

① 深冷急热法。这种方法有时也称为反淬火法，将含有较大残余应力的零件投入−196℃的液氮中，等冷透后迅速转移至沸水中或用高速蒸汽喷射零件。该方法是很成功的消除铝合金残余应力方法之一，但用高速蒸汽喷射很难使复杂形状的零件各个面都获得相同的升温速度。该方法只适合用于形状简单的零件[22]。Croucher[23]研究了决定深冷急热法消除应力效果的若干关键因素，认为缩短淬火后到深冷处理的停歇时间，提高冷却与加热的温度差，应力消除效果更好。Yoshihara等[24]研究了深冷处理后用0.5MPa的热蒸汽(61℃)喷射A7075试样表面时的温度与时间的分布规律，认为热传导系数大小将直接影响深冷处理后试样表面的残余应力分布。

② 冷热循环法。这种方法是将工件先冷却到−190℃～−40℃后保持0.5h～1h，然后再缓慢加热到80℃～90℃或稍低于合金淬火后的人工时效温度，保持1h～2h，如此循环多次。冷热循环工艺能有降低LY12的残余应力，并提高微塑变抗力[25-29]。史冬梅研究了LY12铝合金的冷热循环处理工艺。结果表明，冷热循环处理上限温度越高，降低宏观残余应力效果越好，而且急冷比缓冷效果稍好，冷热循环三次效果较佳。当循环次数由三次增加到六次时，应力降低效果没有显著变化。随着循环次数的增加，应力松弛强度不断升高[20]。针对ZL101和ZL102合金的有关研究指出，冷热循环处理的下限温度越低效果越显著，循环次数以三次为宜，第一次循环效果最显著，超过三次以上时效果变化不大[30]。

(3) 形变热处理法

形变热处理是指将塑性变形同热处理有机结合在一起，获得形变强化和相变强化综合效果的工艺方法。形变热处理多用于合金结构钢、碳素钢及铝合金的强化处理。

对10号钢进行多次形变热处理和附加的低温退火实验，结果如表1.2所示[31]。可见与原始状态相比，多次形变热处理可以显著地提高弹性极限和屈服极限，但松弛强度降低；多次形变热处理后再附加退火，弹性极限和松弛强度均有大幅度提高，多次形变热处理后试样低的松弛强度是因为金属精细组织稳定性不够，而多次形变热处理后再在结晶温度以下附加退火，可以充分地稳定组织，因而急剧提高金属在短时和长期负载下的微塑性形变抗力。

表 1.2 10 号钢在多次形变热处理及低温退火后机械性能变化

处理规范	$\sigma_{0.001}$/MPa	$\sigma_{0.2}$/MPa	σ_b/MPa	δ/%
原始状态(正火,860℃,空冷)	100.9	205.8	322.4	16
对原始状态钢材进行三次形变处理,均使钢材形变至屈服台阶阶段,再进行中间时效处理(200℃,2 小时)	163.7	322.4	360.6	19.6
对原始状态钢材三次形变处理,均使钢材形变至屈服台阶阶段,再进行中间时效处理(200℃,2 小时),最后进行退火处理(400℃,7 小时)	231.3	316.5	347.9	15.0
对原始状态钢材三次形变处理,均使钢材形变至屈服台阶阶段,再进行中间时效处理(200℃,2 小时),最后进行退火处理(500℃,7 小时)	143.1	301.8	335.2	24

形变热处理不仅可以有效提高材料的微塑变抗力,而且能改善材料微变形各向异性的问题。杨峰等[32-36]使用形变热处理工艺对 2024 铝合金热挤压棒材进行尺寸稳定化处理工艺,通过形变热处理基本消除了原材料中的织构,并获得了均匀细小的等轴晶组织,使轴向和径向的晶粒尺寸趋于一致。同时,微屈服强度的各向异性得到根本性改变,轴向和径向的微屈服强度基本相等,达到了微变形行为的各向同性,并且也提高了材料径向的微屈服强度。具体工艺是将圆柱试样(ϕ12mm×24mm)进行室温镦粗,变形量分别为 10%、15%、20%、25%、30%、35%,然后在 495℃进行 30min 再结晶退火,用水冷却。具体效果如表 1.3 和表 1.4 所示。

表 1.3 2024 铝合金挤压棒材稳定化和形变热处理后的微屈服强度(单位:MPa)

方向	原材料	冷热循环处理后	形变热处理后
轴向	181.5	211.3	161.5
径向	102.4	112.4	179.8

表 1.4 2024 铝合金挤压棒材各向异性消除工艺中晶粒尺寸与冷变形量的关系

变形量/%	10	15	20	25	30	35
轴向尺寸/mm	0.17	0.03	0.024	0.023	0.023	0.023
径向尺寸/mm	0.057	0.13	0.04	0.03	0.029	0.025
等轴度	29	0.27	0.60	0.76	0.79	0.92

3. 电场时效法

电场时效技术出现在 20 世纪 60 年代,由苏联科学家 Troitskii 等[37,38]于 1963

年率先报道,电流即金属晶体中的运动电子能够改变位错运动的迁移率,并系统研究了高密度的脉冲电流对金属材料的流变应力、应力弛豫、蠕变、位错的产生和迁移、脆性断裂、疲劳等的影响规律。在此基础上,人们猜想电场和电流也能影响金属中位错的运动,进而改变金属热处理指标及热处理后的性能,并进行了大量的实验验证。

目前国外主要由美国 Carolina 大学 Conrad[39-41] 及其课题组等进行研究。电场时效工艺能有效改善材料性能,Conrad 对电场时效机理解释是:在电场的作用下,金属表面存在正电荷,为了平衡外加电场,金属内部相界面处的电子浓度发生突变,这种突变使得电场可以作用于金属整体,而不是只仅仅作用于金属的表面。同时,由于表面正电荷的存在,引起带负电的空位在表面的聚集,在表面附近形成空位浓度差,加速空位向晶界的运动。Conrad 等[43]研究了外加强电场对铜和铝两种金属的回复和再结晶的影响,结果表明强电场提高了铜和铝的回复和再结晶温度,这一点与电流通过试样的作用相反,同时还发现电场强度也是一个重要的影响因素。

刘伟[42]研究了强电场作用下 2091Al-Li 合金的均匀化及固溶处理过程,发现了如下规律:

① 强电场促进了第二相的溶解,提高了合金元素的固溶度。由于定向扩散,在合金的内部和表面,元素的固溶度不同,并且随电场作用的延长,会出现晶界上溶质原子的偏聚现象。

② 强电场处理后,基体中的空位浓度增加,导致合金淬火缺陷浓度的增加,并降低时效时均匀析出相 δ 的体积分数,而 T_1 和 S 相体积分数增加且均匀弥散分布。因此,强电场对合金的均匀化和固溶过程的影响,实质就是强电场对溶质原子扩散的影响。

王美岭、孙东立、王秀芳等[44-47]系统研究了电场时效对 LY12 铝合金性能的影响。对 LY12 铝合金进行 2kV/cm,190℃/10h 电场时效后,合金微屈服强度达到 162MPa,屈服强度达到 373MPa,抗拉强度达到 462MPa。电场时效对 LY12 铝合金的作用机理是溶质原子—空位复合体向晶界处发生了非平衡偏聚,晶界处电子密度发生变化,导致了晶界处位错运动阻力的增加,使得合金微塑性变形开始阶段变形抗力增加,同时溶质原子使合金的横越滑移变得困难,这些影响有利于微屈服强度的提高。电场时效后,LY12 铝合金电导率随着时效电场强度的增加而降低,说明合金在电场作用下,元素的电子结构发生了变化,增加了合金元素的固溶度,而且合金元素的固溶度随着场强的增大而增大。

通过对尺寸稳定化技术研究现状总结可知,很多尺寸稳定化技术在降低残余应力、提高尺寸稳定性表征上已经得到应用,多用于大中型规则试样的尺寸稳定化处理,但效果受应用对象的尺寸、形状、工作环境、性能指标等因素影响较大,且部分技术的机理研究尚不十分深入。高精度机械液浮陀螺仪框架的形状复杂,尺寸较小,同时又是薄壁件,对尺寸精度要求非常高,因此对高精度机械液浮陀螺仪框架的尺寸稳定化研究需要进行大量的理论分析和实验验证。

1.2.4 液浮陀螺仪电机振动研究现状

目前,对液浮陀螺仪温度场及电机框架变形的研究较多,而陀螺电机振动对陀螺仪性能的影响只进行了尝试性研究。文献[48]对陀螺电机轴承保持架质量进行分析并探讨了控制措施。文献[49]对液浮陀螺电机轴承寿命可靠性进行了分析。文献[50]对单自由度液浮速率积分陀螺电机可靠性进行了研究。文献[51]认为陀螺电机振动严重影响着陀螺仪表的精度、寿命、可靠性,对陀螺电机定子轴固有频率、滚珠轴承振动以及陀螺电机动平衡等进行探讨,并提出减小陀螺电机振动的途径。文献[52]对陀螺电动机转子轴承研究的现状及发展进行了分析展望。文献[53]通过改变材料组成、成型与加工工艺,改善陀螺电机轴承保持架性能。文献[54]指出磁滞陀螺电机精度及可靠性关系到陀螺仪的精度,对单自由度液浮陀螺的电机部分及其主要零部件,进行了设计计算分析,以期获得更高精度的液浮陀螺仪。文献[55]设计了陀螺马达振动测试方法,采集振动数据并对测试结果进行了初步分析。此外,文献[56]针对某型液浮速率陀螺产品存在的问题,分析了影响液浮速率陀螺仪相对误差的主要因素,从提高浮子组件同轴度,减小轴与轴承间摩擦力矩;采用叉簧扭杆,降低信号器零位电压;改进信号器加工工艺等三方面对产品进行了技术改进,提高了产品合格率。

可见陀螺电机振动对性能影响研究已逐步得到业内的关注,并从不同出发点开展了相关研究,但是由于陀螺电机结构复杂、加工精密、尺寸微小,振动难以测量,尚需进一步深入研究。电机振动及其引发的浮子振动对陀螺仪精度影响无定量测量数据和相应研究成果,故需要从振动模态理论与实践测量方面进行深入研究。

1.3 液浮陀螺仪性能改进技术研究的目的及主要内容

1.3.1 液浮陀螺仪性能改进技术研究的目的和意义

陀螺仪在惯性系统中有着极其重要的地位,世界主要大国都投入巨资进行研制和开发,并在关键技术上取得重要突破,使其广泛应用于各种高精密装备系统。我国在陀螺仪与惯性系统领域也取得了长足的进步,但因起步晚、技术水平落后等因素,与国外先进水平仍有一定差距。未来高技术、信息化战争对制导装备系统的精度和性能提出了更高要求,对高性能陀螺仪相关技术研究迫在眉睫。

本书的研究目的主要包括:

① 针对液浮陀螺仪因温度场分布不均匀而导致其性能参数超差,对温度场进

行仿真分析和实验研究，提出温度场优化方案，提高液浮陀螺仪精度及稳定性。

② 系统研究陀螺框架的变形机理，分析框架变形的相关因素，探讨加工工艺、残余应力与变形之间的关系，提出改善框架尺寸稳定性的工艺措施，提高框架的抗变形能力，解决框架变形问题。

③ 分析影响液浮陀螺仪性能的关键因素，研究液浮陀螺电机(浮子)振动特性及其对陀螺仪性能的影响。

通过研究液浮陀螺仪电机(浮子)振动特性及其对装配成品陀螺仪性能的影响机理，建立振动特性与陀螺仪性能参数之间的映射模型。实现根据陀螺电机(浮子)振动信号来预测其装配成品液浮陀螺仪的性能，从而判定生产线上的陀螺电机(浮子)能否投入下一生产工序，若不满足要求可作为不合格件撤出生产线。

本书以高精度机械液浮陀螺仪框架的变形问题为研究对象，研究理论、方法及成果对于推动我国该领域的研究和工程应用，提高陀螺仪性能具有重要的理论意义与实用价值。在陀螺仪设计、生产、质量检验控制和使用等过程中具有广泛的应用前景，可以有效提高陀螺仪产品合格率，具有重要的实用价值和经济效益，并能直接提高相关装备的控制精度，军事意义显著。同时，研究成果对于其他类似高精度仪器仪表的设计、生产也具有直接的指导意义。

1.3.2 本书主要内容

第1章综述液浮陀螺仪的结构及工作原理，介绍陀螺温度场、框架尺寸稳定性及陀螺电机振动的国内外相关研究现状，并阐述液浮陀螺仪性能改进技术研究的目的及本书主要研究内容。

第2章对液浮陀螺温度场分布进行建模仿真，并对仿真结果进行分析。分析温度对液浮陀螺仪性能的影响，应用红外热像法和电阻法实验测量液浮陀螺仪工作状态下的温度场分布情况，对结果进行分析，并与仿真结果对比。

第3章研究液浮陀螺仪性能与陀螺温度场的关系。针对影响陀螺仪性能的温度场分布因素，提出两种温度场分布优化方案，并对改进加热片法进行了建模仿真，验证优化方案的可行性。

第4章研究陀螺框架变形相关问题，主要包括框架加工残余应力测量与分析、材料性能对框架刚度特性影响、框架应力与尺寸变化规律等。

第5章模拟研究陀螺框架部分加工工艺，包括热处理、切削工艺，并重点分析钻削工艺参数对框架加工的影响。

第6章研究复合时效工艺提高陀螺框架的尺寸稳定性，测量并分析框架加工残余应力和尺寸稳定性，研究复合时效工艺作用机理。

第7章研究优化加工工艺提高陀螺框架的尺寸稳定性，包括线切割、提高转速和内芯模固定，并与第6章的复合时效工艺优化效果进行比较。

第 8 章分析陀螺动力学方程并推导出陀螺力矩误差模型和漂移误差模型。研究陀螺电机振动机理，针对陀螺电机、浮子的振动特性分别设计陀螺电机、浮子振动测量实验方案，实现了振动测试和振动信号获取；设计陀螺性能测试实验方案，选取具有关键意义的性能参数作为研究对象。

第 9 章研究基于优化 BP 神经网络的预测方法和基于优化支持向量分类机的预测方法，并将这些方法应用于基于电机振动特征的陀螺仪性能预测。

第 10 章将第 9 章的陀螺仪性能预测方法应用于基于浮子振动特征的陀螺仪性能预测中，并和基于电机振动特征的陀螺仪性能预测结果进行分析比较。

第 2 章　液浮陀螺仪温度场仿真与实验研究

2.1　温度对液浮陀螺仪性能的影响

液浮陀螺仪的核心部件对温度变化较为敏感，其输出精度受到温度特性的严重制约。温度对液浮陀螺仪精度的影响主要表现在两个方面[57,58]：一是惯性元件本身对温度的敏感性；二是其内部温度场的影响。陀螺仪的精度与其周围的环境温度有密切关系，其内部工作温度的波动和壳体周围的温度梯度都可能引起陀螺仪漂移，从而影响惯性液浮陀螺仪的精度[59,60]。

2.1.1　温度对液浮陀螺仪的影响

多数现代精密陀螺仪利用所排开液体的浮力协助支承陀螺框架，这样做既可以降低悬挂轴承或弹性定中心构件上的负荷，还可以保证阻尼陀螺或积分陀螺所需的黏性耦合特性。但浮液的特性受温度影响很大，主要表现在以下两个方面[61]：

(1) 温度影响浮液的比重

浮液的比重应尽可能高，并且要稳定，以便将陀螺组合件也设计成高比重浮子(即陀螺球或浮筒组合件)，从而使整个仪器结构紧凑。比重稳定是为了使整个框架组合是中性悬浮的，即它的重量与被排开液体的重量相等，则在重力或加速度的作用下，框架不会相对于装满液体的支撑壳体发生偏移。

实际上，理想的中性悬浮是不可能达到的，因为液体的比重和被排开的体积对温度的变化是敏感的。因此，在重力和加速度的作用下，框架有侧向移动的趋势。在这种情况下，框架移动的偏离中心力可以计算出来，即

$$F=Ma(\alpha-\beta)\Delta T \tag{2.1}$$

式中，F 为框架移动的偏离中心力(N)；M 为框架的质量(kg)；a 为支承壳体的加速度(m/s^2)；β 为液体的体积热膨胀系数($m^3/(m^3\cdot℃)$)；α 为框架结构的体积热膨胀系数($m^3/(m^3\cdot℃)$)；ΔT 为偏离中性悬浮的温度误差(℃)。

(2) 温度影响浮液的黏度耦合力矩

液体能以很多种方法对框架施加力矩，有些力矩是希望有的，如阻尼力矩，有些则是不希望有的，因为它们可能引起许多复杂的效应。这里要研究的一种是由于框架和支承壳体之间的相对角速度所引起的黏性耦合。这一力矩是黏度、液体间隙以及框架和支承壳体的形状的函数，这些因素或多或少都受到温度的影响。

通常黏性耦合在阻尼振荡方面有较小的益处，如果耦合过大，陀螺对振荡输入的整流值具有敏感性，可能导致伺服系统的不稳定。因此，为了减小黏性耦合带来的影响，首先应选择在预期工作温度范围内黏度变化最小的液体。另外，中性悬浮对密度的要求常常必须和某些黏性特性的要求进行协调。

如上所述，温度变化会引起浮液的比重和黏度发生变化，浮液对转子产生的浮力和阻力也会随之变化，这种变化使转子重心产生浮动，从而产生转子的偏心力臂。另外，陀螺仪周围的温度梯度使其内部所填充浮液的各局部特性产生差异，导致浮液产生热流动，从而产生涡流力矩。涡流力矩与平均温度差和温控误差成正比。以上这些因素都会影响惯性系统的精度，可见温度对整个系统的影响是不容忽视的。

2.1.2 温度误差力矩

在研究对加速度敏感的力矩时，框架支承力合成向量与框架质量中心间的关系最为重要。在陀螺产品中存在一个实际问题，即框架支承力合成向量与框架质量中心间的关系对温度敏感，支承向量或者质量中心的位置可能对温度敏感，所产生的力矩是系统性的，并且对温度和加速度敏感。

(1) 质量中心位置的敏感性

框架质量中心位置对温度的敏感性是由于框架结构膨胀和收缩不对称引起的。当具有不同热膨胀率的材料不对称地配置时，就可能产生这种敏感性。这时产生的误差力矩正比于温度误差 ΔT。

(2) 支承中心位置的敏感性

支承中心位置对温度的敏感性是最常与液浮陀螺仪联系在一起的问题。它是由于框架浮力中心和定中心的轴颈或弹性构件的轴线之间不重合产生的，产生的误差力矩也正比于温度误差 ΔT。

综上所述，除了要在陀螺仪的结构和选材上注意这些问题外，还必须用严格的温度控制来保持较小的温度误差 ΔT。

2.1.3 温度对不平衡力矩的影响

陀螺仪设计最困难的问题之一是在已制成的仪表中获得良好的机械稳定性。框架平衡的不稳定性，是由两方面原因产生的：一是由于框架零件的微小位移使框架组合件的质量中心发生位移；二是由于悬浮零件的位移引起支承中心位置的改变。

不平衡力矩是因为全部框架支承力的合成向量和框架质量中心间具有位移而导致的，是系统性的，且对加速度敏感。支承力作用点的变化和框架质量中心的变化都会影响整个系统的平衡。在高精度液浮陀螺仪中，要求平衡的稳定性达到百万分之一的水平，所以必须考虑温度的影响，即温度效应。

温度效应是指温度循环和温度误差对稳定性的有害影响。这种影响可能是最严重的，并且也是最难以消除的。其表现如下：

① 温度对具有不同热膨胀系数材料之间的联结的影响是产生不平衡力矩的重要原因之一。

② 即使相互联结的零件具有相同的膨胀系数，框架组合件内的温度梯度也可能产生温度效应。这时，零件的膨胀程度不相同是由于联结零件的平均温度不同造成的，而不是因为它们有不同的膨胀系数造成的。

③ 温度循环作用于每一个零件，因此构成了内应力的松弛，产生尺寸的不稳定性。

由此可见，保证陀螺仪温度精度是非常重要和必要的。

2.2 液浮陀螺仪温度场有限元模型构建

2.2.1 温度场有限元分析理论

有限元法是利用变分原理将瞬态和稳态三维热传导方程的求解问题转化为对某一泛函求极值的问题，然后通过运算推导出有限元计算格式求解。

对于液浮陀螺仪进行温度场分布分析，首先将液浮陀螺仪作为一有限元求解域，并离散为有限个单元，在典型单元内各点的温度 T 可以由节点温度 T_i 通过温度插值函数得到，即

$$T = \sum_{i=1}^{n_e} N_i(\varepsilon, \eta, \gamma)\, T_i \tag{2.2}$$

其中，n_e 是每个有限元单元的节点数，插值函数 $N_i(\varepsilon, \eta, \gamma)$具有如下性质，即

$$N_i(\varepsilon_j, \eta_j, \gamma_j) = \begin{cases} 0, & j \neq i \\ 1, & j = i \end{cases} \tag{2.3}$$

且 $\sum_{i=1}^{n_e} N_i = 1$ 。

利用求解区域内的总温度泛函等于各单位元温度泛函之和，根据泛函求极值的条件可以得到稳态温度场求解方程，即

$$[K] \cdot [\Phi] = [F] \tag{2.4}$$

其中，$[K]$是总体的温度刚度矩阵，当引入给定的温度条件后，$[K]$是对称正定的；$[\Phi]$是单元节点的温度向量；$[F]$是节点温度载荷向量。

2.2.2 陀螺浮子温度场模型

(1) 浮子组件的热分析

浮子组件结构是典型的框架结构，主要存在内外两个热源。内热源是陀螺电

机，以传导和强迫对流方式向外散热。外热源是浮油的温控加热。以框架和浮筒为主要研究对象，在电机从启动到达同步转速过程中，其输入功率大部分转化为热量，一部分是定子绕组的铜损和铁损热量 Q_{Cu} 和 Q_{Fe}，另一部分是轴承高速旋转发热量 Q_{B1} 和 Q_{B2}。这些热量经定子铁芯和电机轴，沿对称框架至框架两端端板传导至浮筒内壁上。另一部分热量是风阻发热 Q_{FW}，通过浮筒内氦气介质由转子高速旋转将热量强迫对流传导至浮筒内壁。这两种传递方式的热量经浮筒传导至浮液。浮筒外围的浮油将热量以对流方式传递给浮筒。因为正常工作状态下浮子温度约为 60℃～70℃，所以可以不考虑辐射热传导。假设电机消耗电功率完全转化为热量，浮子内部的传热路径是电机轴→框架→两端端板→浮筒；转子高速旋转→(氦气介质对流)浮筒内壁。

电机向框架和浮子组件热传导的基本方程为

$$\frac{\partial}{\partial x}\left(\lambda\frac{\partial t}{\partial x}\right)+\frac{\partial}{\partial y}\left(\lambda\frac{\partial t}{\partial y}\right)+\frac{\partial}{\partial z}\left(\lambda\frac{\partial t}{\partial z}\right)+Q_i+Q_o=\rho c\frac{\partial t}{\partial \tau} \tag{2.5}$$

其中，ρ 为材料密度(kg/m^3)；c 为比热容(kJ/(kg·℃))；t 为温度(℃)；λ 为热传导系数(W/(m·℃))；τ 为时间(s)；Q_i 为内热源(kJ)；Q_o 为外热源(kJ)，$Q_o=a(t_w+t_f)$，a 为浮油热对流系数，t_w 为壁面温度(℃)，t_f 为流体温度(℃)；当内外达到热平衡时有 $\rho c\dfrac{\partial t}{\partial \tau}=0$。

各部分材料的导热系数主要根据已知材料的热物理参数确定，如表 2.1 所示。考虑有氦气和浮油存在，氦气对流换热系数的计算主要是根据强迫对流传热的经验公式，即

$$\overline{N}_{uD}=\frac{hD}{\lambda}=CR_{a_D}^{n}$$

其中，$\overline{N}_{uD}=0.664R_{eD}^{1/2}P_r^{1/3}$，$R_{eD}<4.3\times10^5$，$0.7<P_r<670$；$D$ 是电机的当量直径；λ 是氦气的导热系数。

表 2.1　材料的热特性

材料种类	热传导系数/(W/(m·℃))	密度/(10^3kg/m^3)
铝合金	157.5	2.78
钢	60.5	7.85
钛合金	21.9	4.62

氦气的热物理参数为：密度 $\rho=0.1708$kg/m^3；黏度系数 $\mu=2.1\times10^{-5}$kg/(m·s)；比热容 $C_p=5.129$kJ/(kg·℃)；热传导系数 $\lambda=0.1574$W/(m·℃)。

(2) 浮子有限元模型的建立

对浮子组件进行热分析,为了得到浮子结构的温度场分布情况,简化分析运算,将浮子组件模型简化,并选择组件零件边界点作为节点。节点温度相等,两节点间热流是均匀的,但有温度梯度产生。假设如下:

① 将陀螺转子作为热源,不考虑其内部的应力,忽略其基本结构,将电机简化为圆柱体。

② 框架与浮筒使用环氧树脂胶密封,可以将其作为固联件来处理。

③ 将不影响结构分析的细微孔槽结构忽略不计。

④ 电机轴与框架之间是过盈配合,为了简化分析运算,可不考虑其装配应力。

⑤ 将电机轴、框架、浮筒作为一体处理。

⑥ 利用 ANSYS 软件建立浮子组件的轴对称模型。

建立的模型完全采用实体模型,对液浮陀螺仪浮子组件进行实体建模。为了保证仿真结构的精确性,模型尺寸与实际尺寸取为一致,用 Pro/E 软件建立实体模型,然后导入 ANSYS 进行网格划分,建立有限元仿真模型。为了有效地反映陀螺浮子组件温度场、温度梯度的分布情况,仿真分析中采用四面体三维实体单元对液浮陀螺进行有限元单元网格划分,共有热节点 37 331 个,主导网格 18 723 个。

液浮陀螺仪浮子组件有限元模型如图 2.1～图 2.3 所示。

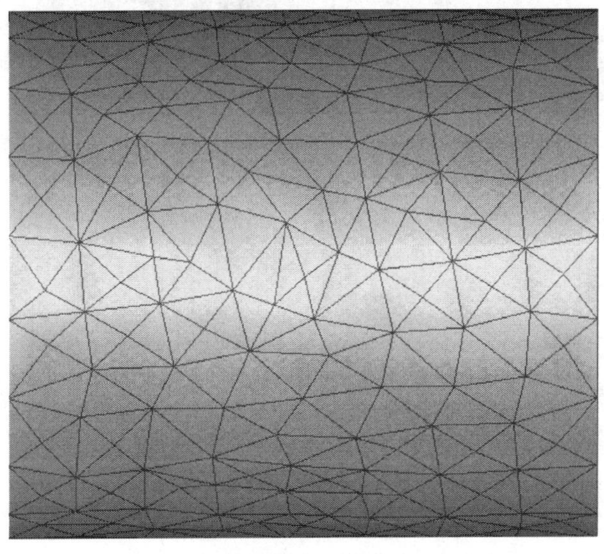

图 2.1　浮筒网格

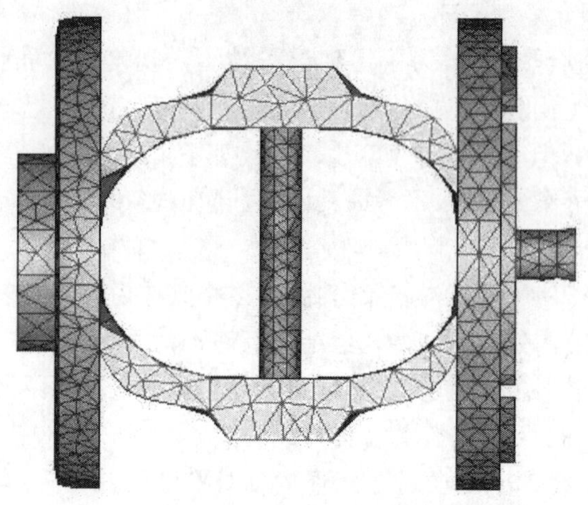

图 2.2　框架与电机网格

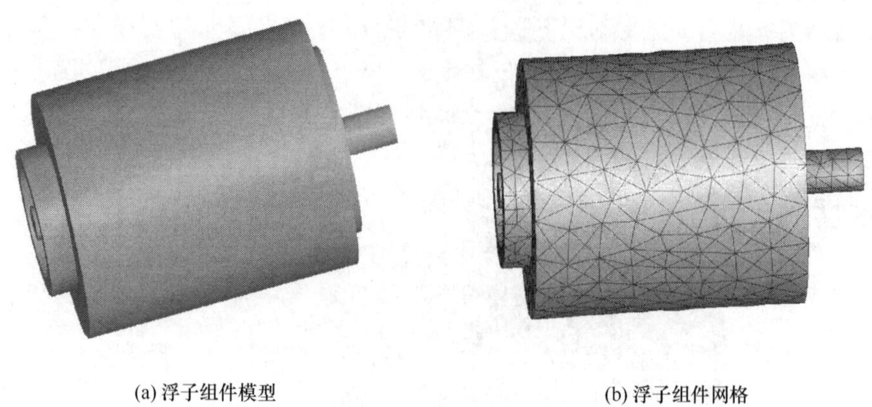

(a) 浮子组件模型　　(b) 浮子组件网格

图 2.3　液浮陀螺仪浮子组件有限元模型

2.2.3　液浮陀螺仪温度场模型

(1) 液浮陀螺仪的热交换

处于正常工作状态下的液浮陀螺仪与周围空气发生对流，陀螺仪内部存在热传导和热对流，所以陀螺仪表面和内部的温度分布是瞬态变化的。其边界主要的热交换有与周围环境的热对流；内部的热传导；内部流体的对流。

(2) 边界条件的确定

根据液浮陀螺的工作情况，可以初步确定几点：

① 主热源为液浮陀螺内部的转子电机及陀螺自身的加热片，采取热生成率作为载荷加载，具体的大小根据转子的工作功率和加热片的工作电流来确定。

② 液浮陀螺与外界的对流属于自然对流情况，所以整个陀螺外表面施加室温条件的常值对流载荷，室温为 22℃。

③ 对于温度已知的区域，热载荷固定为该数值，作为自由度约束。

④ 利用陀螺结构的轴对称性，在对称边界上施加绝热边界条件，按照绝热处理。

(3) 热参数的确定

进行液浮陀螺仪温度场分析时，存在选取热学参数的问题，热学参数的选取直接影响分析的结果。陀螺电机启动并且稳定后，以 500r/s 的速度高速旋转，电机的转子相对于氦气具有较高的相对速度，使得电机转子和氦气间产生强迫对流换热。同时，由于氦气的黏性，氦气在电机转子的带动下，也会在浮子内发生流动，使得氦气与电机各部分以及电机与浮子内壁之间强迫发生对流换热。在对这类换热的计算中将其简化为热传导来计算，导热系数采用当量导热系数。

以陀螺电机轴中心为坐标原点，在陀螺自转轴方向取一坐标 x，假设在该坐标系下，电机转子旋转的切向速度认为是氦气相对于浮筒和电机轴的平均流速，相当于对流换热中的流速 μ_∞。

将雷诺数表示为

$$R_e = x\mu_\infty/(\mu/\rho) \tag{2.6}$$

其中，x 为特征长度(m)；μ 为氦气的黏度系数(kg/(m·s))；ρ 为氦气的密度(kg/m^3)。

将这种换热看成流体流过无限大平板的换热，用如下公式计算 N_μ(努塞尔数)系数，即

$$\overline{N}_\mu = 0.664 R_e^{1/2} P_r^{1/3} \tag{2.7}$$

其中，P_r 为普朗特数，即

$$P_r = \mu C_p/\lambda \tag{2.8}$$

式中，C_p 为氦气的比热容；λ 为氦气的导热系数。

根据努塞尔系数计算出氦气的当量导热系数为

$$\lambda_e = N_\mu \lambda \tag{2.9}$$

取 $x=21\text{mm}=2.1\times10^{-2}\text{m}$，$\mu_\infty=50.2\text{m/s}$，根据上述公式有

$$R_e = 8.5742\times10^3 \tag{2.10}$$

进一步，由上述公式，可以得到氦气的当量导热系数，即

$$\lambda_e = 5.42\text{W/(m}\cdot{}^\circ\text{C)} \tag{2.11}$$

常温下，油类的导热系数一般的范围是(0.11～0.15)W/(m·℃)，悬浮油的导热系数按照下式估算，即

$$\lambda=\frac{117.4}{\rho_{15}}(1-0.00054t) \tag{2.12}$$

其中，ρ_{15}为 15℃时悬浮油的密度(kg/m^3)；t 为悬浮油的温度(℃)。

悬浮油的密度是根据悬浮油的温度曲线求得悬浮油温度为 15℃时的密度，即 $\rho_{15}=1.9947\times10^3$kg/m^3。由此根据上式求得悬浮油的导热系数为 $\lambda=0.06$W/(m·℃)。

考虑到陀螺仪的尺寸，在计算空气的对流换热时将陀螺外罩处的对流换热看作大空间对流换热，要求对流换热系数 h 首先要估算出两个重要的热参数：N_μ 数值和 G_r(格拉晓夫数)数值。因为

$$N_\mu=hl/\lambda \tag{2.13}$$

其中，l 为陀螺外形尺寸的特征长度；λ 为空气的导热系数。

根据大空间对流换热的实验关联式，即

$$N_\mu=C(G_rP_r)^n \tag{2.14}$$

其中，C 为待定的实验关联系数，$C=0.48$；n 为待定的实验关联系数，$n=0.25$。

因为

$$G_r=ga\Delta tl^3/v^2 \tag{2.15}$$

其中，g 为重力常数，$g=9.8$m/s^2；a 为空气的体积膨胀系数(m^3/(m^3·℃))；v 为空气的运动黏度(m^2/s)。

大空间自然对流换热的实验关联式里定性温度通常采用边界层的算术平均温度，即

$$t_m=(t_w+t_\infty)/2 \tag{2.16}$$

其中，t_w 为陀螺外罩的温度(℃)；t_∞为没有受陀螺外罩温度影响的远处的空气温度(℃)。

此处，t_w 为陀螺外罩平均温度 60℃；t_∞为大环境空气温度 22℃。于是计算出定性温度为 41℃。通过热工程手册查得 41℃时空气的物理参数：密度 $\rho=1.116$kg/m^3，运动黏度 $v=18.97\times10^{-6}$ m^2/s，比热容 $C_p=1.005$kJ/(kg·℃)，导热系数 $\lambda=0.029$W/(m·℃)。

根据液浮陀螺的外形尺寸，由上述各式计算出空气的对流换热系数 $h=5.5$W/(m·℃)。

2.3 液浮陀螺仪温度场仿真

2.3.1 稳态温度场仿真

在环境温度为 22℃的情况下，经过 ANSYS 软件计算出液浮陀螺仪的稳态温度场分布情况如图 2.4～图 2.7 所示。

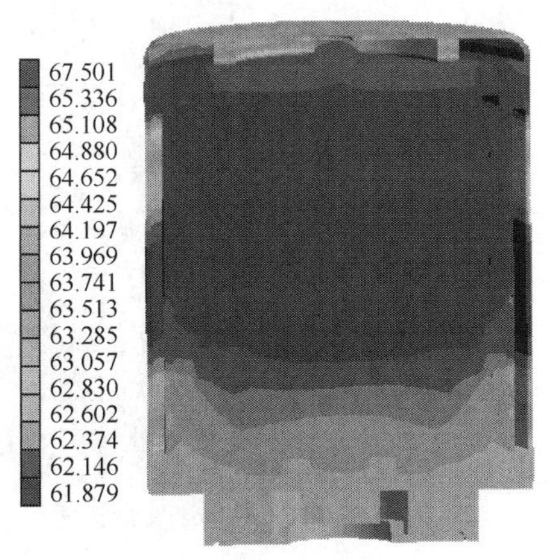

图 2.4　稳态温度场云图

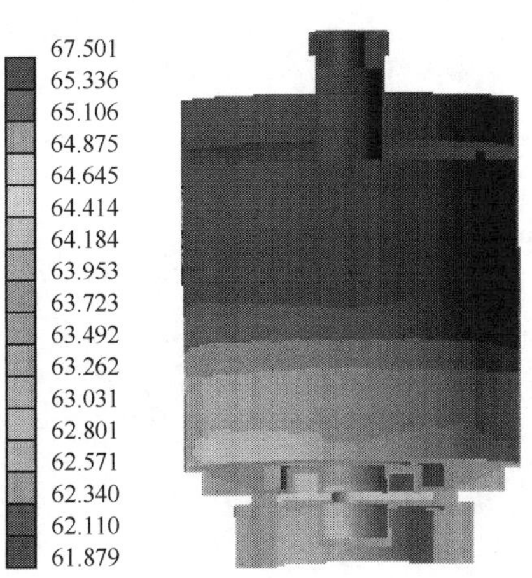

图 2.5　悬浮油部分温度云图

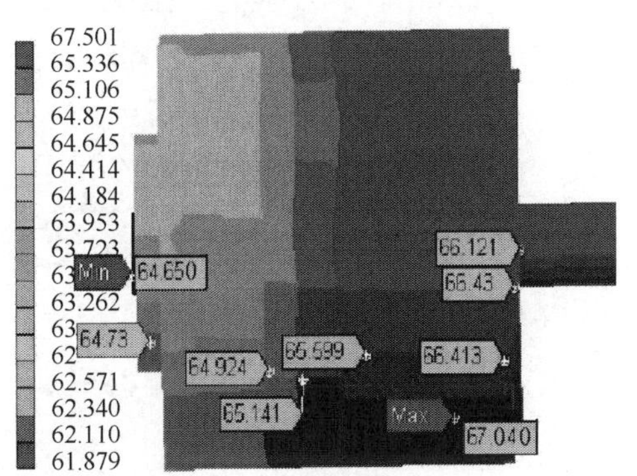

图 2.6　浮子组件温度云图

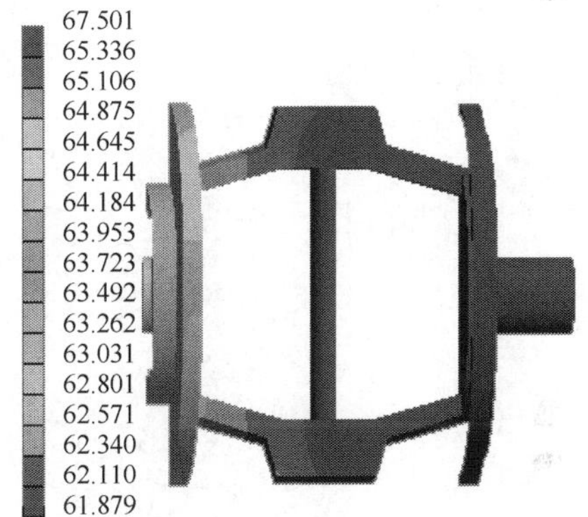

图 2.7　液浮陀螺框架结构温度云图

当外界环境为 22℃时，该液浮陀螺仪稳态温度场最高温度为 67.501℃，出现在陀螺的壳体上；最低温度为 61.879℃，出现在陀螺外罩上。浮子组件中最高温度为 67.040℃，出现在靠近组合传感器组件的一端；最低温度为 64.650℃，出现在靠近波纹管组件的一端；浮子组件上温度差为 2.390℃。

通过陀螺悬浮油和浮子组件部分的热流矢量云图(图 2.8 和图 2.9)，可以看到陀螺仪处于稳定工作状态时浮子组件热流方向是由电机经过电机轴与框架连接处，通过框架向浮子组件外部流出。

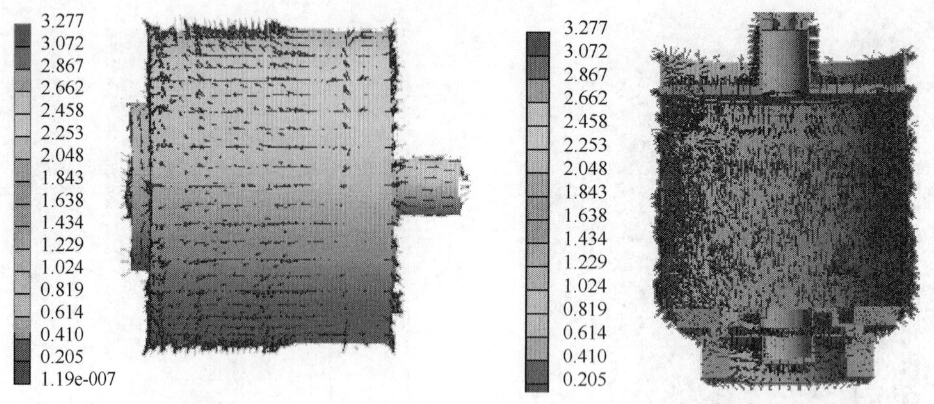

图 2.8 浮子组件热流矢量云图

图 2.9 悬浮油部分热流矢量云图

2.3.2 瞬态温度场仿真

初始温度条件下,陀螺满足各处温度均为室温 22℃,陀螺仪的温度场随时间的变化而变化,直至趋于稳态。图 2.10 是随时间变化而变化的液浮陀螺仪瞬态温度场。

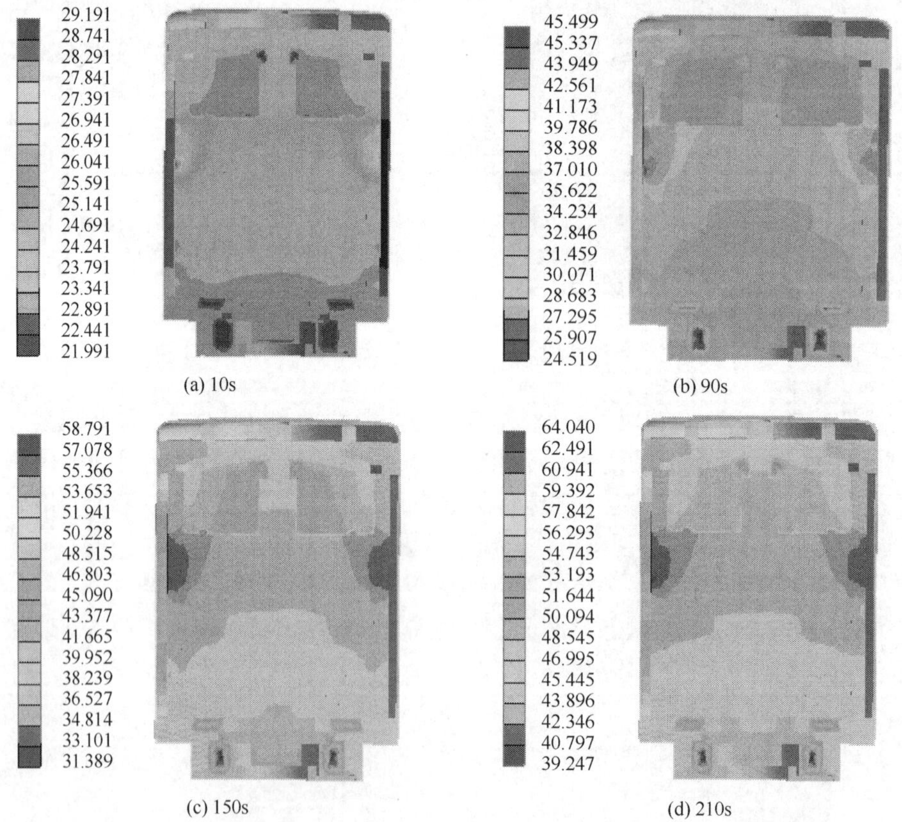

(a) 10s (b) 90s

(c) 150s (d) 210s

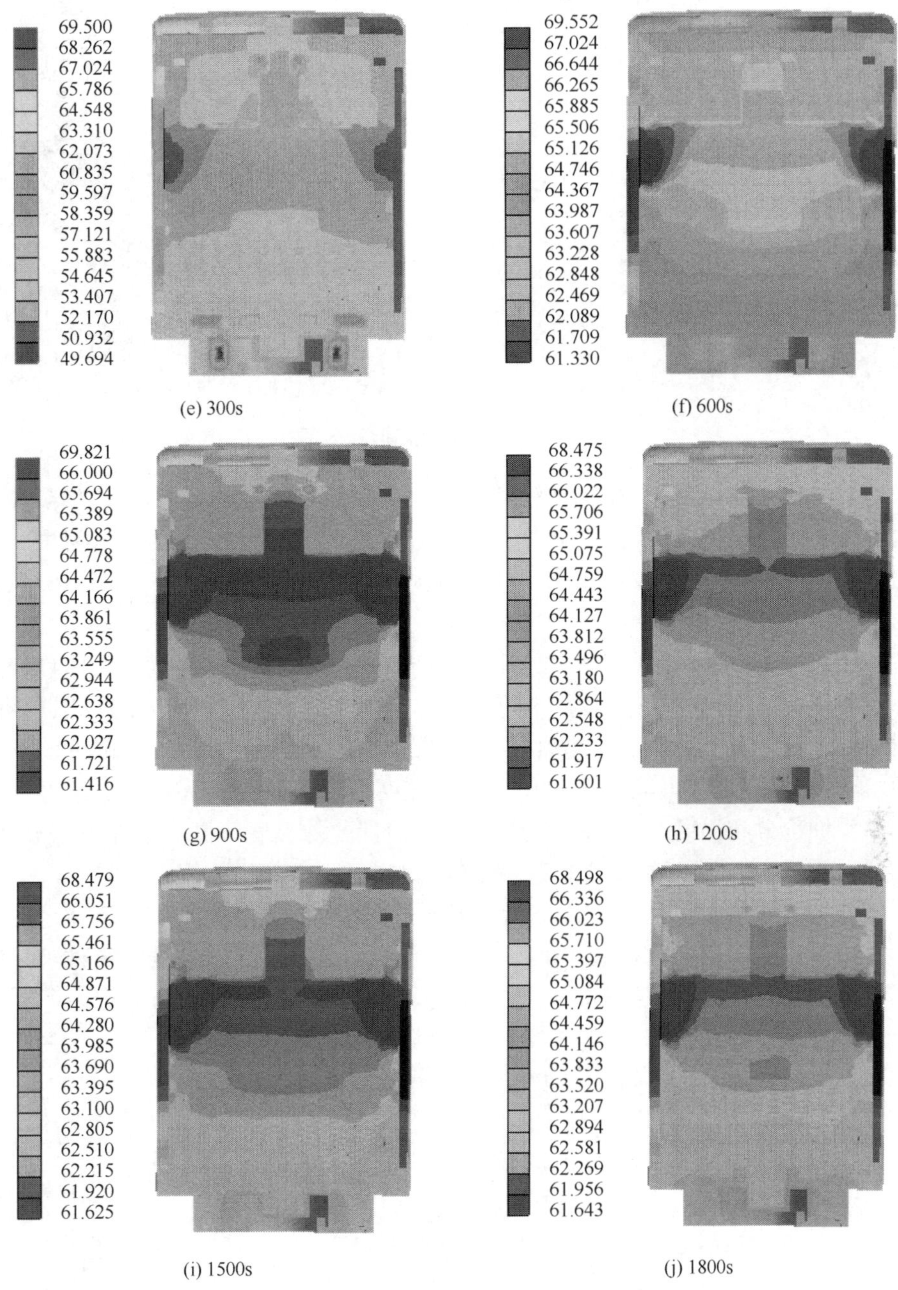

(e) 300s　(f) 600s

(g) 900s　(h) 1200s

(i) 1500s　(j) 1800s

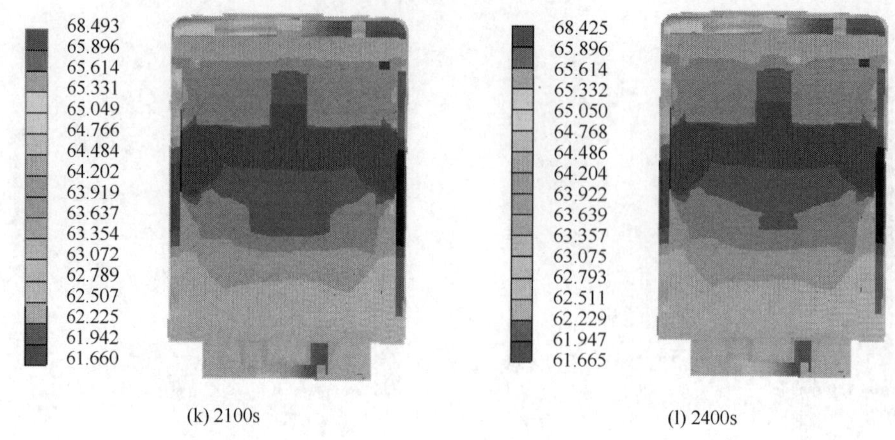

图 2.10　陀螺瞬态温度场云图

由图 2.10 可以看到，在液浮陀螺仪工作的初始，由于加热电流较大，加热片产生的热流大，热从外向内传播，温度场表现为陀螺壳体温度高于陀螺内部温度。当陀螺转子电机启动后，加热片中已经是电流减小，陀螺内部温度进一步升高，壳体和外罩的温度升高趋势变慢，直到稳态。

经过分析还可以发现，陀螺壳体部分一直是陀螺的高温区域，波纹管组件位置(图示陀螺的下部)的温度一直低于陀螺内部其他部分的温度，在组合传感器组件和护线板组件的部分(图示陀螺的上部)一直是陀螺的高温区域，这一部分的温度变化比较缓慢。这些可能是陀螺存在较大温度梯度的原因。从云图上还可以看到，悬浮油部分和浮筒的温度基本上相同，浮筒部分的温度略高于悬浮油的温度。组合传感器组件的温度略低于护线板组件的温度。

当陀螺工作到 1200s 左右时各节点基本达到相对稳定状态。陀螺整体温度梯度基本保持不变，最大温差稳定在 7℃左右。组合传感器组件、护线板组件和波纹管等部分的温升过程相对于壳体部分滞后。

2.4　红外热成像测量液浮陀螺仪温度场

2.4.1　红外热成像测量方法

红外热成像技术是一种远距离、非接触、实时扫描物体红外热辐射成像技术[62]。采用红外热成像技术探测目标物体的红外辐射，并通过光电转换、信号处理等手段，将目标物体的温度分布图像转换成视频图像的设备，称为红外热像仪。红外热成像技术具有以下特点[63]：

① 不接触、不停电、不取样、不改变系统运行状态，无需辅助信号源和各类检测装置，操作安全。

② 可实现大面积快速扫描成像，状态显示灵敏、形象、直观，测量效率高，劳动强度低，操作简单。

③ 测量数据易于分析和管理。

利用红外热成像技术的优点可以方便地测量陀螺仪从工作启动直至稳定状态的温度场热像图，并十分便利地分析温度分布特征及其与陀螺性能的关系。

分别对带防护罩和不带防护罩的液浮陀螺进行红外热像仪拍摄，测量液浮陀螺温度场分布。实验用红外热像仪型号为高德光电 IR913A，其主要性能参数如下：

工作环境温度为－20℃～50℃。

温度分辨率为 0.06℃。

精度为±1℃±1％。

测温范围为－20℃～400℃。

数字化图像为 16Bit。

空间分辨率为 1mRad。

帧数为 50 帧/s。

像素为 320×240。

实验过程如下：

① 在静态平衡仪上测液浮陀螺仪平衡状态，确保陀螺仪的静态平衡。

② 将液浮陀螺仪安装到液浮陀螺仪性能测试设备的测试台上（输出轴平行于重力加速度方向，输入轴沿正西方向）。

③ 将红外热像仪固定在拍摄平台上，距液浮陀螺仪为 1m，调试角度、参数，确保拍摄质量。

④ 启动温控装置对陀螺仪预热 10min 达到其额定工作温度。

⑤ 开启陀螺马达，加热丝保温，陀螺仪开始正常工作 30min。

⑥ 液浮陀螺仪温度场达到稳定后，陀螺仪继续工作 30min。

⑦ 每分钟采集一张红外热像图，并根据陀螺仪温度变化情况调整热像仪显示的温度范围，确保成像准确性。

2.4.2　红外热像图测量温度场结果分析

利用红外热像仪分别对带防护罩和不带防护罩两种情况下的液浮陀螺仪工作全过程进行拍摄。测试分为加热丝预热 10min，电机开、加热丝保温 30min，温度稳定后继续工作 30min 三个阶段，每分钟采集一张红外热像图，连续采样 70min（共 70 张图片）分析红外热像图，获取液浮陀螺仪温度场分布情况。测量实验中，实验室温度为(25±3)℃，相对湿度为 40％～60％，保持相对稳定。

1. 安装防护罩的温度场红外热图分析

(1) 陀螺仪纵向温度场分析

实验中用红外热像仪拍摄得到液浮陀螺仪工作全过程中的红外热像图，分析陀螺仪顶部、中部、底部温度场分布情况。从表 2.2 中可以看到，最高温度为 62.3℃左右，出现在陀螺的上部，而最低温度出现在陀螺下部。

① 加热丝预热 10min。

表 2.2 加防护罩液浮陀螺仪在加热丝加热过程中顶部、中部、底部温度场分布

		对象参数	温度值/℃
红外图像		Max	62.3
		L1:平均温度	53.6
		L1:最高温度	54.9
		L1:最低温度	43.4
曲线图		L2:平均温度	51.9
		L2:最高温度	53.3
		L2:最低温度	39.8
		L3:平均温度	51.5
		L3:最高温度	52.2
		L3:最低温度	40.3

② 电机工作，加热丝保温 30min。

表 2.3 加防护罩液浮陀螺仪在电机工作过程中顶部、中部、底部温度场分布

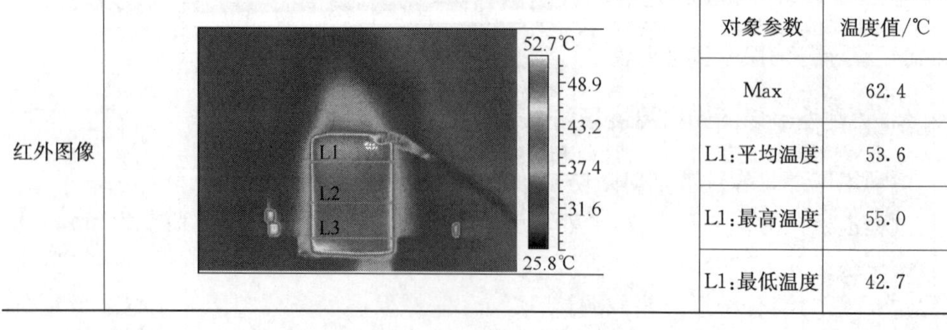

		对象参数	温度值/℃
红外图像		Max	62.4
		L1:平均温度	53.6
		L1:最高温度	55.0
		L1:最低温度	42.7

续表

曲线图	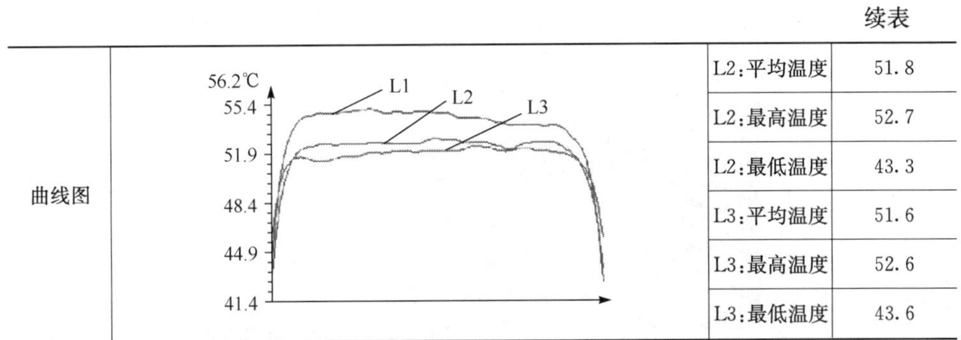	L2:平均温度	51.8
		L2:最高温度	52.7
		L2:最低温度	43.3
		L3:平均温度	51.6
		L3:最高温度	52.6
		L3:最低温度	43.6

③ 陀螺仪温度场稳定后，继续工作 30min。

表 2.4　加防护罩液浮陀螺仪在稳定过程中顶部、中部、底部温度场分布

		对象参数	温度值/℃
红外图像		Max	62.3
		L1:平均温度	53.4
		L1:最高温度	54.3
		L1:最低温度	45.5
曲线图		L2:平均温度	51.8
		L2:最高温度	52.4
		L2:最低温度	43.2
		L3:平均温度	51.4
		L3:最高温度	52.9
		L3:最低温度	44.6

(2) 陀螺仪横向温度场分析

实验中红外热像仪拍摄得到液浮陀螺仪工作全过程中的红外热像图，分析陀螺仪左部、中部、右部温度场分布情况。从表 2.5 中可以看到，最高温度为 62.3℃左右，L3 处因为有导线连接，温度略低。

① 加热丝预热 10min。

表 2.5 加防护罩液浮陀螺仪在加热丝加热过程中左部、中部、右部温度场分布

		对象参数	温度值/℃
红外图像	 53.1℃ 49.5 44.0 38.5 33.0 27.5℃ L2 L1 L3 Max	Max	62.3
		L1:平均温度	53.4
		L1:最高温度	55.8
		L1:最低温度	45.0
曲线图	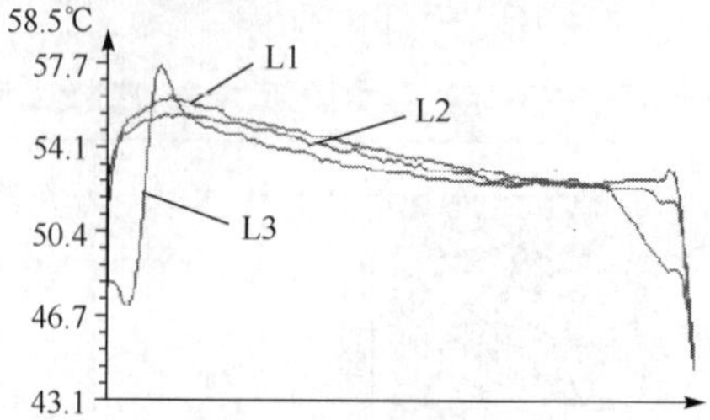 58.5℃ 57.7 54.1 50.4 46.7 43.1 L1 L2 L3	L2:平均温度	53.0
		L2:最高温度	55.2
		L2:最低温度	44.5
		L3:平均温度	52.7
		L3:最高温度	57.3
		L3:最低温度	44.4

② 电机工作,加热丝保温 30min。

表 2.6 加防护罩液浮陀螺仪在电机工作过程中左部、中部、右部温度场分布

		对象参数	温度值/℃
红外图像	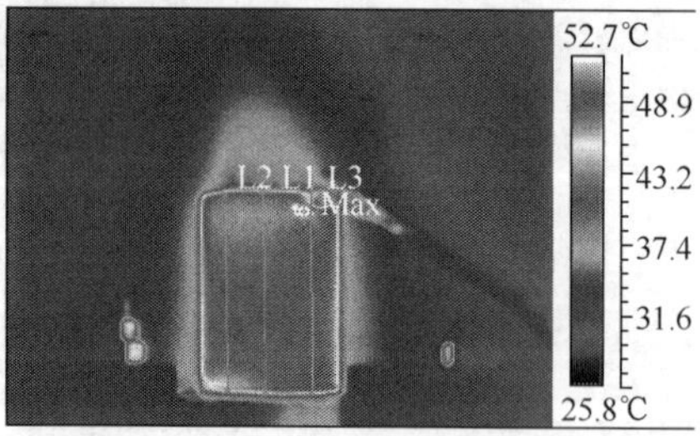 52.7℃ 48.9 43.2 37.4 31.6 25.8℃ L2 L1 L3 Max	Max	62.4
		L1:平均温度	53.1
		L1:最高温度	55.5
		L1:最低温度	45.7
曲线图	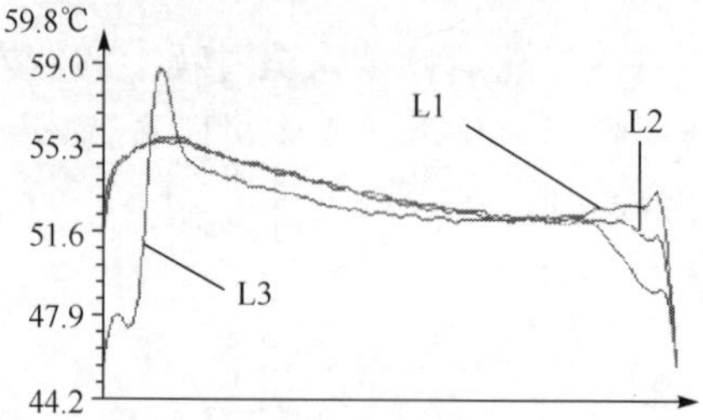 59.8℃ 59.0 55.3 51.6 47.9 44.2 L1 L2 L3	L2:平均温度	52.9
		L2:最高温度	55.3
		L2:最低温度	45.7
		L3:平均温度	52.4
		L3:最高温度	58.5
		L3:最低温度	45.5

③ 陀螺仪温度场稳定后，继续工作 30min。

表 2.7　加防护罩液浮陀螺仪在稳定过程中左部、中部、右部温度场分布

		对象参数	温度值/℃
红外图像	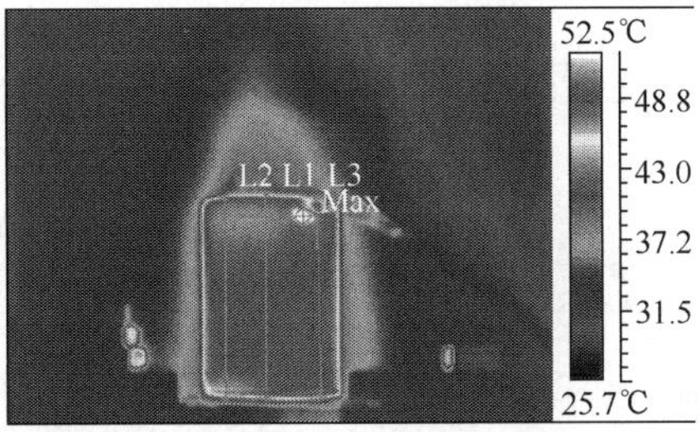	Max	62.3
		L1:平均温度	52.6
		L1:最高温度	55.1
		L1:最低温度	44.0
曲线图	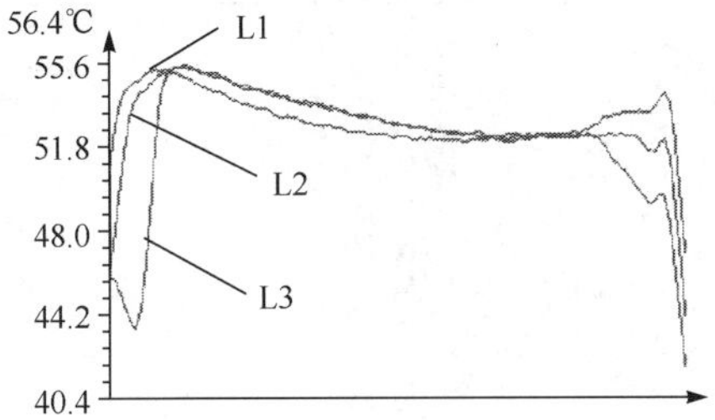	L2:平均温度	52.5
		L2:最高温度	55.0
		L2:最低温度	41.8
		L3:平均温度	52.0
		L3:最高温度	54.8
		L3:最低温度	43.5

2. 除去防护罩的温度场红外热图分析

(1) 陀螺仪纵向温度场分析

实验中用红外热像仪拍摄得到液浮陀螺仪工作全过程中的红外热像图，分析陀螺仪顶部、中部、底部温度场分布情况。从表 2.8 中可以看到，陀螺仪温度接近于稳定后，最高温度出现在陀螺仪的上部，而最低温度出现在陀螺仪下部。

① 加热丝预热 10min。

表 2.8　不加防护罩液浮陀螺仪在加热丝加热过程中顶部、中部、底部温度场分布

		对象参数	温度值/℃
红外图像		Max	79.1
		L1:平均温度	65.0
		L1:最高温度	78.3
		L1:最低温度	37.8

续表

曲线图	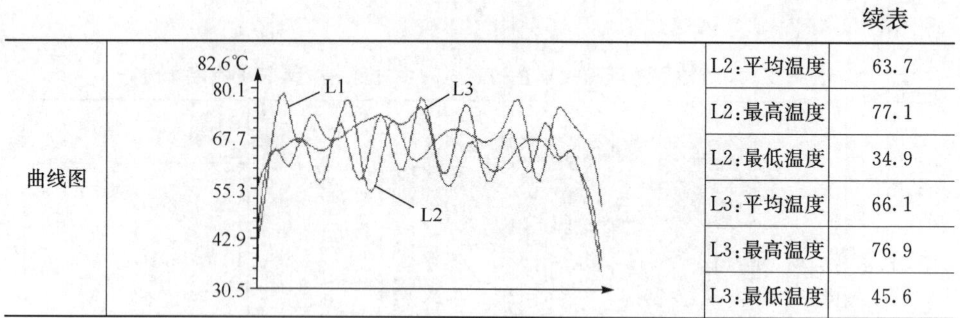	L2:平均温度	63.7
		L2:最高温度	77.1
		L2:最低温度	34.9
		L3:平均温度	66.1
		L3:最高温度	76.9
		L3:最低温度	45.6

② 电机工作,加热丝保温 30min。

表 2.9　不加防护罩液浮陀螺仪在电机工作过程中顶部、中部、底部温度场分布

		对象参数	温度值/℃
红外图像	57.1℃ 51.5 42.9 34.2 25.6 17.0℃ L1 Max L2 L3	Max	69.8
		L1:平均温度	62.9
		L1:最高温度	68.5
		L1:最低温度	45.5
曲线图	71.8℃ 69.8 60.3 50.7 41.1 31.6 L1 L3 L2	L2:平均温度	58.1
		L2:最高温度	66.7
		L2:最低温度	35.0
		L3:平均温度	56.7
		L3:最高温度	64.7
		L3:最低温度	39.6

③ 陀螺温度场稳定后,继续工作 30min。

表 2.10　不加防护罩液浮陀螺仪在稳定过程中顶部、中部、底部温度场分布

		对象参数	温度值/℃
红外图像	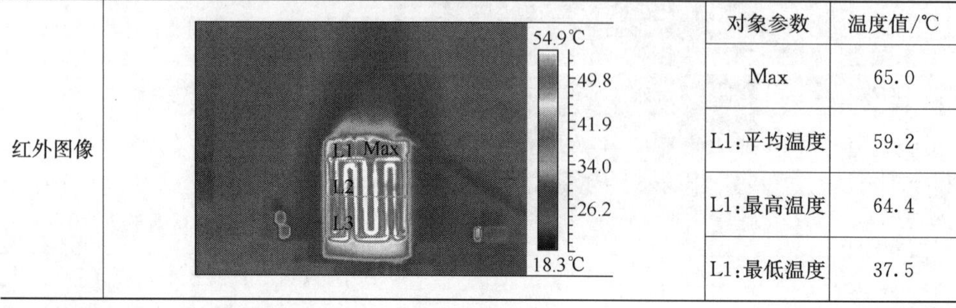	Max	65.0
		L1:平均温度	59.2
		L1:最高温度	64.4
		L1:最低温度	37.5

续表

曲线图	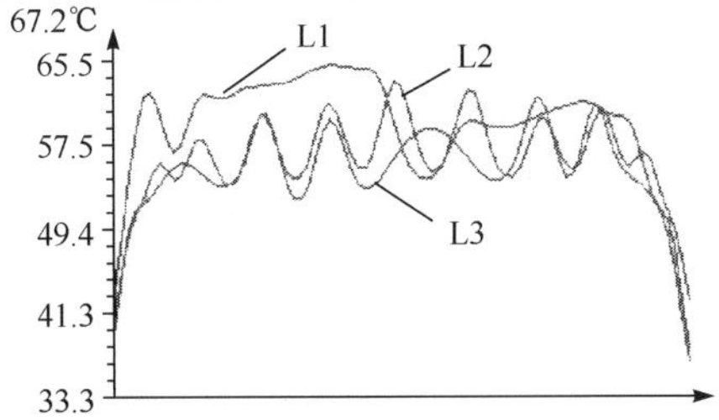 67.2℃ 65.5 57.5 49.4 41.3 33.3 L1 L2 L3	L2:平均温度	55.8
		L2:最高温度	62.8
		L2:最低温度	39.9
		L3:平均温度	54.0
		L3:最高温度	61.4
		L3:最低温度	36.2

(2) 陀螺仪横向温度场分析

实验中红外热像仪拍摄得到液浮陀螺仪工作全过程中的红外热像图,分析陀螺仪左部、中部、右部温度场分布情况。

① 加热丝预热 10min。

表 2.11　不加防护罩液浮陀螺仪在加热丝加热过程中左部、中部、右部温度场分布

红外图像	58.4℃ 52.6 43.7 34.8 25.9 17.0℃ L1 L3 L2 Max	对象参数	温度值/℃
	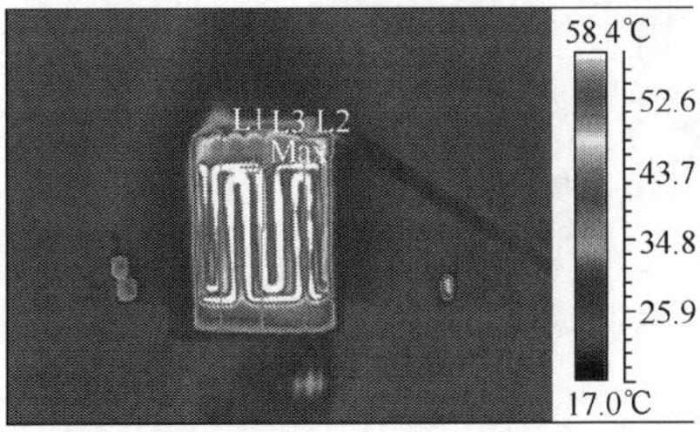	Max	72.8
		L1:平均温度	54.8
		L1:最高温度	67.5
		L1:最低温度	31.9
曲线图	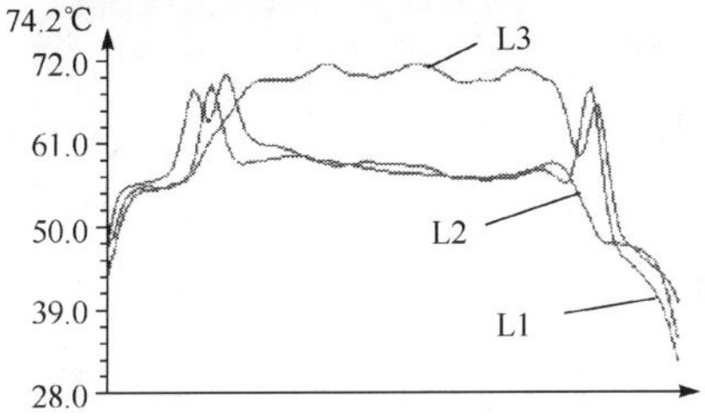 74.2℃ 72.0 61.0 50.0 39.0 28.0 L3 L2 L1	L2:平均温度	55.4
		L2:最高温度	69.3
		L2:最低温度	34.9
		L3:平均温度	63.4
		L3:最高温度	70.4
		L3:最低温度	39.6

② 电机工作,加热丝保温 30min。

表 2.12　不加防护罩液浮陀螺仪在电机工作过程中左部、中部、右部温度场分布

红外图像	55.8℃ 50.4 42.1 33.7 25.4 17.1℃ L1 L3 L2 Max	对象参数	温度值/℃
		Max	67.0
		L1:平均温度	53.2
		L1:最高温度	62.9
		L1:最低温度	35.3

续表

曲线图	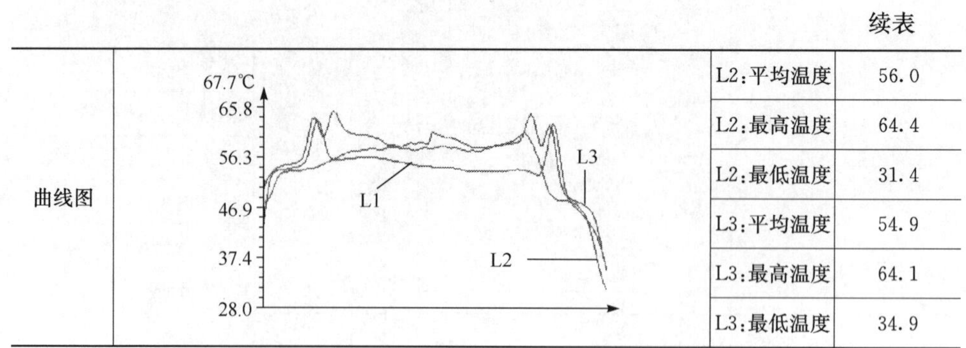	L2:平均温度	56.0
		L2:最高温度	64.4
		L2:最低温度	31.4
		L3:平均温度	54.9
		L3:最高温度	64.1
		L3:最低温度	34.9

③ 陀螺温度场稳定后,继续工作 30min。

表 2.13　不加防护罩液浮陀螺仪在稳定过程中左部、中部、右部温度场分布

		对象参数	温度值/℃
红外图像	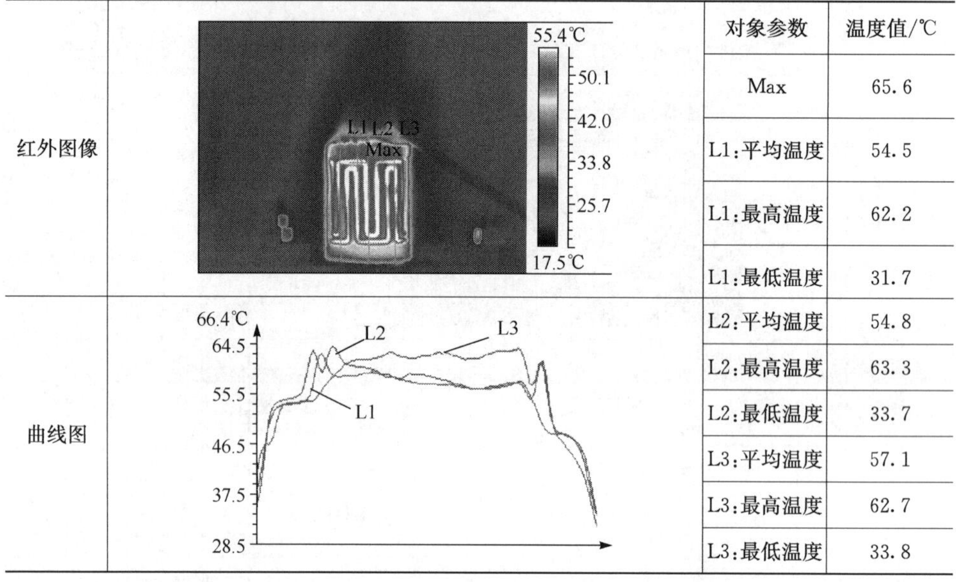	Max	65.6
		L1:平均温度	54.5
		L1:最高温度	62.2
		L1:最低温度	31.7
曲线图		L2:平均温度	54.8
		L2:最高温度	63.3
		L2:最低温度	33.7
		L3:平均温度	57.1
		L3:最高温度	62.7
		L3:最低温度	33.8

3. 红外热像仪测量结果分析

对不同阶段陀螺仪顶部、中部、底部的温度场分布情况进行分析,如图 2.11 所示。图 2.11(a)和图 2.11(b)为带防护罩时液浮陀螺仪从加热、开电机到稳定三个阶段中其顶部、中部、底部的温度场分布。图 2.11(a)为区域平均温度变化趋势。图 2.11(b)为区域最高温度的变化趋势。图 2.11(c)和图 2.11(d)为不带防护罩时液浮陀螺仪从加热、开电机到稳定三个阶段中,其顶部、中部、底部的温度场分布。图 2.11(c)为区域平均温度变化趋势。图 2.11(d)为区域最高温度的变化趋势。

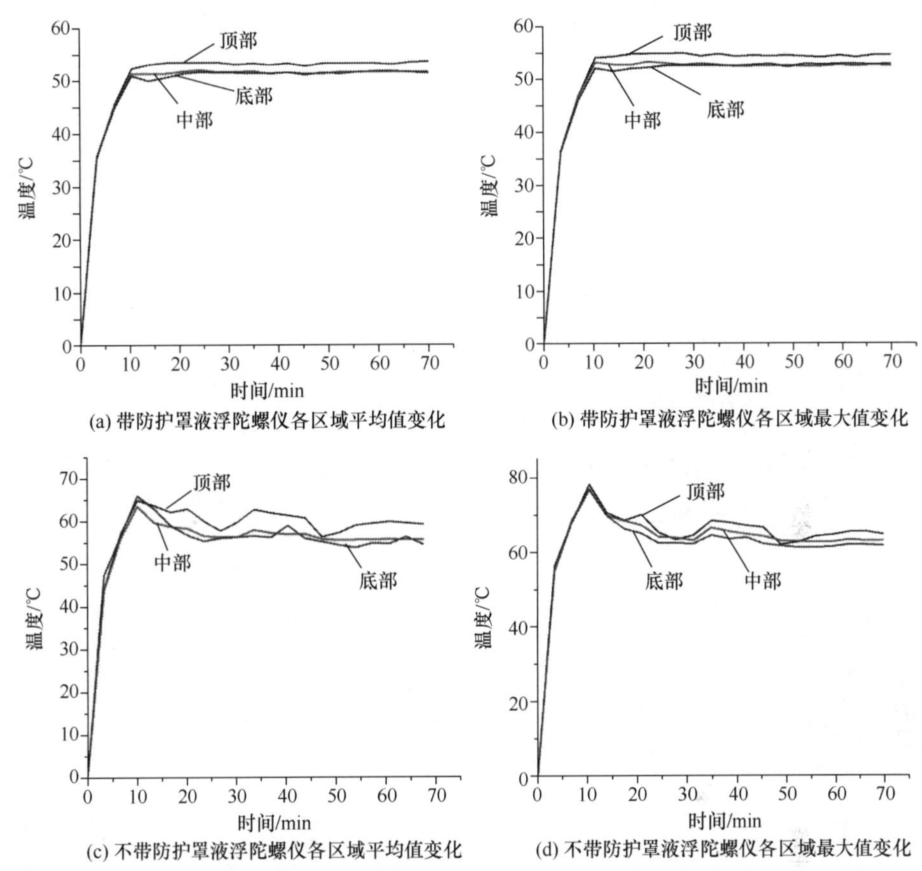

图 2.11　液浮陀螺仪各区域温度场平均值及最大值变化图

从图 2.11 中可以看出，液浮陀螺仪的顶部温度始终最高，中部和底部的温度较为接近。液浮陀螺仪从电热丝加热到电机开始工作的过程中，陀螺仪的顶部、中部、底部三个部位的温度都达到最大值。液浮陀螺顶部、中部、底部的温度变化趋势较接近。在图 2.11(a)和图 2.11(b)中，因为有防护罩，减弱了陀螺仪内部温度变化对防护罩外温度的影响，因此不带防护罩测试的温度比带防护罩的要高，且当加热丝停止加热，温度达到某个峰值，然后趋于稳定。另外，从表 2.8～表 2.13 以及图 2.11(c)和图 2.11(d)中，在液浮陀螺仪电机运转，加热丝保温的阶段，可以看出前期温度梯度较小，随着工作时间的增加，温度梯度增大，并逐渐趋于稳定。

将液浮陀螺仪顶部、中部、底部或左部、中部、右部各不同位置在加热、开电机、稳定三个不同阶段中的温度分别求平均值，得到各阶段的温度场分布的平均值，如表 2.14 所示。可以看出，液浮陀螺仪顶部相对中部和下部温度较高，右部的温度相对中部和左部较高。

表 2.14 液浮陀螺工作不同阶段温度场分布平均值(单位:℃)

位置 \ 加热阶段		带防护罩			不带防护罩		
		加热	开马达	稳定	加热	开马达	稳定
纵向	顶部	49.00	53.30	54.40	59.31	60.77	58.81
	中部	47.95	51.72	51.70	56.85	57.07	55.81
	底部	47.38	51.55	51.70	58.28	56.65	54.95
横向	左部	48.75	52.82	52.67	54.20	55.20	54.40
	中部	48.64	52.72	52.50	55.63	56.34	54.81
	右部	48.48	52.17	52.15	57.83	56.84	55.94

对红外热像图进行分析,得到带防护罩和不带防护罩的液浮陀螺仪在整个工作过程中,整体温度的平均值和某点达到的最高值,如图 2.12 所示。整个液浮陀螺仪的温度在电机开始工作,加热丝保持恒温后,有一段下降,然后变化趋于稳定。

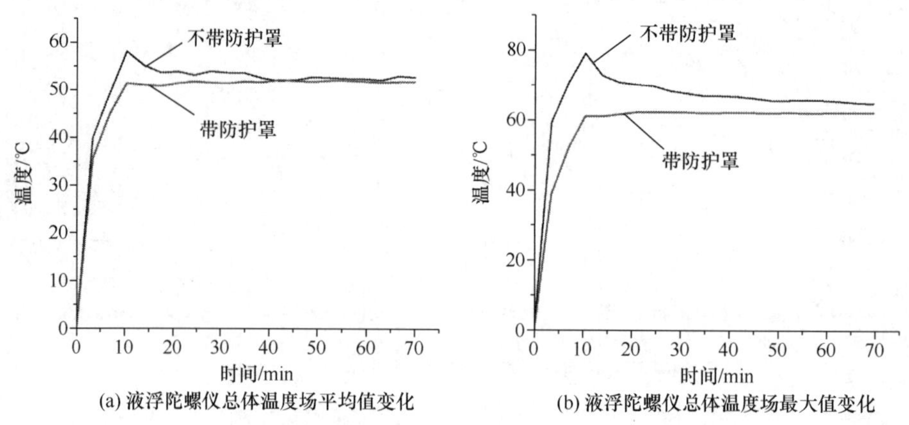

(a) 液浮陀螺仪总体温度场平均值变化

(b) 液浮陀螺仪总体温度场最大值变化

图 2.12 液浮陀螺仪总体温度场平均值及最大值变化情况图

另外,对比表 2.2～表 2.13 中加防护罩和不加防护罩的液浮陀螺仪工作温度分布曲线图可以看出,加防护罩的液浮陀螺仪温度场变化平稳、分布集中,而不加防护罩的温度场情况,有明显波动、分布不集中。这可能是由于红外热像仪直接测量到工作的加热丝引起的。

对比有限元仿真结果与红外热像图实验测量数据,仿真结果与实验测量结果的趋势基本一致,从而验证了所建液浮陀螺仪温度场有限元仿真模型基本正确,为陀螺仪温度场优化工作奠定了基础。

2.5　电阻法测量液浮陀螺仪温度场

2.5.1　电阻法测量方法

为了得到比较准确的陀螺仪工作状态下的温度数值，理论上应该在陀螺仪内部，包括浮子组件上安装测温电阻。考虑到陀螺仪内部空间狭小以及目前生产中所用到的测温电阻尺寸大小，在陀螺仪内部布置相应的内部测温电阻会影响到陀螺仪的正常工作状态。通过分析现有测量手段，决定在陀螺仪的壳体外侧圆周上贴测温电阻，然后通过软件进行多点测量。液浮陀螺仪温度测量实验的测温电阻安装位置主要是以陀螺 H 向(陀螺自转轴方向)为参考方向，在陀螺仪壳体外侧的圆周上合适的位置布置测温点以满足温度测量的需要。

温度测量实验测量设备采用 KEITHLEY 公司的数字采集系统，包括数字万用表 DM3601、10 通道扫描卡、总线接口卡，采用 AX4810 的 IEEE 488 PCI 总线接口卡。DM3601 数字万用表是具有较高精度的高性能数字万用表，可以以每秒 50 次的触发速度从 IEEE 488 总线上接收数据。

实验过程如下：

① 在静态平衡仪上测试液浮陀螺仪平衡状态，确保陀螺仪的静态平衡。

② 将液浮陀螺仪安装到液浮陀螺仪性能测试设备的测试台上(输出轴平行于重力加速度方向，输入轴沿正西方向)。

③ 启动温控装置对陀螺仪预热 10min 达到其额定工作温度。

④ 开启陀螺马达，加热丝保温，陀螺仪开始正常工作 30min。

⑤ 液浮陀螺仪温度场达到稳定后，陀螺仪继续工作 30min，并记录测量结果。

实验过程中，实验室温度为(25±3)℃，相对湿度为 40%～60%，并保持相对稳定。

2.5.2　电阻测量温度场结果分析

以陀螺 H 向(陀螺自转轴方向)为参考方向，在陀螺仪壳体外侧的圆周上合适的位置布置 5 个测温点。在相同实验环境下，测量两次，得到两组实验数据。测温点位置与温度场分布仿真结果如图 2.13 所示。记录各个测温点的温度值，并与仿真数据对比，如表 2.15 所示。

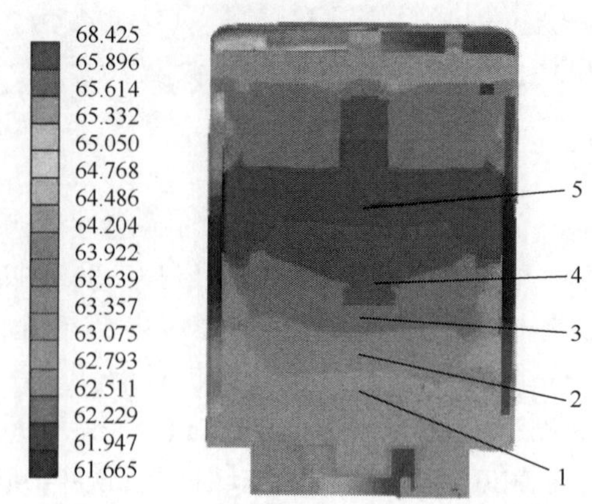

图 2.13　温度场和测温点分布示意图

表 2.15　测温电阻法测量的温度(输出轴平行于重力加速度方向)

项目		位置 1	位置 2	位置 3	位置 4	位置 5
第一组实验数据	阻值/Ω	126.660	126.700	126.77	126.850	127.760
	测量温度/℃	65.090	65.130	65.400	65.550	67.600
第二组实验数据	阻值/Ω	126.600	126.590	126.730	126.830	127.560
	测量温度/℃	64.920	64.830	65.280	65.490	67.070
测量温度均值/℃		65.010	64.980	65.340	65.520	67.340
仿真温度/℃		64.660	64.760	65.510	65.590	67.470
|测量温度均值−仿真温度|/℃		0.350	0.220	0.170	0.070	0.100
相对误差/%		0.538	0.338	0.260	0.107	0.149

对比有限元仿真结果与实验测量数据,仿真结果与电阻法测量温度场实验结果的趋势基本一致,二者最大相差 0.35℃、最小相差 0.07℃,从而验证了所建立的液浮陀螺仪温度场有限元仿真模型基本是正确的,为温度场优化工作奠定了基础。

2.6　本章小结

使用有限元方法对液浮陀螺仪浮子及陀螺仪温度场建模仿真,模拟陀螺仪稳态温度场及瞬态温度场,考察分析陀螺仪内部的温度场分布及变化规律。稳态计算中,浮子组件热流方向是由电机经过电机轴与框架连接处,通过框架向浮子组件外部流出。在瞬态计算中,陀螺工作初始,热从外向内传播,温度场表现为陀螺壳体温度高于陀螺内部温度;当陀螺转子电机启动后,陀螺内部温度进一步升高,壳体和外罩的温度升高的趋势变慢,直到稳态。同时,陀螺上部的温度高于陀螺下部,具有较明显的温度梯度。计算和仿真结果为改进结构的热设计工作提供了依据。

采用红外热像图法和电阻法对液浮陀螺仪温度场进行实验测量分析。分析红外热像图法测试结果可知,液浮陀螺的顶部始终温度最高,中部和底部的温度较为接近。加外壳的液浮陀螺温度场变化平稳,分布集中。而不加外壳的温度场有明显波动,分布不集中。对比有限元仿真结果与红外热像图测量数据及电阻法测量结果,模拟仿真结果与实验测量结果的趋势基本一致,验证了液浮陀螺仪温度场有限元仿真模型基本正确,为温度场优化奠定了基础。

第 3 章　液浮陀螺仪温度场优化

3.1　液浮陀螺仪性能与温度场关系

温度对陀螺仪的影响是多方面的，相当复杂，工程上为了减少温度的影响，常采用硬件措施加以改善，但是代价高昂，精度提高有限。通过对测试数据进行分析，建立数学模型并由软件进行实时补偿的方法经济实用，是目前研究的热点。要对由温度引起的系统误差进行补偿只有通过对实验数据进行分析，找出其中规律，进而对系统输出进行补偿，所以对液浮陀螺仪性能与温度场关系的研究十分必要。

3.1.1　陀螺仪漂移性能测试分析

用红外热像仪法与电阻法测量液浮陀螺温度场的同时，利用陀螺性能专用测试设备测量液浮陀螺仪工作状态下的漂移参数，分析精度变化情况。

实验采用固定位置一次启动方法进行测试。把陀螺仪安装在实验台上，使其输出轴保持平行于重力加速度方向，输入轴沿正西方向。陀螺仪正常工作后，开始进行测试，每秒钟采集一个输出电流值，连续采样 1800s(共 1800 个数据)，取每分钟采集到的 60 个数据的算术平均值，计算输出值 $\bar{I}$，再由式(3.2)计算得到陀螺仪的漂移值，共 30 个输出数据，如表 3.1 所示。

表 3.1　液浮陀螺的漂移参数 $\boldsymbol{\sigma}$(°/h)

第 1～6 组	0.07115	0.07988	0.07561	0.07576	0.07355	0.08176
第 7～12 组	0.07091	0.06920	0.08707	0.07147	0.07599	0.07620
第 13～18 组	0.07655	0.08517	0.07165	0.07146	0.08496	0.07880
第 19～24 组	0.07910	0.08311	0.07200	0.07761	0.08507	0.08560
第 25～30 组	0.08463	0.07651	0.08176	0.08585	0.07939	0.07950

$$\bar{I}=\frac{1}{n}\sum_{i=1}^{n}I_i \tag{3.1}$$

$$\sigma=\sqrt{\frac{1}{n-1}\sum_{i=1}^{n}(I_i-\bar{I})^2}\cdot K \tag{3.2}$$

其中，K 为陀螺仪的标度因数(°/(h·mA))；n 为采样输出值个数；I_i 为采样输出值(mA)；$\bar{I}$ 为采样输出值的平均值(mA)；σ 为陀螺的漂移(°/h)。

按照上述方法，将 1800 个数据每 60 个分为一组，共分 30 组，计算求得陀螺仪的漂移参数，即每分钟计算一次精度，且该陀螺仪的标度因数为 $K=23.648°/(h\cdot mA)$，结果如表 3.1 所示。

由表 3.1 数据分析可知，随着陀螺仪工作时间的增加，漂移参数增大，精度明显下降。前 8 组数据，漂移参数在 0.07°/h 左右，约从第 9 组数据开始（即陀螺仪工作大概 600s），漂移参数接近 0.08°/h，数值明显增加，表明漂移在陀螺仪工作 600s 以后总体变化趋势是增大，即精度下降。

从仿真模拟的陀螺瞬态温度场云图得，在陀螺工作前 600s，陀螺温度场梯度较小，但有逐渐增大的趋势。随着工作时间的增加，陀螺温度场梯度更为明显并趋于稳定。

将测试计算结果和仿真数据比对可得如下结论：陀螺在工作约前 600s 时，其温度场梯度不明显，相应的漂移较小，随着工作时间增加，陀螺温度场梯度增大并趋于稳定，漂移性能有明显变化。

图 3.1 描述了液浮陀螺仪温度场的变化对其精度的影响。可以看出，在工作 600s 后，即电机开动，陀螺仪进入正常状态后，精度的变化趋势和陀螺仪温度场变化较为相似，受到温度变化的影响明显。随着陀螺仪工作时间的增加，精度也明显下降。陀螺在工作前期，其温度场梯度不明显，相应的漂移较小，随着工作时间增加，陀螺仪温度场梯度增大并趋于稳定，漂移性能有明显波动。

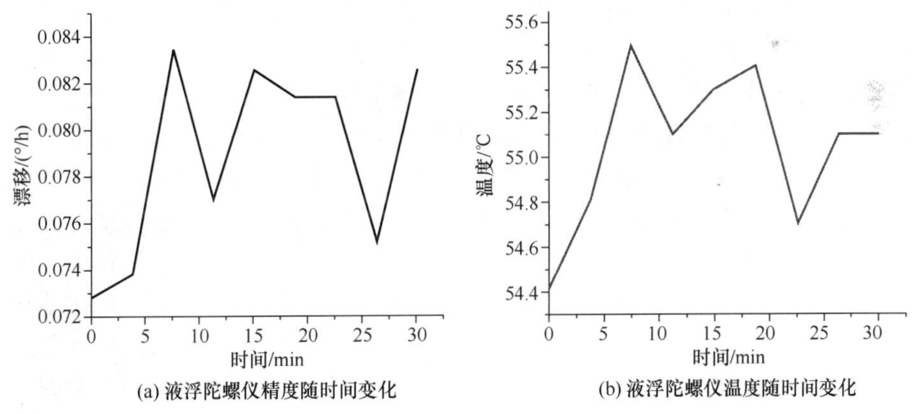

图 3.1　不带防护罩液浮陀螺仪温度与精度随工作时间变化情况

取同型号液浮陀螺 1 和 2，在相同环境和实验设备下分别测量其温度场变化的情况和精度。图 3.2 为两只液浮陀螺仪工作全过程中温度场变化趋势的比较。用陀螺仪性能专用测试设备分别测量两只液浮陀螺仪工作状态下的漂移参数，经计算可知液浮陀螺 1 的精度为 0.0844°/h，液浮陀螺 2 的精度为 0.0666°/h，精度相差不大，所测量的陀螺工作温度值变化趋势接近，说明实验测试结果具有较高的可信度。

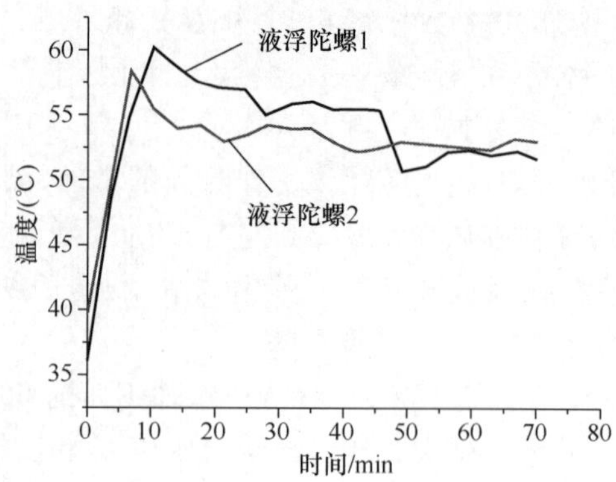

图 3.2 不带防护罩液浮陀螺仪 1 和 2 的温度随工作时间变化情况

3.1.2 基于神经网络的温度漂移模型

陀螺漂移(精度)建模方法目前应用较多的是时间序列分析法。对陀螺随机漂移信号建立时序模型时,首先应保证该信号为零均值、平稳、正态时序。对于一般的测量系统正态时序性可以保证,但因受未知的外部环境及内部因素干扰,信号的平稳性很难保证。因此,用时序法来建立陀螺温度(精度)误差模型显然存在不足之处[64,65]。

神经网络是受生物大脑的启发,用大量简单的处理单元广泛连接构成的一类信息处理系统。神经网络已成为高科技研究领域中一门令人瞩目的新兴科学。神经网络具有非线性变换特性和高度的并行运算能力,为模型的辨识提供了一条十分有效的途径。实践表明,通过陀螺仪的实际测试数据对神经网络进行训练,建立的陀螺仪漂移误差的神经网络模型具有结构简单、抑制干扰能力强的特点[66,67]。

神经网络算法能够用来分析复杂的非线性系统,是当前陀螺仪温度建模的主要方法之一,并取得了较好的应用效果[68],但主要应用于低精度陀螺仪中。由于高精度陀螺仪对温度敏感性远大于低精度陀螺仪,在应用神经网络时对初始数据及网络参数确定有更高要求。本书将应用不同神经网络对高精度液浮陀螺仪进行精度建模,结合遗传算法,比较不同初始样本下的模型结果,建立高精度陀螺仪精度模型。

在液浮陀螺仪内部设置传感器分别测量陀螺仪的工作温度和陀螺精度,采样频率分别为 1Hz 和 0.1Hz,测量时间为 1800s。温度数据共 1800 个,陀螺仪精度数据共 180 个。如图 3.3 所示,分别对电机启动阶段(0～300)s 和稳定工作阶段(800～1400)s 两个时间段进行建模。对温度数据进行预处理:一是以 10 个相邻温度值取平均值对应陀螺精度值(即单输入单输出模型);二是以 10 个该相邻温度值为输入,对应一个陀螺精度输出值(即多输入单输出模型)。这里使用 Matlab 建模软件。

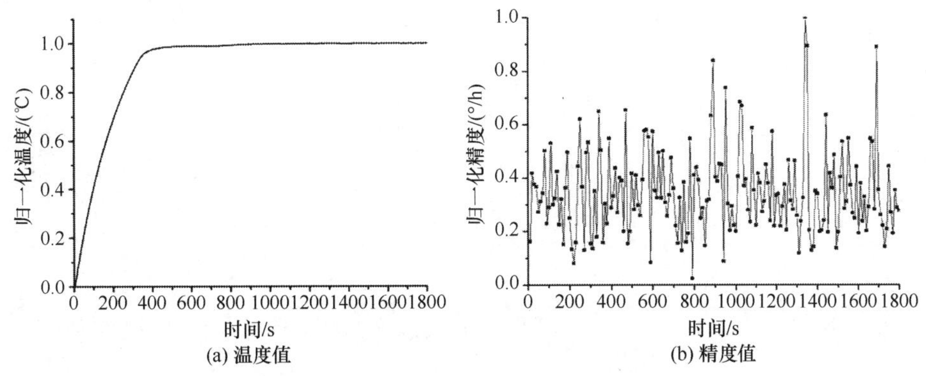

图 3.3 归一化后的温度和精度值

(1) BP 神经网络模型

采用三层 BP 神经网络对温度与漂移关系进行建模，隐含层的传递函数用 logsig(函数，输出层用 pureslin)函数，单输入模型隐含层结点数为 6 个，多输入模型隐含层结点数为 15 个。图 3.4(a)显示模型数据与实际数据值误差太大，甚至超过 100%，表明单输入单输出 BP 网络模型不收敛。图 3.4(b)表示即使采用遗传算法优化的 BP 网络也只能使误差集中在 30%以内，无法达到精度要求，建立 BP 单输入单输出神经网络模型失败。

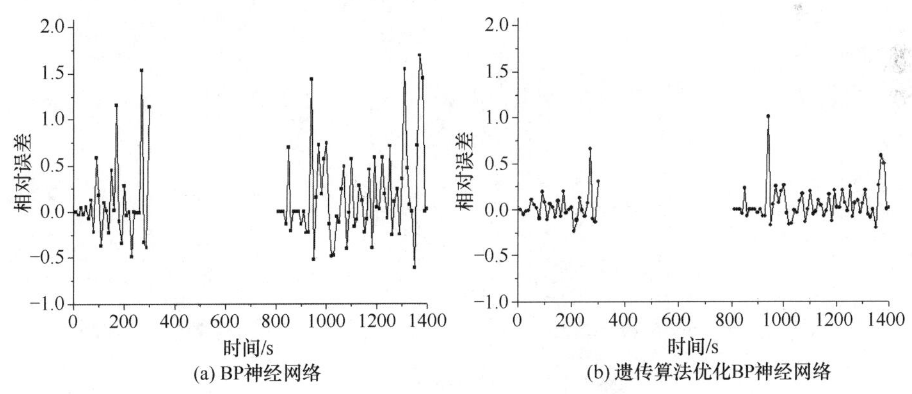

图 3.4 BP 神经网络相对误差(单输入单输出)

图 3.5(a)显示 BP 多输入单输出神经网络模型较单输入模型精度有很大提高，误差基本控制在 10%以内。图 3.5(b)表示采用遗传算法优化的 BP 网络更可使误差控制在 5%以内，表明多输入模型优于单输入模型，但仍达不到陀螺仪精度要求。这一结果也表明，样本输入方式对模型精度具有较大影响，高精度陀螺仪对温度具有很大敏感性，必须考虑连续相邻温度。

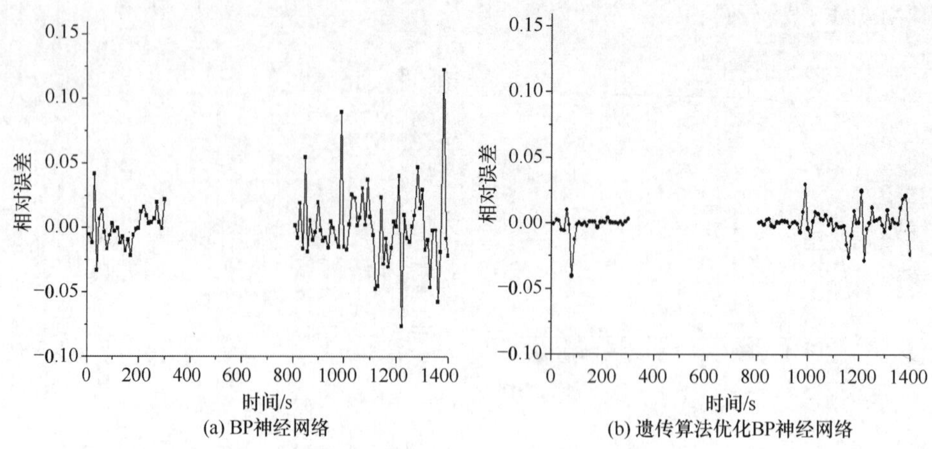

图 3.5 BP 神经网络相对误差(多输入单输出)

(2) RBF 神经网络模型

使用 RBF 网络建模,散布常数取 0.1。模型运算结果如图 3.6 所示。RBF 神经网络多输入模型误差总体要远小于单输入模型,说明考虑连续相邻温度是必要的。RBF 神经网络具有较高的精度,收敛性好,相对误差达到 10^{-6}级别,能满足陀螺仪的高精度建模要求。

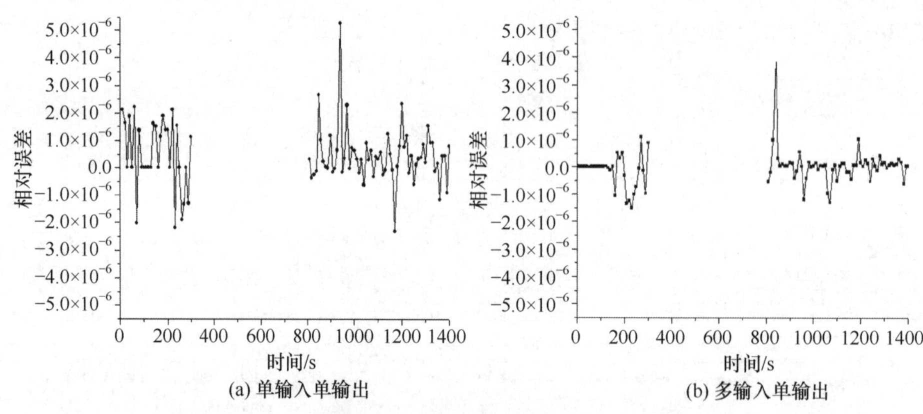

图 3.6 RBF 神经网络相对误差

3.2 加热电阻丝优化

从第 2 章仿真模拟的陀螺仪瞬态温度场云图看出,在陀螺预热以及工作过程中,其温度场分布不均匀,且随着工作时间的增加,陀螺仪温度场梯度增大,温度不均匀导致性能漂移。加热电阻的加热效果是影响陀螺温度场的重要因素,因此加热电阻的选择、加热丝的布置方式和加热功率的选择都是优化陀螺仪在预热和工作过程中温度场分布的重要手段。

3.2.1　加热电阻选择

如何从种类繁多的加热电阻中选择适合陀螺加热需要的电阻是有效改善陀螺仪温度控制效果的重要基础之一。

目前主要采用热解石墨或二硅化钼等作为加热电阻元件。热解石墨是一种新型的石墨材料,是利用碳氢化合物气体在高温下,经热分解、缩合、聚合、沉积到基体表面上形成含有巨大分子的芳香族碳氢化合物,然后脱氢、晶体再排列等形成的一种碳。它是一种优良的耐高温材料,耐腐蚀、纯度高,有高度的各向异性,是具有多种用途的高温结构材料。热解石墨具有较好的适应性,但其成本较高。二硅化钼作为发热电阻元件,其特点是:

① 耐高温、抗氧化(高温下表面生成一层石英玻璃膜,保护制品不再氧化)。

② 不老化,电阻不随使用时间而改变。

③ 耐腐蚀,化学稳定性好。

④ 耐温度急变性好。

⑤ 价格便宜。

二硅化钼强度较低[69,70]。不同加热电阻材料具有不同特性,选择一种既符合液浮陀螺仪加热要求,又利于推广使用的材料制作加热电阻是运用加热电阻丝优化陀螺温度场的关键一步。下面将对几种备选电阻进行理论计算和实验分析,选取最优方案。

3.2.2　加热电阻丝结构设计

对照仿真模拟的陀螺仪瞬态温度场云图,如何改进加热电阻的布置方式、结构和电流的流动路线,是有效优化陀螺仪温度场必须解决的主要问题。由于陀螺仪壳体内部空间很有限,加热电阻的结构和布置方式对陀螺仪的静态平衡和工作也有影响。

对陀螺仪温度场的理论分析与实验测试表明:陀螺仪温度场的上部温度高,下部温度低,此外加热片在工作过程中温度不稳定也影响到温度场稳定。结合实际情况,可行的温度场优化方案应该是优化加热片布局、改进加热片材料。

考虑到实验的可行性及易实现性,选择易加工、平贴和弯曲性好、高低温性能优良、绝缘强度高、抗湿性能强、阻值范围广的镍铬合金作为加热片材料。加热片布局优化有两个方案:一种方案采用一个整体加热片,为了解决陀螺仪温度场的上部温度高而下部温度低的问题,其结构可设计成上疏下密;另一种方案采用两个加热片,设计结构也是上疏下密。在加热控制算法不变的情况下,第一种方案更易于分析和控制，因此采用有限元方法对第一种方案进行仿真分析。

3.2.3　优化后陀螺仪温度场仿真分析

在环境温度为22℃的情况下，对加热片结构经优化的液浮陀螺仪温度场进行模拟仿真分析。应用ANSYS软件计算出优化后的液浮陀螺仪的温度场分布情况如图3.7和图3.8所示。以陀螺 H 向(陀螺自转轴方向)为参考方向，在陀螺外侧的圆周上取8至10个合适的点。图3.7(a)、图3.7(c)、图3.7(e)、图3.7(g)是液浮陀螺在原始加热丝工作状态下，陀螺不同圆周位置上温度场分布情况。图3.7(b)、图3.7(d)、图3.7(f)、图3.7(h)是应用上节中第一种加热片优化方案后相应点的温度场模拟情况。

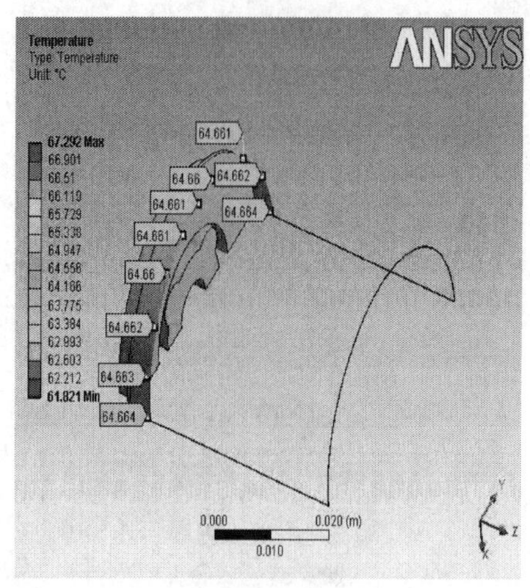

(a) 优化前

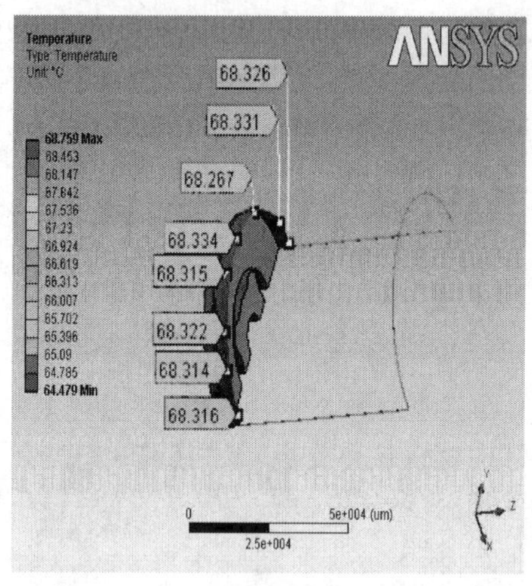

(b) 优化后

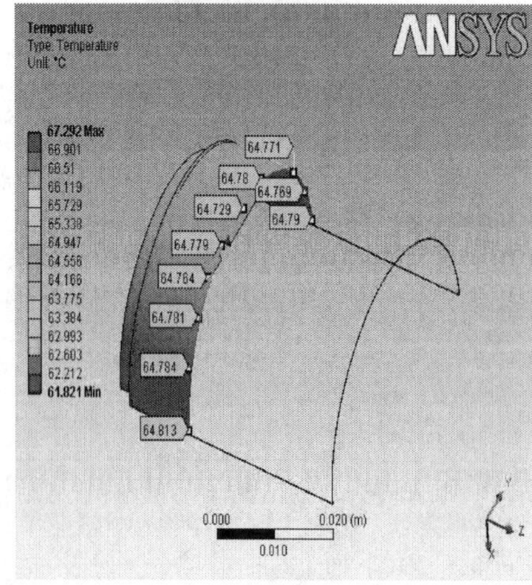

(c) 优化前

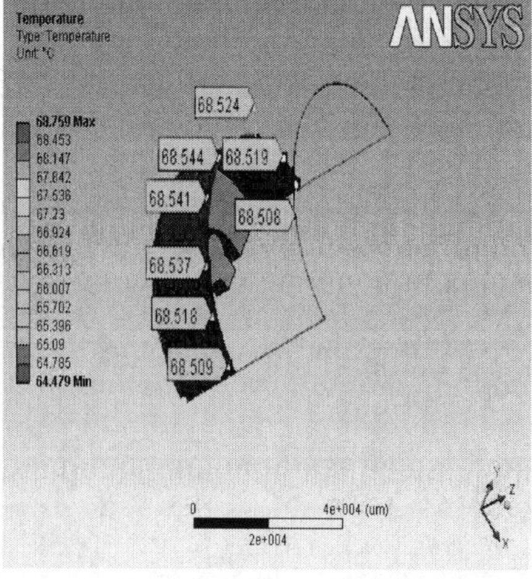

(d) 优化后

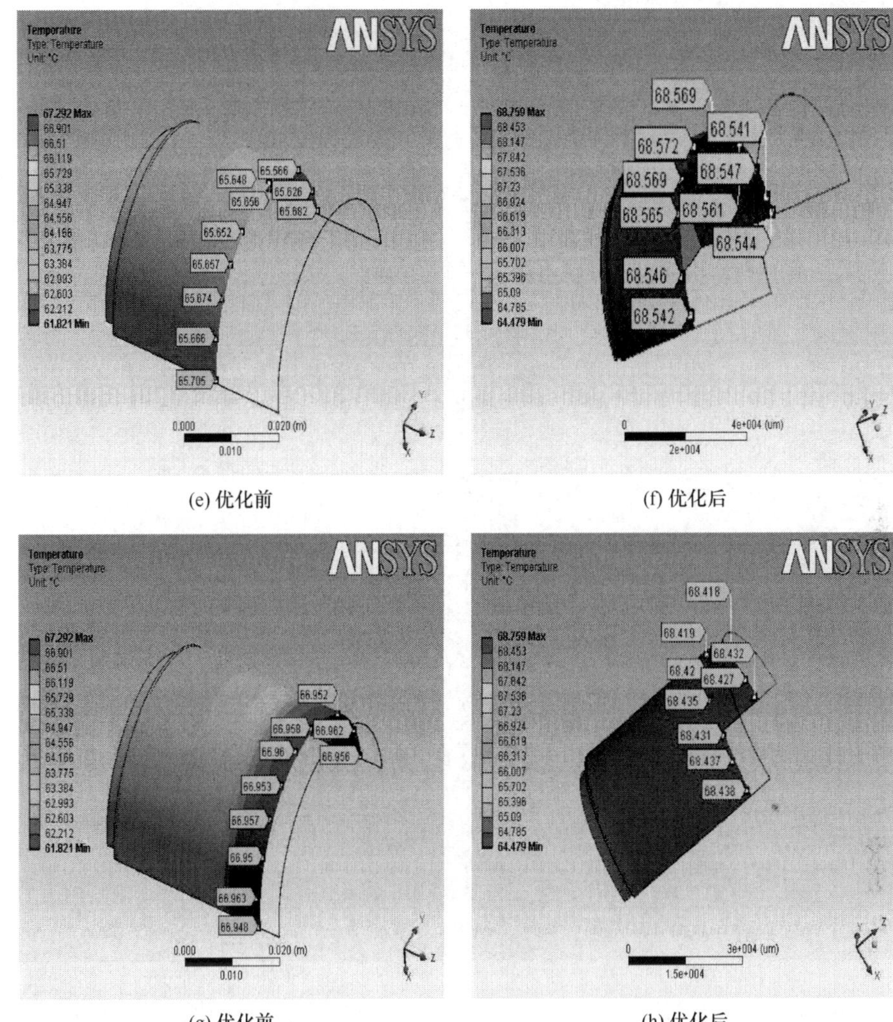

(e) 优化前　(f) 优化后

(g) 优化前　(h) 优化后

图 3.7　陀螺仪温度场仿真结果图

分析图 3.7(a)、图 3.7(c)、图 3.7(e)、图 3.7(g)及图 3.8(a)可知，未改进加热丝的液浮陀螺仪温度场分布存在明显的梯度变化。液浮陀螺仪下部的平均温度在64℃左右，而陀螺仪上部，温度逐渐升高，平均温度达到 66℃左右，且最高温度与最低温度之差达到 6℃左右。这种情况将对系统精度产生影响。图 3.7(b)、图 3.7(d)、图 3.7(f)、图 3.7(h)及图 3.8(b)中，为经过优化后的陀螺仪温度场，明显看到液浮陀螺仪在不同位置上的平均温度都保持在 68℃左右，没有明显的梯度变化，且最高温度与最低温度之差降低到 4℃左右。模拟结果说明加热片优化后的陀螺仪温度场分布更加均匀，可以减小陀螺仪的性能漂移。

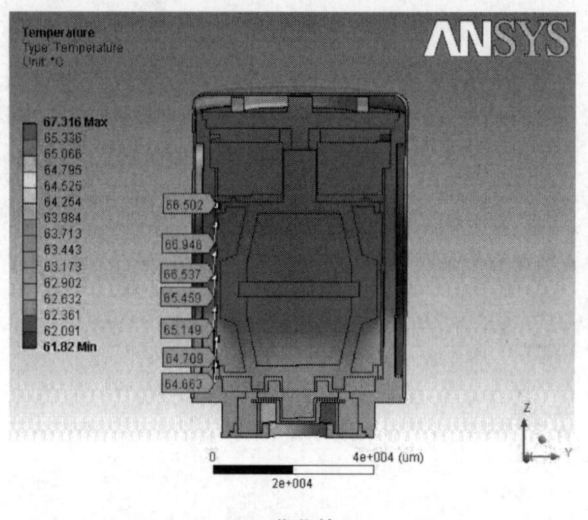

(a) 优化前

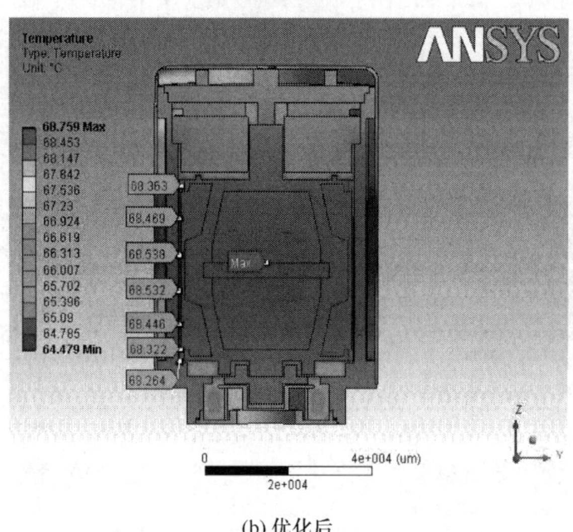

(b) 优化后

图 3.8　优化前后陀螺浮子温度场分布图

3.2.4　优化后陀螺仪温度场实验

为了得到优化后的实际陀螺仪工作状态下的温度场数据和优化后陀螺仪漂移性能参数，并研究温度场对其性能的影响，对优化后的液浮陀螺仪温度和性能进行实验测试。

为了得到比较准确的陀螺仪工作状态下的温度数值，在陀螺浮子组件上安装测温电阻，一共在壳体内安装 24 个热敏电阻，沿陀螺输出轴方向分布。考虑到陀螺内部空间狭小以及生产中所用到的测温电阻尺寸大小，在浮子壳体上加工出帖片热敏电阻槽。温度测量实验测试设备采用 KEITHLEY 公司的数字采集系统，其中包括数字万用表 DM3601、10 通道扫描卡、AX4810 的 IEEE 488 PCI 总线接口卡。在测量温度的同时，为研究温度场变化对陀螺仪漂移性能的影响，使用陀螺仪性能专用测试设备对其漂移性能参数进行测量。

热敏电阻经过标定，将测量结果和仿真数据比对，进一步研究优化后温度场对陀螺仪性能的影响，修正优化方案。主要思路如下：

① 将不同数量的热敏电阻贴片置于浮子壳体 24 个不同位置，让陀螺仪正常工作，研究热敏电阻的放置数量和位置对陀螺仪精度的影响，得到最佳的热敏电阻分布。

② 确定最优的热敏电阻分布进行测温，使用优化后的加热片对壳体进行加热，同时测试陀螺仪性能和温度场，以比较优化前后陀螺仪温度场和精度的变化，考察温度场有限元仿真的准确性。

③ 根据上述测量的温度场结果，结合温度场的有限元仿真，进一步改进加热丝结构，尽量减小温度场梯度来改进陀螺仪性能。

3.3　温控方法改进

3.3.1　PID 控制算法

传统的陀螺仪温度控制方法采用模拟控制，由装在陀螺仪壳体内部的加热器和敏感元件，以及装在陀螺仪壳体外部的控制器和放大器等组成。它能以最简单的方式构成温度控制系统，但这种模拟温控的精度受信号的精确性、三角波信号的频率和幅值等的影响，并且模拟温控系统在陀螺启动时过渡过程较长、调试困难，在保温阶段还有可能存在积分漂移。更重要的是，该系统对陀螺仪工作环境温度较敏感，抑制扰动能力不强[71,72]。

PID 控制是传统的工业控制方式，发展至今已具有相当完备的理论和技术基础，同时有直观、易实现、鲁棒性能好等一系列优点[73]。本节就是在此基础上提出采用数字 PID 温度控制方法来控制陀螺仪的温度，使其满足快速启动并保持工作温度恒定的要求。

3.3.2　PID 控制算法实现

采用一种基于 PC/104 嵌入式计算机的数字 PID 温度控制系统[74]，其原理如图 3.9 所示。

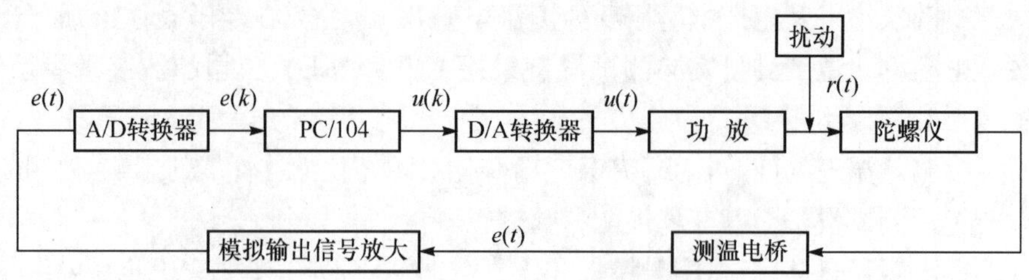

图 3.9 陀螺仪数字温控系统原理示意图

在液浮陀螺仪温度控制系统中，由测温电桥比较出陀螺仪内部实际温度与设定工作温度之间的误差，并将这一温度误差信号转换成电压信号；运算放大器对于模拟信号进行放大；16 位高精度 A/D 转换器将经过放大的模拟信号转换成数字信号，送入 PC/104 嵌入式计算机；根据 A/D 采集的实时误差信号，由数字调节器计算出控制量；再经过 D/A 转换器将该数字控制量转换成模拟量，并以此决定加热丝的功率输出，最终调节陀螺仪温度达到设定值。

由于电桥输出的是模拟信号，故需要转换成数字量输入 PC/104 计算机进行控制算法实现，确定控制量。在普通的 PID 数字控制器中引入积分环节的目的，主要是为了消除静差，提高精度。但在过程的启动、结束或者大幅度增减设定值时，短时间内系统输出会有很大的偏差，从而造成 PID 运算的积分积累，最终引起系统的超调，甚至震荡。由于陀螺仪初始升温时误差值很大，为了防止积分积累现象的发生，采用积分分离式 PID 控制算法。积分分离 PID 控制算法的实质是当被控制量与设定值的偏差较大，即在陀螺仪的初始升温阶段，取消积分作用，以免积分作用使系统稳定性减弱，产生超调；当陀螺仪温度接近设定值时，加入积分作用，以便消除静差，提高控制精度[74,75]。这样，既有利于改善陀螺仪温控系统的动态特性，又有利于消除静差。具体做法是根据陀螺仪升温的需要，设定一个变差的温度阈值，当控制过程中温度偏差绝对值大于设定值时，系统不引入积分作用，只采用 PD 控制；当温度偏差的绝对值小于设定值时才引入积分控制，此时采用 PID 控制[76]。

温度控制系统的流程如图 3.10 所示。该系统从理论上能有效地缩短陀螺仪预加热时间，减小温控的超调输出量，增加控制反馈的灵敏度，使陀螺仪能够保持在额定温度下工作，从而减小温度漂移对陀螺仪性能的影响，有效地提高陀螺仪精度。

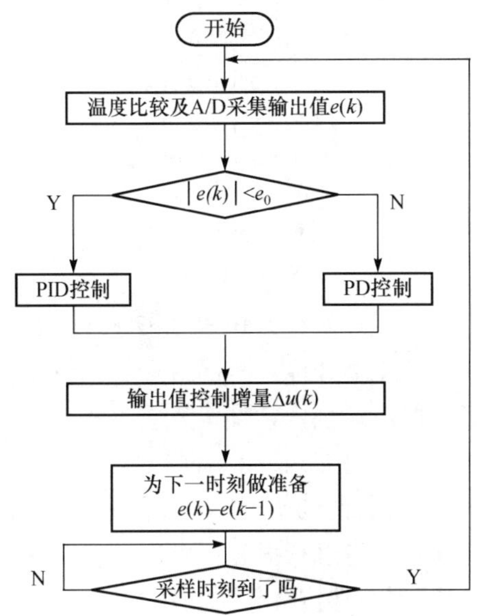

图 3.10　陀螺仪数字温控系统流程图

3.4　本 章 小 结

本章研究了陀螺仪性能与温度场的关系，并针对陀螺仪内部温度梯度影响系统精度的问题，提出了电阻加热丝和温控电路两种陀螺仪温度场优化方案，给出了在陀螺仪内部使用热敏电阻进行温度场测试的方法。同时，讨论了选择电阻丝材料的原则，提出了上疏下密的电阻加热片结构，并利用 ANSYS 有限元软件仿真分析。结果表明，加热片优化后的陀螺仪温度场分布更加均匀，减小了陀螺仪的温度梯度，同时提出了对优化后液浮陀螺仪进行温度实验的方案。此外，将测试结果和仿真数据比对进一步修正了优化方案，阐述了利用 PID 温度控制系统进行温度场优化控制的原理及可行性。该方法能有效缩短陀螺仪预加热时间，减小温控超调输出量，增加控制反馈的灵敏度，确保陀螺仪工作在额定温度下。

第4章 陀螺框架加工残余应力与变形机理分析

4.1 引 言

理想的陀螺框架加工材料为铍。铍具有弹性模量高(300GPa)、密度较小($1840kg/m^3$)、热膨胀系数低($12.3\times10^{-6}m^3/(m^3\cdot℃)$)的优点[77]，国外已普遍采用铍材料进行框架加工。但由于国内铍加工工艺不成熟，加上铍毒性强、价格昂贵等原因，铍材料尚不能完全替代铝合金用于框架加工。近年来发展迅速的铝基颗粒和纤维增强复合材料，其力学性能接近甚至超过铍材料，在惯性平台加工中得到应用，但在用于陀螺框架时，难以进行微米级精度的小孔、线槽等部位加工，阻碍了它的进一步应用。目前，液浮陀螺仪框架所使用的材料主要为LY12铝合金(国际牌号为2024铝合金)。

陀螺框架是构成液浮陀螺仪的关键元件之一，用于支承陀螺电机。框架主要由两端对称的框架圆盘、两个对称的支撑梁、过线孔、轴孔和布线槽等组成。陀螺仪框架种类多，形状比较复杂，但都要求体积和质量小，结构紧凑，具有等刚度的薄壁、对称结构。其特点如下：

① 框架是高精度薄壁零件，尺寸精度、形状、位置公差及表面粗糙度要求高。

② 框架多是整体式对称结构，结构刚度好，强度高，能保证在过载条件下正常工作。

③ 框架稳定性要求高，在使用、储存过程中的精度和尺寸能保持稳定，并适应高低温工作环境。

陀螺框架属于薄壁悬挂件，抗变形能力较差，易产生如图4.1所示的三种变形。

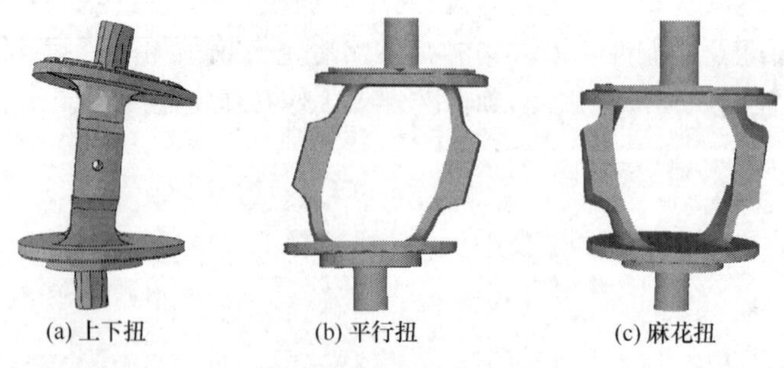

图4.1 陀螺框架变形

本书以两种典型的陀螺框架，即斜梁框架和直梁框架为研究对象(图4.2)。本章主要研究陀螺框架变形机理相关问题，包括以下内容：

① 陀螺框架加工残余应力分布规律。

② 陀螺框架的刚度特性。

③ 陀螺框架的变形规律。

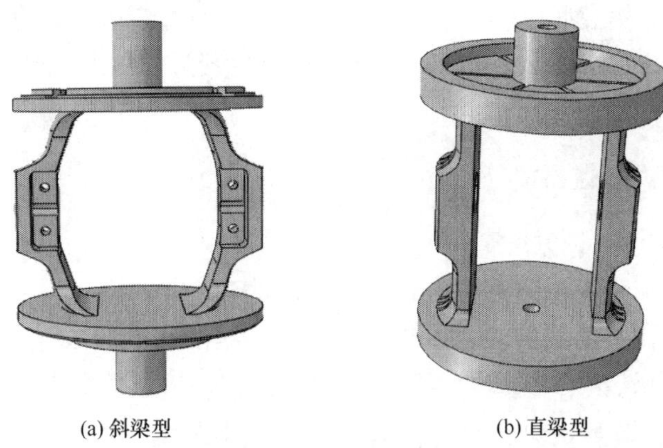

(a) 斜梁型　(b) 直梁型

图4.2　典型液浮陀螺框架

4.2　陀螺框架残余应力分析

4.2.1　残余应力来源

残余应力是固有应力域中内应力的一种，主要是指在没有对物体施加外力或施加了外力而卸载后，物体内部存在的保持自相平衡的应力系统。残余应力是一个不稳定的应力状态，当构件受到外力作用时，外力与残余应力相互作用，使构件某些局部区域呈现塑性变形，截面内应力重新分布。当外力作用去除后整个构件由于内部残余应力的作用将发生形变，因而明显地影响着机械加工后零件的精度。这正是它成为机械等工程部门最关心问题的原因。

陀螺框架在整个加工过程中均会产生应力，其残余应力主要有以下四种：

(1) 原材料金相组织应力

原材料在供应状态，如热轧、固溶淬火、冷拉等时已具有残余应力。当温度变化时，沿材料截面塑性变形不均匀会造成金相组织应力。

(2) 结构应力

零件结构不完全对称，当加热、冷却时，截面的相变过程不一致而产生结构应力。

(3) 加工应力

加工过程中，由于要经过多种加工工艺，因此要产生较大的加工应力。且由于框架结构复杂，尺寸精度达到亚微米级，表面粗糙度要求小于 0.05μm，因此加工余量较大，需要多次装夹，由此也产生装夹应力。

(4) 热处理应力

在零件的热处理过程(淬火、冷热循环、时效等)中，热胀冷缩必然会造成内应力以及时效产生的相变应力。

上述几种应力在加工和放置过程中不断释放，并重新达到新的应力平衡状态，这个过程会导致陀螺框架在加工时和加工后产生变形。因此，需要对陀螺框架残余应力进行测量与分析。

4.2.2 残余应力测量原理

(1) 残余应力测量方法

目前，残余应力测量方法主要有无损检测法和有损检测法。无损检测法主要有中子衍射法、同步衍射法、X 射线衍射法、超声波法和磁性法等。有损检测法主要有钻孔法、剥层法与裂纹法等[78-84]。各测量方法的特点如表 4.1 所示。

表 4.1 残余应力测量方法

测量方法	特点	局限性	测量效果
中子衍射法	不破坏试样，能测量内部三维残余应力	设备仍在调试中，暂时不能测量	好
同步衍射法	不破坏试样，能测量内部三维残余应力	设备非常稀少，集中在欧美发达国家	好
X 射线衍射法	不破坏试样，能测量表面二维残余应力，技术成熟，应用广	只能测量距试样表面几十微米范围内的二维残余应力，且对测量点位置有一定要求	好
超声波法	不破坏试样，测量方便，能测量三维残余应力，适合大型规则试样	要求试样规则，测量结果为某一方向上的平均残余应力值	一般
磁性法	不破坏试样，测量方便，能测量二维残余应力	测量对象材料必须为磁性材料	差
钻孔法	破坏试样，能测量钻孔区域的二维残余应力，对试样大小无要求，理论成熟	操作速度慢，精度误差在±50MPa，并随着孔深增加，精度降低	一般
剥层法	破坏试样，能测量材料内部三维残余应力，破坏性大	测量费时，剥层操作麻烦	一般
裂纹法	破坏试样，只能测一个方向残余应力，操作速度较快	试样尺寸较大，测量精度受应变测量误差及柔度函数选择影响	一般

陀螺框架残余应力的测量要求测量精度高、不破坏试样、尽量能测量框架内部的三维残余应力。

基于上述测量要求和陀螺框架本身的结构特点，最理想的测量方法是中子衍射法和同步衍射法。由于国内测量设备缺乏，无法运用上述两种方法进行测量。我国能运用中子衍射法进行三维残余应力测量的设备在中国原子能研究院，但由于核反应堆尚未完全调试成功，故暂时无法进行三维残余应力测量。

目前最适合框架残余应力测量的方法是 X 射线衍射法，可以较准确地测量框架表面重要部位的二维残余应力值。

(2) X 射线衍射法原理

X 射线衍射法的测量原理是在多晶体材料的各晶粒上施加弹性应力时，被测晶粒沿特定晶面发生弹性变形，从而求得材料内的应力，所以被施加的应力与晶格间距的关系相当于一个很小的原子应变片。如图 4.3(a)所示，N_s表示试样的法向，当入射 X 光束 I_0 以入射角 θ_0 照射到一个无应力的晶体上时，若相邻两个原子面散射的 X 射线的光程差正好是 X 射线波长的整数倍，满足布拉格方程要求，发生衍射现象，即

$$2D_0\sin\theta_0 = n\lambda \tag{4.1}$$

其中，λ 为单色 X 射线的波长；D_0 为晶面间距；n 为干涉级数。

图 4.3(b)显示了描述应力状态和应变状态的坐标设置。其中，X 射线衍射法需要测量 φ，ψ 方向的应变 $\varepsilon_{\varphi,\psi}$；$\sigma_1$、$\sigma_2$、$\sigma_3$ 和 ε_1、ε_2、ε_3 为测量点的主应力和主应变，ε_3 的方向与 N_s平行；φ 为平径角；ψ 为极距角。

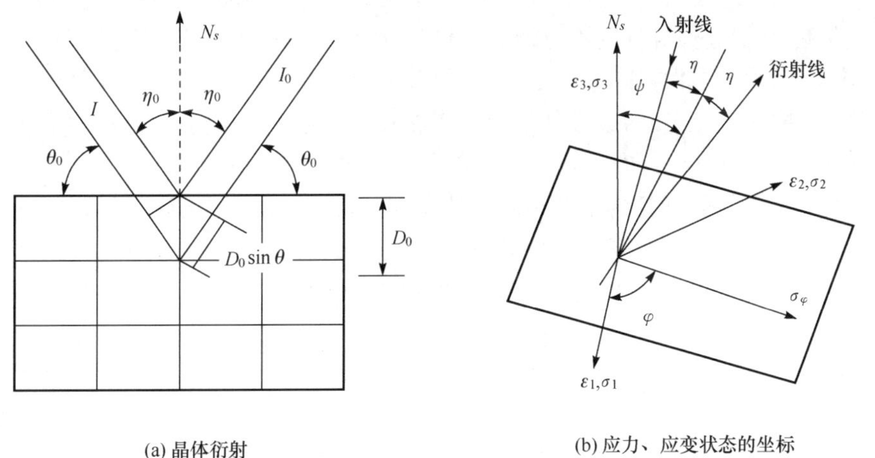

(a) 晶体衍射　　(b) 应力、应变状态的坐标

图 4.3　X 射线残余应力测试原理图

由于 X 射线的透入深度很小，只有几十微米，这层极薄的表层类似于自由表

面，故可认为 σ_3 近似为零，即该薄层处于平面应力状态。残余应力 σ_φ 计算公式如下，即

$$\sigma_\varphi=\left[-\frac{1}{2}\cot\theta_0\left(1/\frac{1}{2}S_2^{(hkl)}\right)\frac{\pi}{180}\right]\partial 2\theta_{\varphi,\psi}/\partial\sin^2\psi=-\frac{1}{2}\cot\theta_0\left(1/\frac{1}{2}S_2^{(hkl)}\right)\frac{\pi}{180}\cdot M \tag{4.2}$$

其中，$S_2^{(hkl)}$ 为 Voigt 弹性常数；ψ 称为极距角；M 为 X 射线常数，单位是 MPa/(°)，代表不同 ψ 方向测定的衍射位置 $2\theta_{\varphi,\psi}$ 与 $\sin^2\psi$ 直线关系的斜率，如图 4.4 所示，对 $2\theta_{\varphi,\psi}$ 和 $\sin^2\psi$ 作拟合直线图，得到该直线的斜率，即可求得残余应力的数值 σ_ψ。

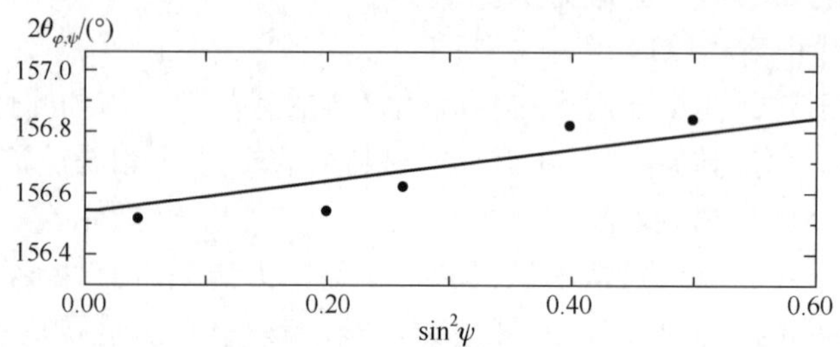

图 4.4　残余应力的拟合测定

X 射线衍射法要求 X 射线必须能反射到衍射探测仪的指定位置，因此该方法难以测量试件内表面与复杂形状表面的残余应力。同时，试件表面也不能太粗糙，样品尺寸也不能设计的太大，只要能够放进衍射仪即可。

(3) 铝合金残余应力测量条件

X 射线衍射法测量铝合金试样时，由于铝合金具有粗晶结构，参与衍射的晶粒数量太少，易引起德拜环的不连续而降低测量精度。为此，在测量过程中，应该采用回摆法及适当增大样品表面衍射面积来增加参与衍射的晶粒数量，以获得比较满意的衍射线形。另外，成形的铝合金构件表面多存在着织构，需要选择适当的衍射面，利用晶体取向分布函数法减少织构对测量精度的影响[85]。

本书采用 X 射线衍射法测量材料残余应力。实验设备为理光 Rigaku D/max-2200 X 射线残余应力测量仪，实验地点为西安交通大学残余应力测量实验室，环境温度为 20℃～25℃。测量实验参数如表 4.2 所示。

表 4.2　X 射线衍射法测量残余应力实验参数

测量参数	参数值
辐射	$CuK_{\alpha1}/K_{\alpha2}$
工作电压	30kV
工作电流	8mA
计数时间	20s

续表

测量参数	参数值
计数步距	0.01°
光路系统	平行光
测量方法	固定 φ 法
2θ	150°～165°

4.2.3　加工与残余应力

(1) 陀螺框架加工

斜梁陀螺仪框架的加工分别使用两种铝合金：国产 LY12 铝合金和进口 2024 铝合金热挤压棒材。棒材尺寸为 ϕ45×70mm。参考标准 HB/Z 352-2002(航空精密仪器仪表金属制件的尺寸稳定化标准)中第 1 类制件要求对铝合金进行机械加工和稳定化处理[86]，优化修改后设计的加工工艺步骤为：粗加工(工序 1、2)→热处理(工序 3)→半精加工(工序 4、5)→热处理(工序 6)→精加工(工序 7、8、9、10)→表面涂覆(工序 11)→热处理(工序 12)→尺寸检查、精加工(工序 13)。具体加工部位如图 4.5 所示，加工简要工艺过程如下：

工序 1，加工外圆、四个圆锥面、两端面。

工序 2，加工大平面、内腔面以及长方形缺口槽。

工序 3，高低温稳定处理，消除机加应力。

工序 4，加工右端各台阶圆及内孔、外圆等；加工左端各台阶圆及内孔、外圆等；加工四个圆锥面及内侧两端面。

工序 5，加工大平面、内腔面、长方形缺口槽、横梁中心孔。

工序 6，高低温稳定处理，消除机加应力。

工序 7，修研两端中心孔；加工右端各台阶圆及内孔、外圆；加工左端各台阶圆及内孔、外圆；加工四个圆锥面及内侧两端面及孔。

工序 8，加工端面各分布孔、端面各走线槽，刻线；加工大平面、内腔面、缺口槽，并钻螺纹底孔；加工框架梁上各走线槽。

工序 9，刻字。

工序 10，攻丝；去净所有毛刺。

工序 11，表面涂覆。

工序 12，高低温稳定处理，消除机加应力。

工序 13，修研两端中心孔；加工外圆、中间圆；清洗干净、晾干、包装。

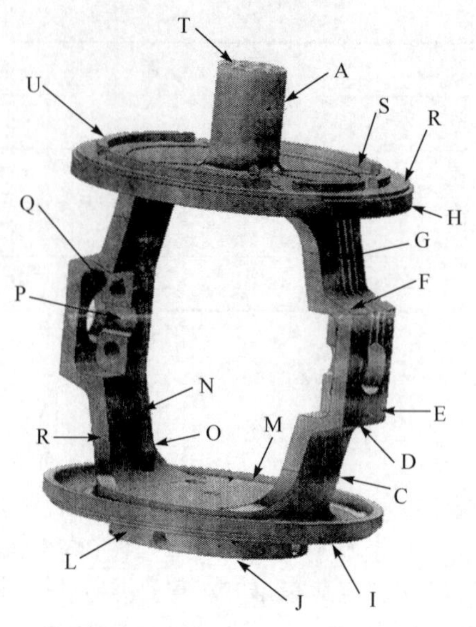

图 4.5 陀螺仪框架加工部位示意图

(2) 陀螺框架残余应力分析

残余应力是导致陀螺框架变形的重要原因,进而影响陀螺的整体性能,因此需要分析铝合金棒材和不同工序框架的残余应力。铝合金原始棒材和框架关键测量点位置如图 4.6 所示。

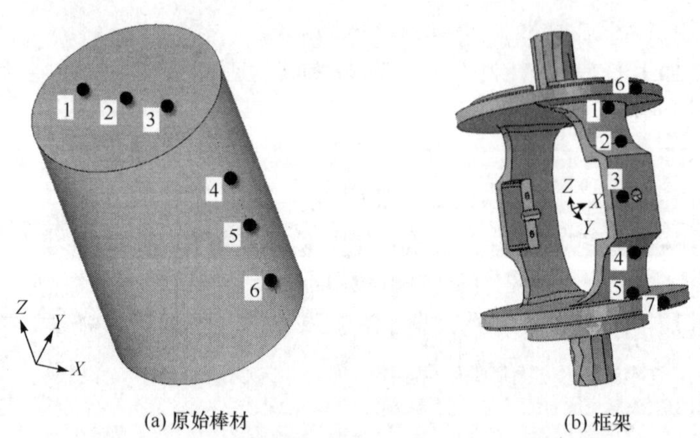

图 4.6 原始棒材和框架残余应力测量点示意图

铝合金棒材残余应力测量结果如表 4.3 所示。原始棒材虽然是圆柱对称体,但对称点的应力值并不相等。试样顶面的应力值较侧面应力值小。4、5、6 三点的 Y 方向应力值无法测出,其衍射峰均表现在某些衍射角附近扫描的衍射强度突然明显降低，扫描过后又明显上升，如图 4.7(a)所示，说明铝合金材料存在织构。

表 4.3　原始铝合金棒材残余应力值(单位:MPa)

试样 \ 测量点	1		2		3		4		5		6	
	X	*Y*	*X*	*Y*	*X*	*Y*	*Y*	*Z*	*Y*	*Z*	*Y*	*Z*
LY12	−106.5	−78	−39.6	−90.7	78.4	93	NaN	54.4	NaN	−487	NaN	−293.7
2024	−178.3	−101	−62.2	−135.6	−113	−40	NaN	−111	NaN	−55	NaN	−168

注:NaN 表示该方向残余应力值无法测出。

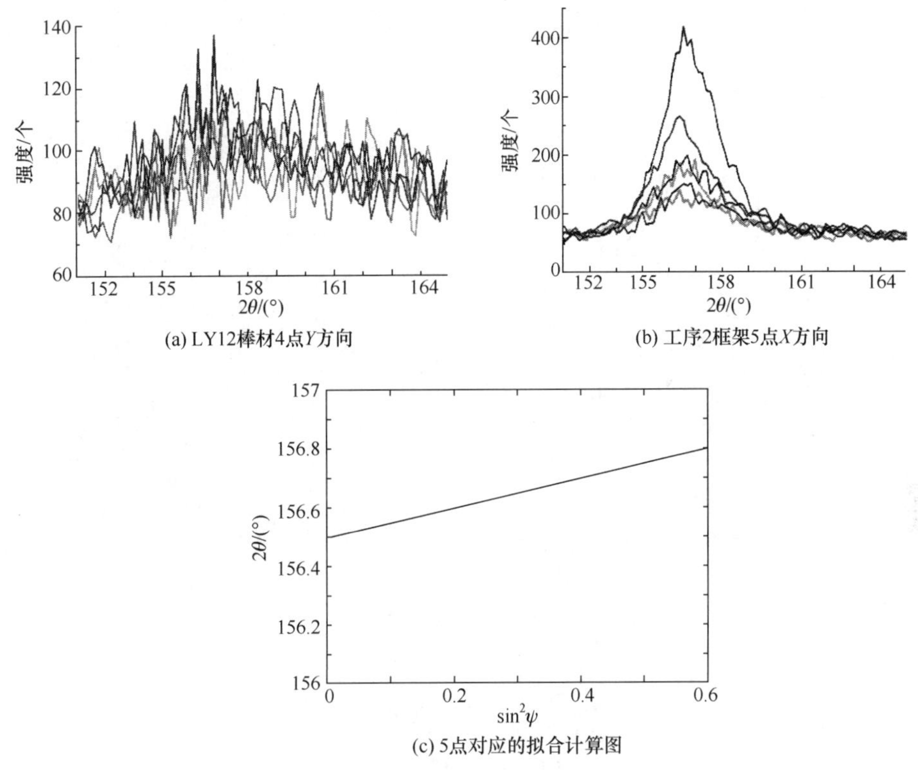

(a) LY12棒材4点Y方向

(b) 工序2框架5点X方向

(c) 5点对应的拟合计算图

图 4.7　残余应力衍射图

材料织构影响 X 衍射法对残余应力的测量，其原因是织构使晶格应变或晶面间距、衍射角与 $\sin^2\psi$ 的关系出现振荡现象，引起晶粒择优取向和弹塑性各向异性相互交织，表现为某些衍射角附近扫描的衍射强度突然明显降低，扫描过后又明显上升。由于铝合金试样是多晶体材料，而多晶体材料塑性变形的主要特点是起始塑性变形的非同时性和塑性变形量的不均一性，即由于各向晶粒的性质和取向不同，塑性变形问题在位相有利、本质较弱及存在应力集中的晶粒中首先开始；大部分晶粒的统计平均变形量还不大时,个别晶粒的塑性变形量已经达到了极限值。晶粒的择优取向将会加剧这一非同时性和不均一性,使得织构材料的塑性各向异性表现得尤为严重,但不同取向的晶粒在受力变形时需要应变协调以保持材料的连续性,所以对于表面粗糙且存在织构的材料,大多数晶粒在不同的 ψ 方向表现出非线性的晶面间距[87]。

图 4.8 为不同工序下各点的残余应力变化图。由此可知,两种铝合金加工的

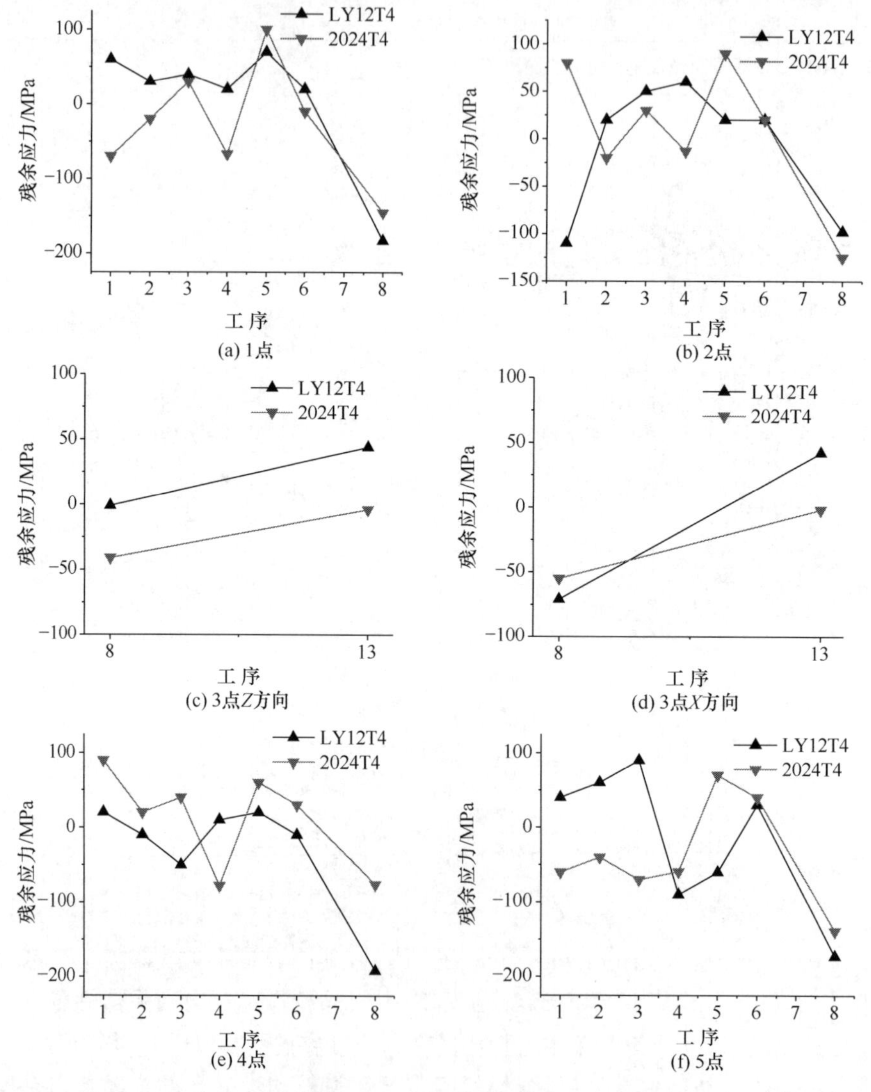

图 4.8　陀螺框架各点残余应力随工序变化图

框架的残余应力分布总体有较大的不同。工序 1 后,框架的 1、2、4、5 点 X 方向残

余应力能够测出，且应力计算中数值拟合性好(图 4.7(b)和图 4.7(c))，说明该四点沿 X 方向的织构在加工过程中被消除。尽管 3 点及附近也进行过加工过程，但 3 点两个方向的残余应力值无法测出，原因是 3 点附近的加工程度远不及另外 4 点，塑性变形量少，对原有织构影响较小。当加工变形量比较小时，所存储的畸变能很小，不足以引起再结晶，随着变形量的增加，再结晶驱动力增加，纤维织构组织会被部分消除。文献[88]通过镦粗实验表明 LY12 铝合金在变形量达到 35%时能基本消除合金内的纤维织构。

工序 1 的框架残余应力明显高于工序 2，说明初始加工量大，导致加工应力也大。工序 2 中 2024 和 LY12 两种铝合金框架残余应力绝对值接近。两种铝合金框架残余应力在加工初期有较大差别，随着加工的深入，其残余应力逐渐接近。经过半精加工的热处理后，残余应力幅值减小。

对工序 8 和工序 13 进行分析，工序 8 为经过半精加工后的残余应力测量值，整体应力幅值较前几工序有明显上升，说明半精加工阶段对残余应力的影响仍然比较大。对整体应力分布分析，2024 铝合金的应力水平要低于 LY12 铝合金，且应力分布比较均匀。工序 13 框架表面经过了涂覆处理，X 射线无法穿透涂覆层，因此除 3、6 和 7 点位置外，均无法测量(工序 13 包含对 3、6、7 点进行去涂覆层加工)，此工序测量值为精加工后的应力值。由于经过降低残余应力稳定处理，且 3、6 和 7 点的残余应力值较低，可以初步判定，此工序后框架残余应力值较小。

为研究框架放置过程中残余应力的变化，将工序 8 和工序 13 后的框架试样放置 3 个月后测量其残余应力值。表 4.4 为两工序放置前后的残余应力测量数值结果。由表中数据可知，放置 3 个月后，残余应力释放并重新进行了分布，应力数值从整体上有减小的趋势，少数点的应力值增大。工序 8 框架放置前后均以压应力为主。工序 13 加工后的框架以压应力为主，但放置 3 个月后，框架以拉应力为主。

表 4.4　工序 8 和工序 13 两次测量的残余应力值(单位：MPa)

测量时机	工序	材料状态	1	2	3		4	5	6		7	
			X	X	Z	X	X	X	Z	X	Z	X
加工后	8	LY12T4	−183	−98	−1	−71	−192	−173	23	−50	−75	−12
		2024T4	−145	−125	−41	−55	−76	−139	−70	−2	−111	8
	13	LY12T4	NaN	NaN	−40	−79	NaN	NaN	−36	−60	−8	−104
		2024T4	NaN	NaN	−39	−107	NaN	NaN	−18	−31	−16	−112
加工后放置3个月	8	LY12T4	−89	−101	−47	−7	−72	−152	−114	−25	32	2
		2024T4	−59	−75	−47	−8	−54	63	−99	−26	−42	−93
	13	LY12T4	NaN	NaN	44	42	NaN	NaN	17	−18	−51	−9
		2024T4	NaN	NaN	−4	−2	NaN	NaN	−5	90	−82	45

注：NaN 表示该方向残余应力值无法测出。

4.3 陀螺框架刚度分析

陀螺框架的变形与刚度紧密相关,刚度特性直接影响陀螺的二次项漂移。设计陀螺时应尽量使框架的薄壁具有相等刚度,在负载时沿陀螺的两个方向具有接近的变形和柔度。本节研究两种典型陀螺框架的刚度特性,并分析弹性模量对刚度的影响。

4.3.1 陀螺误差模型

误差模型是研究误差规律的数学模型。单自由度液浮陀螺的误差主要取决于其输出轴上所受到的干扰力矩,并用漂移角速度表示,其静态漂移误差模型为[89]

$$\omega_d = D_F + D_I(SF)_I + D_S(SF)_S + D_{II}(SF)_I^2 + D_{SS}(SF)_S^2 + D_{I0}(SF)_I(SF)_0 + D_{0S}(SF)_0(SF)_S + D_{SI}(SF)_S(SF)_I + \varepsilon \quad (4.3)$$

其中,ω_d为陀螺漂移角速度;D_F为与加速度无关的漂移;D_I为与 IRA 方向比力成正比的漂移参数;D_S为与 SRA 方向比力成正比的漂移参数;D_{II}为与 IRA 方向比力平方成比例的漂移参数;D_{SS}为与 SRA 方向过载平方成正比的漂移参数;D_{I0}、D_{0S}为与 IRA、SRA 指定的两方向比力之积成正比的漂移参数;D_{SI}为与角动量轴方向比力平方成比例的漂移参数;ε为随机漂移角速度。

对于每项漂移系数,都存在一个有规律的部分和一个随机变化的部分。随着计算机技术的发展,对其规律部分的补偿已经比较方便,因而并不关心这一部分的大小,只是把它们控制在一个补偿方法可以接受的范围之内使其稳定即可。在误差的随机变化上,应力求最大限度地降低它们,使陀螺精度达到一个新水平。主要的误差系数有:

(1) 与比力无关的漂移 D_F

该项漂移也称零次项漂移。与比力无关的干扰力矩来自三方面:一是机械的,如输电软导线力矩和摩擦力矩;二是电磁场形成的,包括传感器、力矩器、陀螺电机、磁悬浮及其他电磁干扰力矩;三是流体的,各种可能引起浮液流动的因素都要通过流体的运动黏滞现象形成干扰力矩。陀螺仪内浮液存在气泡时,气泡的运动也是这种干扰力矩。

(2) 与比力成正比的漂移系数 D_I和 D_S

由于制造、装配等原因使质心与支承中心、压力中心或浮力中心不重合,结果造成浮子组件的质心偏移,是造成此类系数变化的原因。机械加工的残余应力、装配应力、热膨胀等都将引起结构的变形,从而造成质心和浮心的位移。因此,设计中应该尽量避免残余应力的产生,采用导热率高的材料并拓宽传热路径,实现热膨胀的匹配,使内部的温度分布均匀。胶是最不稳定的材料,极易发生变形,应尽量避免使用胶做连接材料，必须使用时也只能作为高精度定位结构的辅助手段。在所有不稳定因素中，陀螺电机的质心不稳定最突出，电机集中了浮子 60%以上的质量，且支承相对薄弱。浮心稳定性解决后，浮力变化主要来自浮液密度的变化，因而对温控必须有严格的要求。

(3) 二次项系数 D_{SI} 和 D_{I0}

理论和实践都已经证明，在轴对称的结构中，D_{II}、D_{SS} 和 D_{0S} 都接近于 0，值得讨论的二次项系数主要为 D_{SI} 和 D_{I0} 两项。

D_{SI} 又称不等刚性系数。在结构沿 IRA 方向和 SRA 方向刚度不等时，IRA-SRA 平面内的作用力将引起质心在力作用线垂直方向的位移，生成对支承点的力矩。通常情况下，结构沿 SRA 方向刚度总是较小，因此减小 D_{SI} 实际上是要求提高框架和电机轴承在 SRA 方向的刚度。

D_{I0} 常常伴随动压轴承的应用而产生。陀螺电机采用滚珠轴承时，这项系数为 0。采用动压气浮轴承时，根据动压支承原理，ORA 方向的作用力一定会引起转子在 IRA 方向的位移，在 IRA 方向比力不为 0 时，转子惯性力将对支承点产生力矩，该力矩与 IRA 和 ORA 方向比力之积成正比。可见，D_{I0} 的大小主要取决于空气动压轴承的设计，好的设计可使这项系数接近 0。

(4) 随机性漂移误差 ε

造成随机性漂移误差的主要因素有：

① 摩擦力矩。浮子使用宝石轴承时，浮子的剩余负载会造成随机性的轴承摩擦力矩。

② 浮子内部材料、结构的不稳定性会造成随机性的质心偏移。例如，材料的蠕变、滞后效应、结构应力变化均会造成浮子的随机性质心移动，形成随机性的不平衡力矩。

③ 浮液中的杂质和气泡。液体密度的不均匀及其化学成分分离产生的不规则流动现象和气泡，均会对浮子产生随机性误差。

在定性地讨论了漂移系数的影响后，对其影响程度还必须有个定量的概念。随着对陀螺体积、重量要求的提高，提高角动量(动量矩)和精度越来越困难。对一个角动量 H 为 $1\times10^5\text{g}\cdot\text{cm}^2/\text{s}$ 的陀螺而言，要达到 1×10^{-3}°/h 精度，干扰力矩必须小于 $10^{-4}\mu\text{N}\cdot\text{m}$ 数量级。这种微小量难以直接测量，往往需要在陀螺的精度测量后才能知道。

4.3.2 刚度特性与漂移

根据 4.3.1 节对陀螺漂移的分析，陀螺漂移可分为五部分，即与加速度无关的漂移项 D_F、与加速度一次方成比例的漂移项 D_I 和 D_S、与加速度乘积成比例的漂

移项 D_{0S}、D_{SI} 和 D_{I0} 与加速度二次方成比例的漂移项 D_{II}、D_{SS} 和随机漂移项 ε。不同元件的不同特性会使陀螺产生不同的漂移，其中框架元件结构在 X、Y 方向(假设电机轴向为 X 方向，与其垂直法线方向为 Y 方向)的刚度差(柔度差)会使陀螺产生 D_{SI} 项漂移。

如图 4.9 所示，当浮子原质心 O 处在平面 XOY 内受到惯性加速度作用时，质心移至 O_c 点处。假设沿 OX 和 OY 轴的加速度分量分别为 a_X 和 a_Y，则有

$$\begin{cases} F_X = ma_X \\ F_Y = ma_Y \end{cases} \tag{4.4}$$

其中，F_X 和 F_Y 分别表示框架沿 OX 和 OY 轴的惯性力，m 表示框架质量。

$$\begin{cases} \delta_X = \lambda_X F_X \\ \delta_Y = \lambda_Y F_Y \end{cases} \tag{4.5}$$

其中，δ_X 和 δ_Y 分别为浮子中心沿 OX 和 OY 轴的弹性位移；λ_X 和 λ_Y 分别为浮子中心沿 OX 和 OY 轴的柔度系数。

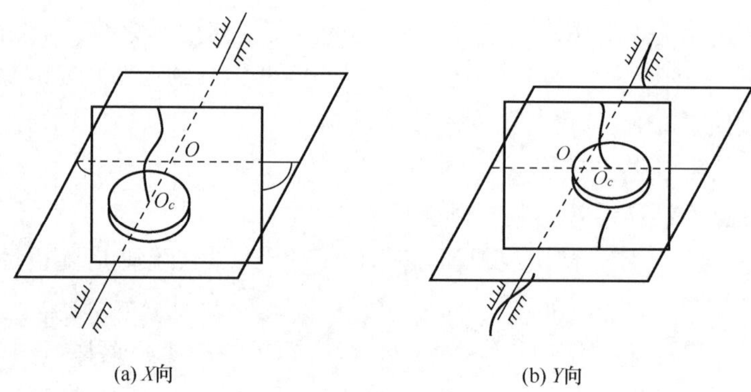

图 4.9　陀螺仪框架在惯性作用力下的质心偏移示意图

浮子框架受到惯性力作用后发生弹性变形，将产生绕其输出轴的干扰力矩为

$$M_{XY} = -m^2 \cdot a_X \cdot a_Y \cdot (\lambda_X - \lambda_Y) \tag{4.6}$$

所以，其漂移系数与柔度系数关系为

$$|A_2'| = \left|\frac{M_{XY}}{H}\right| = \left|\frac{m^2}{H} \cdot a_X \cdot a_Y \cdot \lambda\right| \tag{4.7}$$

其中，λ 表示柔度差，其值等于 $|\lambda_X - \lambda_Y|$；H 为角动量。

可以看出，若框架沿 OX 轴和 OY 轴的刚度相等时，即 $\lambda_X = \lambda_Y$，虽有质心移动，但质心移动方向与惯性力方向重合，不会产生干扰力矩 M_{XY}。若 $\lambda_X \neq \lambda_Y$，则惯性力将产生干扰力矩，且陀螺仪的漂移与浮子组件的柔度差成正比，要减小漂移，就要设法减小柔度差。

4.3.3　刚度特性模拟

文献[90],[91]研究了框架结构对框架刚度的影响,表明合理的框架结构能减小框架的柔度差,消除陀螺的 D_{SI} 项漂移。本节使用有限元数值计算方法对两种陀螺框架的刚度特性进行模拟分析。由于我国陀螺框架的主要加工材料为铝合金和可能的正在研制的新型铝基复合材料,其弹性模量的范围多在 70GPa～150GPa,为了比较不同材料对陀螺 D_{SI} 项漂移的影响,我们将分析弹性模量对框架柔度差的影响。

陀螺框架结构属于对称结构,因此在建立有限元模型时忽略了部分框架上的布线槽、镗孔和过线孔等。

这里主要分析框架的不等刚度问题,分别施加等量载荷于两横梁中心孔 X 和 Y 方向,大小分别为斜梁框架为 2N,直梁框架为 1N。在实际工作中,由于框架两端受到 X、Y、Z 方向的外力作用,但同时用环氧树脂与浮筒相连,因此设定有限元模型的约束条件为框架下端面约束 X、Y、Z 方向的位移,上端面约束 X、Y 方向的位移。网格划分采用四面体单元,分别划分网格数为 30 000 个(斜梁框架)和 20 000个(直梁框架)。有限元模型如图 4.10 和图 4.11 所示。

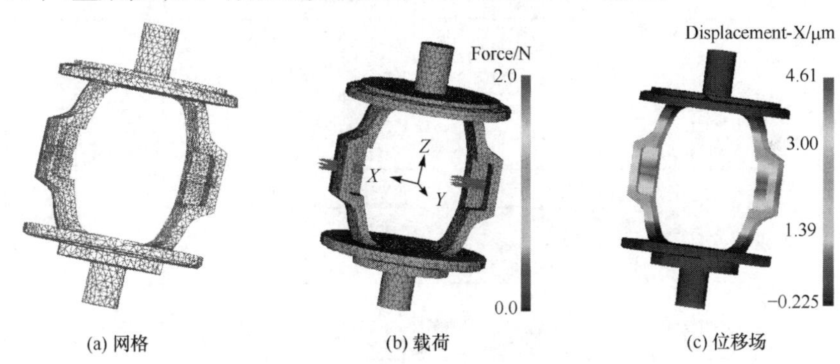

(a) 网格　(b) 载荷　(c) 位移场

图 4.10　斜梁陀螺框架刚度计算模型

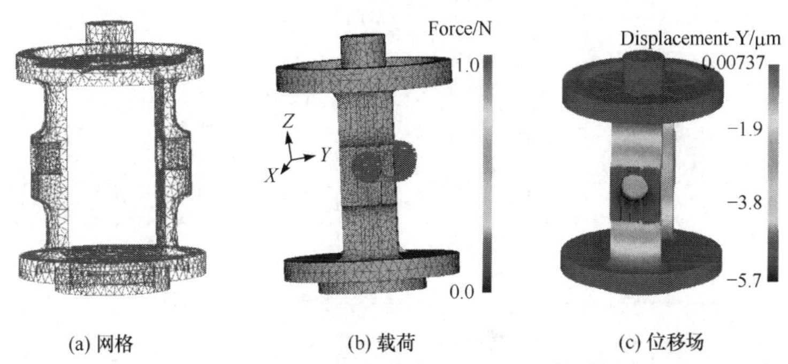

(a) 网格　(b) 载荷　(c) 位移场

图 4.11　直梁陀螺框架刚度计算模型

框架 X、Y 方向刚度 K_X、K_Y 和柔度差 λ 的计算公式为

$$K_X=\frac{F_X}{d_X} \tag{4.8}$$

$$K_Y=\frac{F_Y}{d_Y} \tag{4.9}$$

$$\lambda=\left|\frac{1}{K_X}-\frac{1}{K_Y}\right| \tag{4.10}$$

其中，F_X 和 F_Y 表示两横梁中心孔 X 和 Y 方向的载荷；d_X 和 d_Y 表示框架受载荷后的位移。

为研究弹性模量对框架刚度的影响，将框架的弹性模量分别设为 70GPa、80GPa、90GPa、100GPa、110GPa、120GPa、130GPa、140GPa、150GPa。图 4.10(c) 和图 4.11(c) 显示了两种框架的位移场，最大位移均在框架横梁中心处。表 4.5 和表 4.6 为两种框架在不同弹性模量下的刚度值和柔度差。图 4.12 显示了柔度差与弹性模量的关系图。由图可知，柔度差与弹性模量并不成线性关系，且当弹性模量增加时，柔度差减小，同时减小的幅度越来越小。

表 4.5　斜梁陀螺框架柔度差

弹性模量/GPa	F_X/N	F_Y/N	d_X/μm	d_Y/μm	K_X/(N·μm^{-1})	K_Y/(N·μm^{-1})	λ/(μm·N^{-1})
70	2		4.61		0.434		1.50
		2		7.61		0.263	
80	2		3.97		0.504		1.30
		2		6.56		0.305	
90	2		3.53		0.567		1.15
		2		5.83		0.343	
100	2		3.17		0.631		1.04
		2		5.24		0.382	
110	2		2.89		0.692		0.94
		2		4.77		0.419	
120	2		2.64		0.758		0.87
		2		4.37		0.458	
130	2		2.44		0.820		0.80
		2		4.03		0.496	
140	2		2.27		0.881		0.74
		2		3.75		0.533	
150	2		2.12		0.943		0.69
		2		3.50		0.571	

表 4.6　直梁陀螺框架柔度差

弹性模量/GPa	F_X/N	F_Y/N	$d_X/\mu m$	$d_Y/\mu m$	K_X /(N · μm^{-1})	K_Y /(N · μm^{-1})	$\lambda/(\mu m \cdot N^{-1})$
70	1		26.7		0.037		14.30
		1		12.4		0.081	
80	1		23.0		0.043		12.30
		1		10.7		0.093	
90	1		20.4		0.049		10.90
		1		9.52		0.105	
100	1		18.4		0.054		9.83
		1		8.57		0.117	
110	1		16.7		0.06		8.91
		1		7.79		0.128	
120	1		15.3		0.065		8.16
		1		7.14		0.140	
130	1		14.1		0.071		7.51
		1		6.59		0.152	
140	1		13.1		0.076		6.98
		1		6.12		0.163	
150	1		12.3		0.081		6.59
		1		5.71		0.1751	

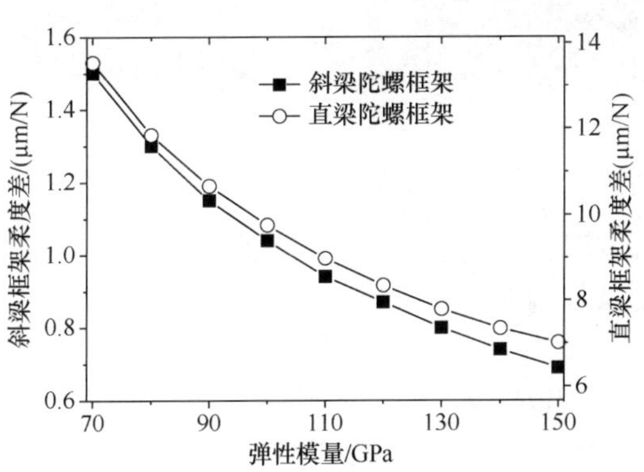

图 4.12　陀螺框架柔度差随弹性模量变化图

由表 4.5 可知，框架在不同方向受到相同载荷时，d_X和 d_Y均不相等，表明框架 X 和 Y 方向的刚度不相等。在斜梁框架中，d_X小于 d_Y。在直梁框架中，d_X大于 d_Y，所以 d_X或 d_Y均不能单独反映柔度差和框架整体刚度。同时，d_X/d_Y接近于固定值，斜梁框架的 d_X/d_Y值约为 0.605，直梁框架 d_X/d_Y值约为 2.14。所以，框架的结构也影响框架刚度特性。由于柔度差与漂移成线性比例关系,因此高弹性模量能减小陀螺漂移,改善陀螺性能。

4.4 陀螺框架变形模拟与分析

加工完毕后的框架尺寸自发变化的主要原因如下:

① 铝合金材料的相与组织状态的不稳定性。

② 在各种机械加工中残余应力的松弛(或蠕变)。

在具有稳定组织结构的合金中,残余应力的松弛(或蠕变)是导致尺寸变化的主要原因。在亚稳定组织的合金中,尺寸变化则是以上两种因素同时作用的结果。其中,相与组织的转变急剧地加强残余应力的松弛过程,而残余应力也会对相与组织的转变起激活作用,使其达到较平衡的状态[31]。同时,由于热挤压铝合金组织特征具有明显的未再结晶组织和变形织构,如图 4.13 所示。LY12 和 2024 铝合金晶粒形态呈明显拉长的纤维状,用截割法测定纤维尺寸约为 25mm×2mm。这种纤维织构组织使合金在力学、物理和化学等方面出现各向异性[93],不利于框架尺寸的稳定。

(a) LY12T4

(b) 2024T4

图 4.13 热挤压铝合金棒材纤维组织

由于框架尺寸的稳定性与应力有密切关系,因此必须研究应力与变形的关系。目前,应力对陀螺框架尺寸影响的研究很少,主要受制于框架三维应力分布测量手段,无法了解框架内部三维应力分布情况。在本书中,使用 X 射线衍射方法测量框架表面的二维应力,难以完全量化了解应力对框架变形的影响。

由 4.2.3 节对框架残余应力测量结果可知,框架在放置 3 个月后,残余应力变化较大,说明放置 3 个月的过程中残余应力得到释放并进行了重新分布。基于此,本节对框架施加初始拉、压应力,使用有限元方法模拟框架变形,研究几种典型的应力对框架变形趋势的影响,并对放置前后的框架尺寸进行测量与分析。

4.4.1 变形模拟

采用 ABAQUS 有限元软件模拟两种框架在各种应力下的变形情况。仿真环境为 Microsoft Visual Studio2005＋Intel Fortran 10. 0＋ABAQUS V6. 8。为防止陀螺框架在仿真中出现刚性位移，对陀螺框架的一个底端面施加 6 自由度的约束。

设定四种应力施加情况（拉应力为正值，压应力为负值）：

① 施加 Z 向应力，应力大小沿 Z 坐标方向由－200MPa 到 200MPa 线性增加。

② 施加 X 向应力，应力大小沿 X 坐标方向由－200MPa 到 200MPa 线性增加。

③ 施加 Y 向应力，应力大小沿 Y 坐标方向由－200MPa 到 200MPa 线性增加。

④ 同时施加 X、Y、Z 向应力，应力大小分别沿 X、Y、Z 坐标方向由－200MPa 到 200MPa 线性增加。

ABAQUS 有限元软件中无法直接对框架施加变化应力，需要通过子程序文件(. for 文件)，设置节点坐标函数来实现各节点的应力加载。

(1) Z 方向应力对变形影响

仿真结果如图 4. 14 和图 4. 15 所示，框架下部分受到 Z 轴方向的拉应力，上部分为压应力，中间应力依次线性变化。图 4. 14(b)和图 4. 15(b)分别是两种框架受力后的变形放大图。Z 轴的拉应力使框架沿径向变长、沿轴向变短，而 Z 轴的压应力使径向变短、沿轴向变长。框架整体以 Z 向的位移为主。

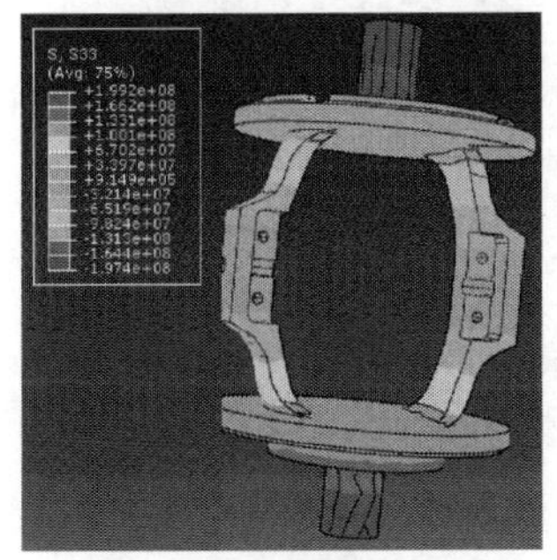

(a) 框架内应力

(b) 框架变形(变形放大系数200)

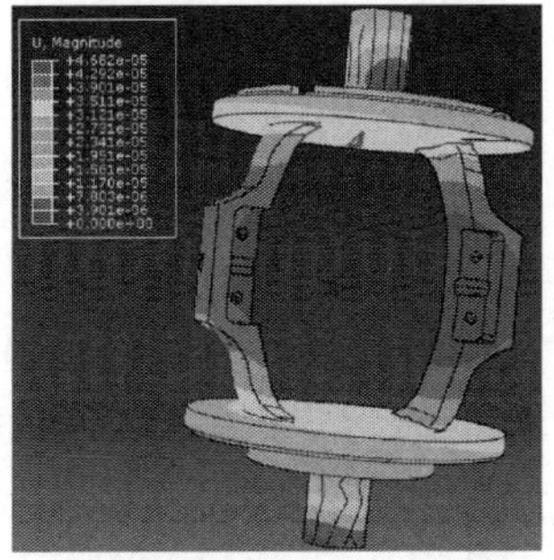

(c) 总体位移

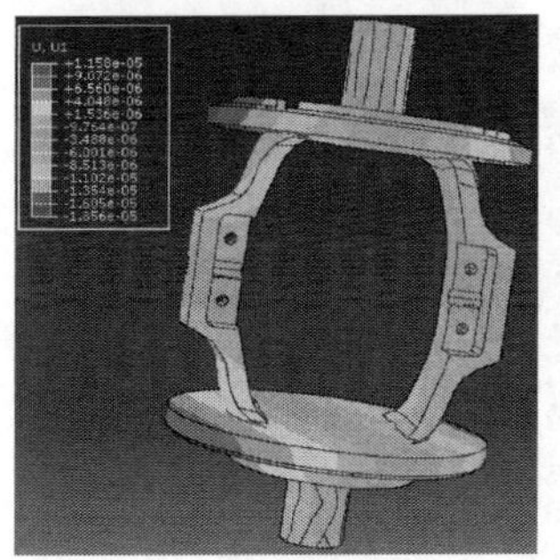

(d) X向位移

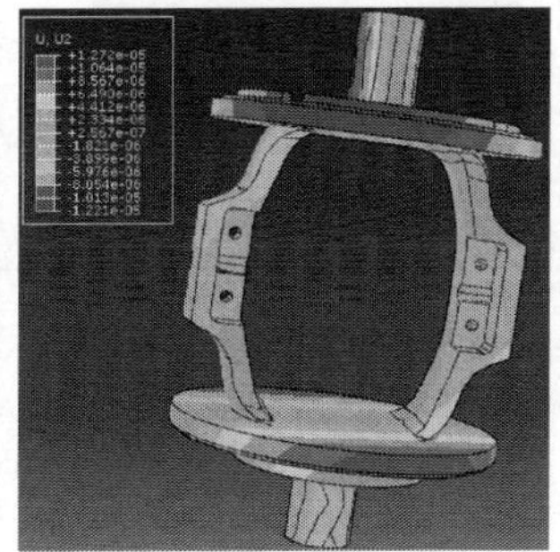

(e) Y向位移

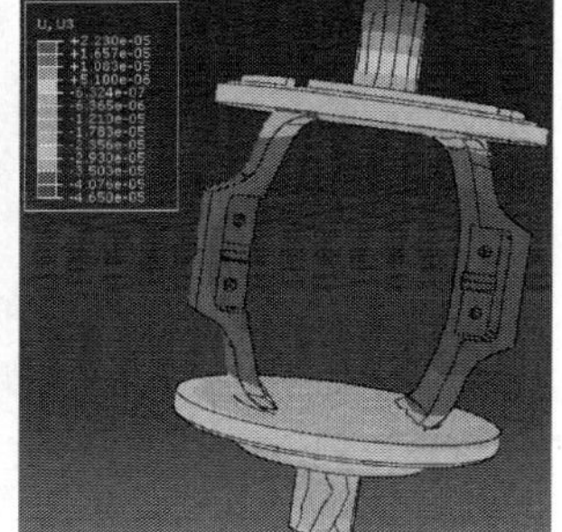

(f) Z向位移

图 4. 14　Z 方向应力对斜梁陀螺框架变形影响结果

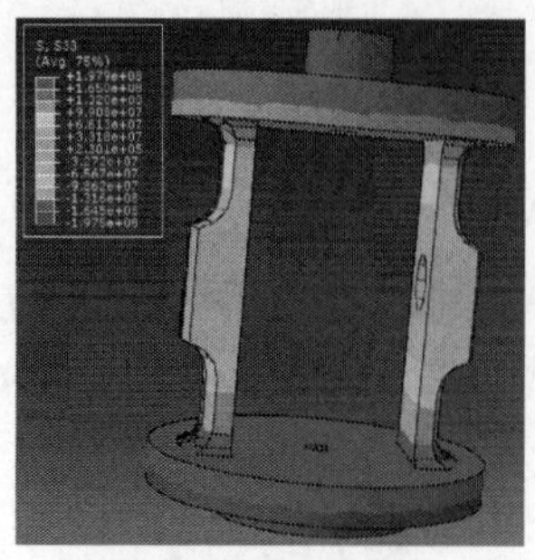

(a) 框架内应力

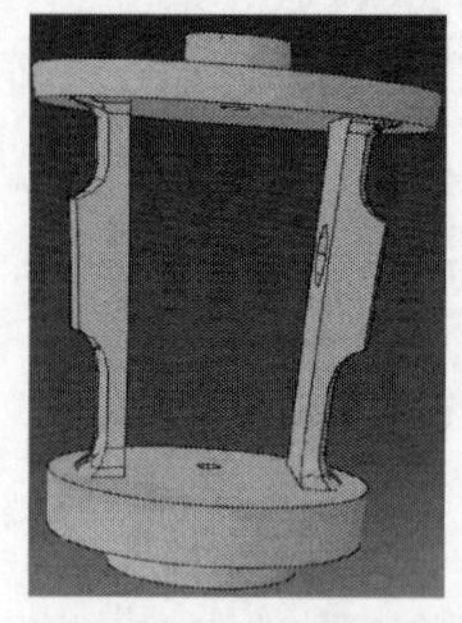

(b) 框架变形(变形放大系数150)

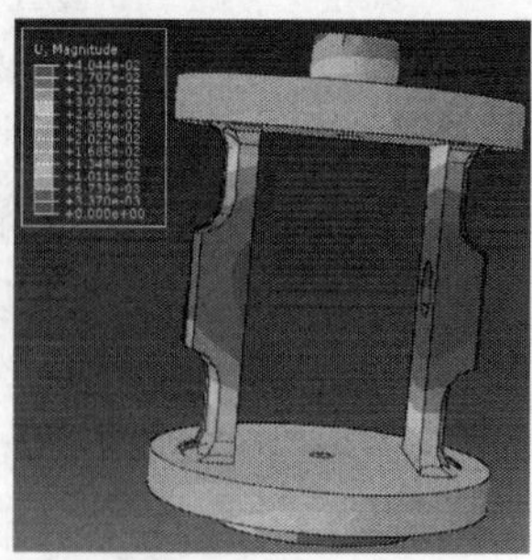

(c) 总体位移

(d) X向位移

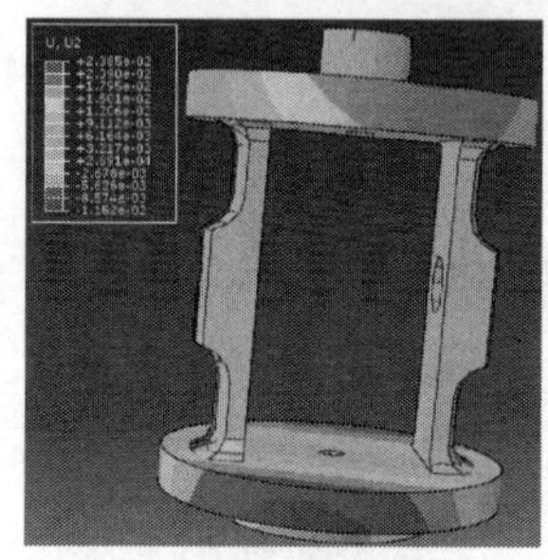

(e) Y向位移

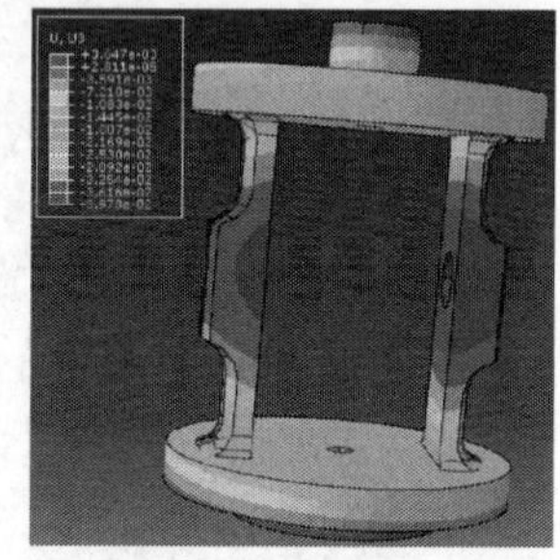

(f) Z向位移

图 4.15　Z 方向应力对直梁陀螺框架变形影响结果

(2) X 方向应力对变形影响

仿真结果如图 4.16 和图 4.17 所示，框架左边部分受到 X 轴方向的拉应力，右部分为压应力，中间应力依次线性变化。图 4.16(b)和图 4.17(b)分别是两种框架受力后的变形放大图。X 轴的拉应力使框架沿 XOZ 平面变长，而 X 轴的压应力使框架沿 XOZ 平面变短。框架整体以 X 向的位移为主。

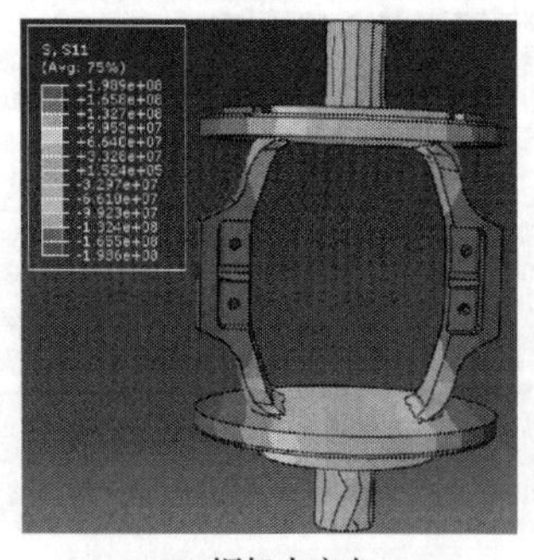

(a) 框架内应力

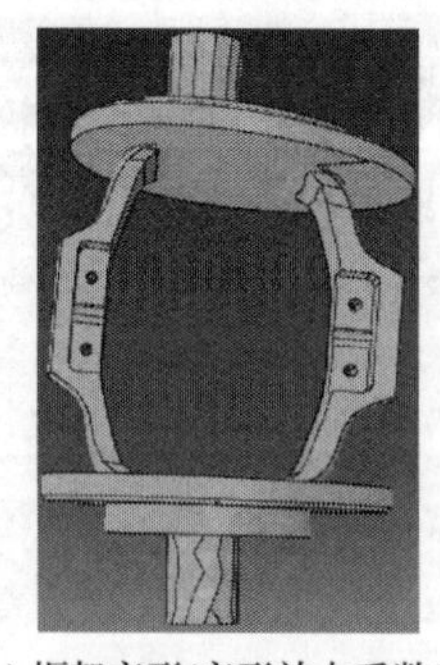

(b) 框架变形(变形放大系数50)

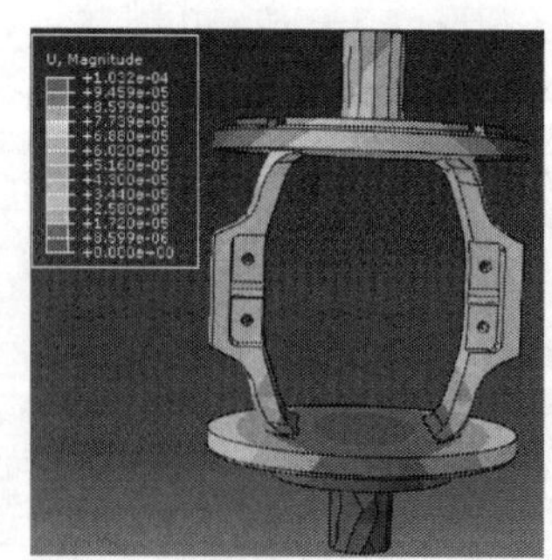

(c) 总体位移

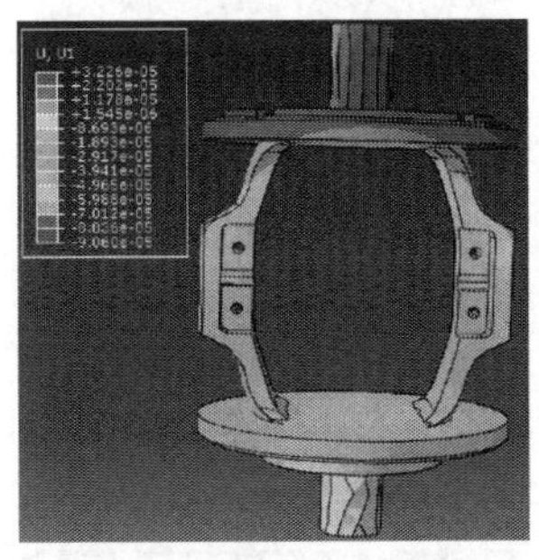

(d) X向位移

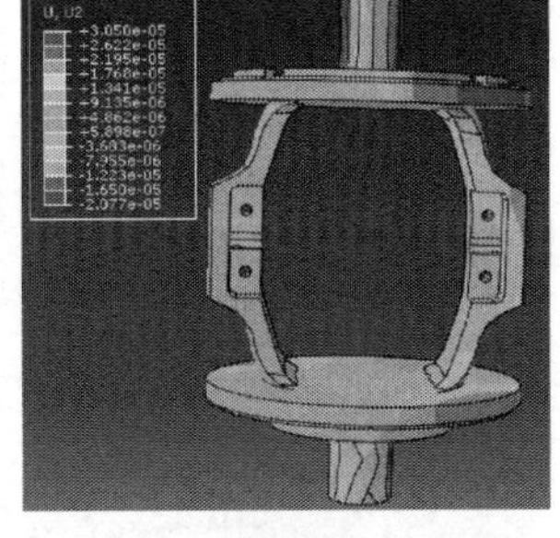

(e) Y向位移

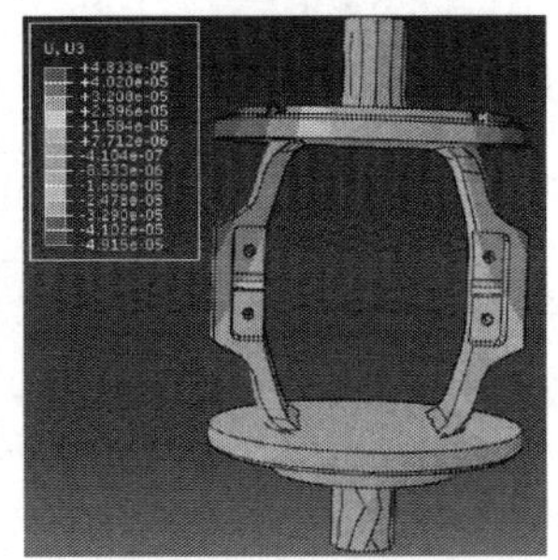

(f) Z向位移

图 4.16　X 方向应力对斜梁陀螺框架变形影响结果

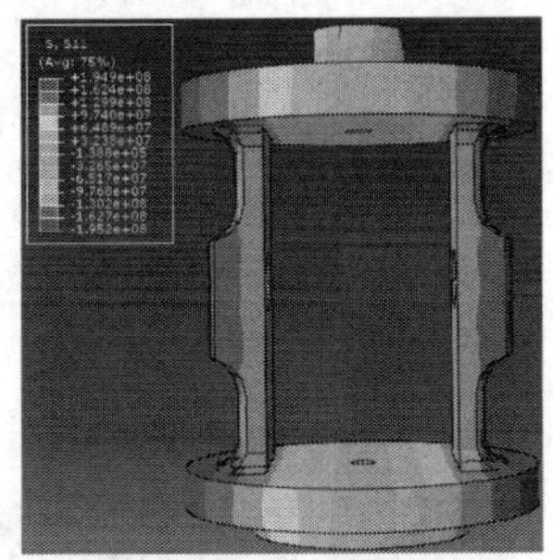

(a) 框架内应力

(b) 框架变形(变形放大系数50)

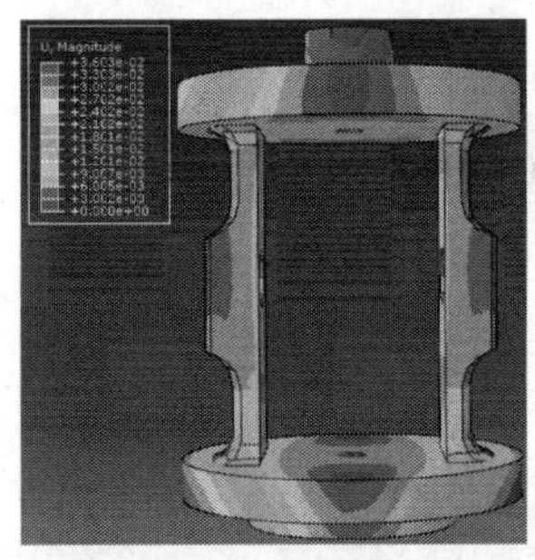

(c) 总体位移

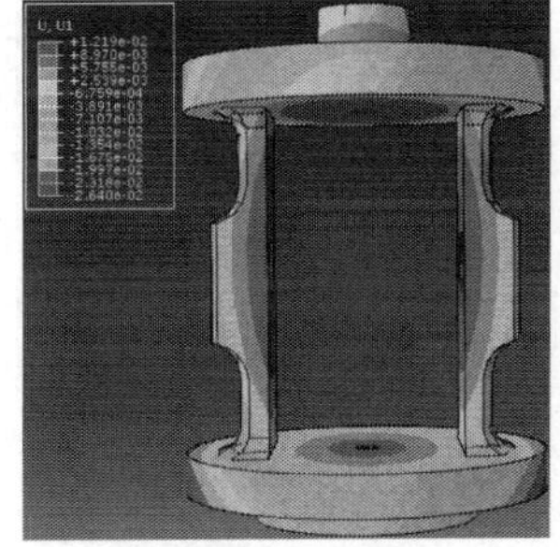

(d) X向位移

(e) Y向位移

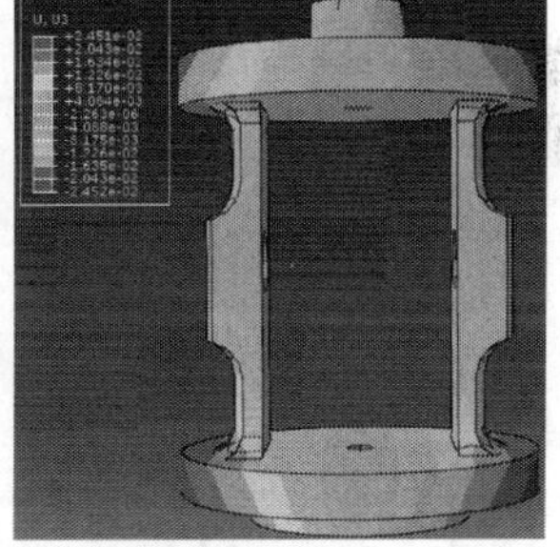

(f) Z向位移

图 4.17　X 方向应力对直梁陀螺框架变形影响结果

(3) Y 方向应力对变形影响

仿真结果如图 4.18 和图 4.19 所示，框架左边部分受到 Y 轴方向的拉应力，右部分为压应力，中间应力依次线性变化。图 4.18(b)和图 4.19(b)分别是两种框架受力后的变形放大图。Y 轴的拉应力使框架沿 YOZ 平面变长，而 Y 轴的压应力使框架沿 YOZ 平面变短。框架整体以 Y 向的位移为主。

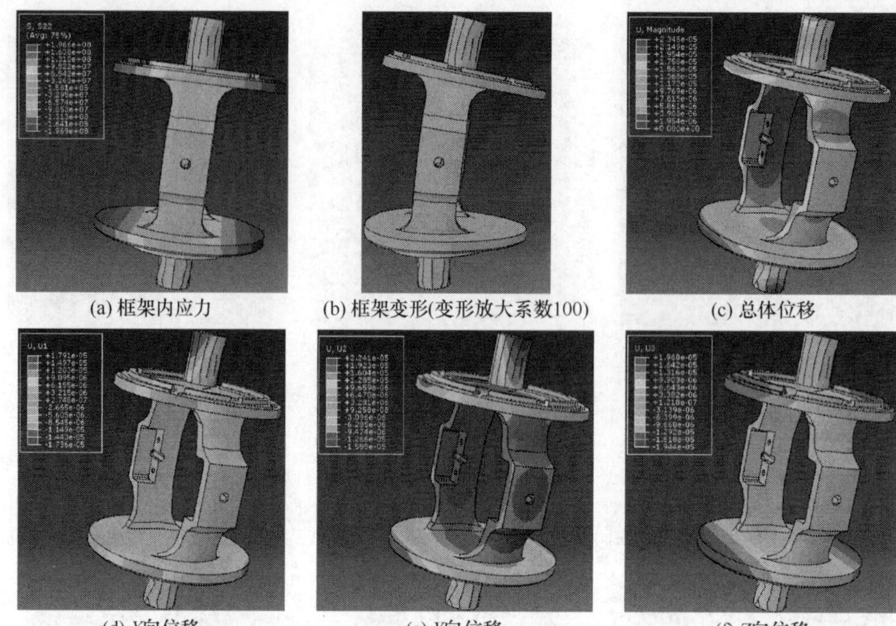

(a) 框架内应力　(b) 框架变形(变形放大系数100)　(c) 总体位移

(d) X向位移　(e) Y向位移　(f) Z向位移

图 4.18　Y 方向应力对斜梁陀螺框架变形影响结果

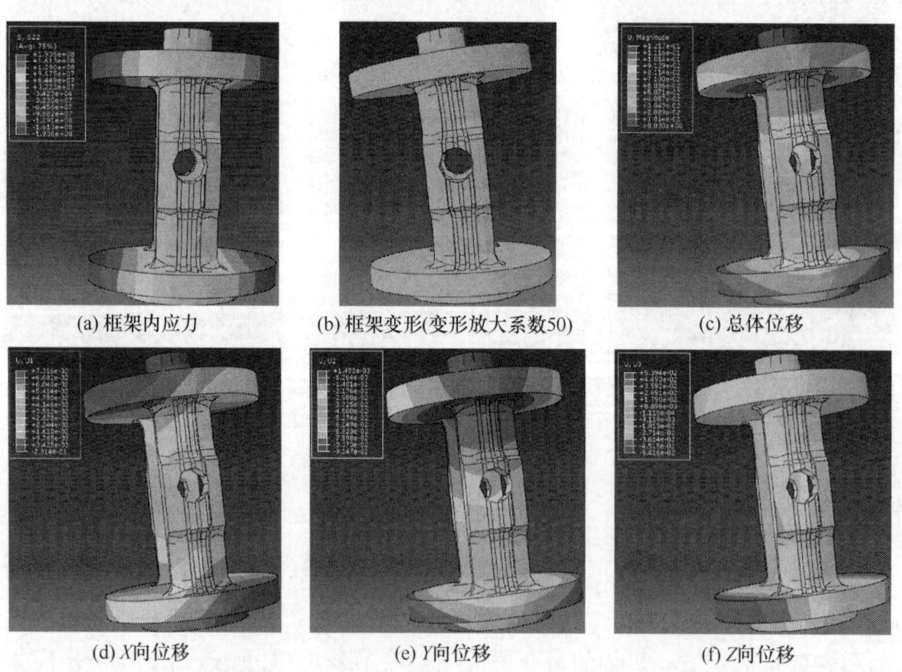

(a) 框架内应力　(b) 框架变形(变形放大系数50)　(c) 总体位移

(d) X向位移　(e) Y向位移　(f) Z向位移

图 4.19　Y 方向应力对直梁陀螺框架变形影响结果

(4) 多向应力对变形影响

对框架同时施加 X、Y、Z 三个方向的应力，仿真结果如图 4.20 和图 4.21 所示。由图可知，两种框架出现了前三种应力下的框架变形，说明多向应力对变形的影响包括了各单向应力对变形影响。同时，框架的位移要远大于各单向应力时框架的位移。

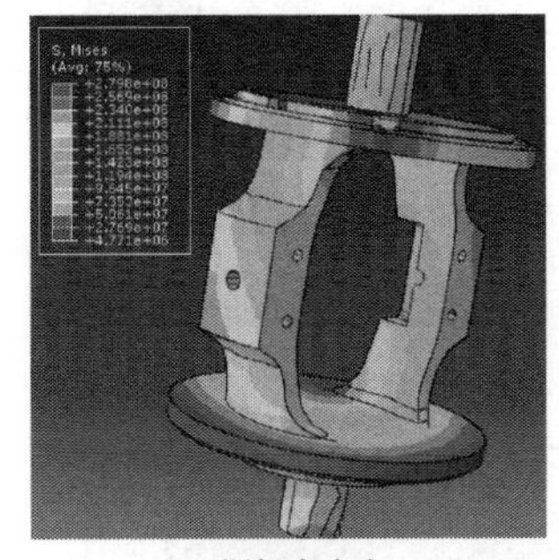

(a) 框架内应力

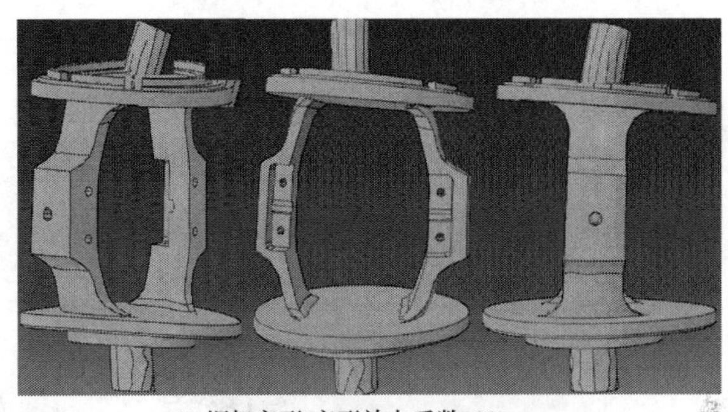

(b) 框架变形(变形放大系数100)

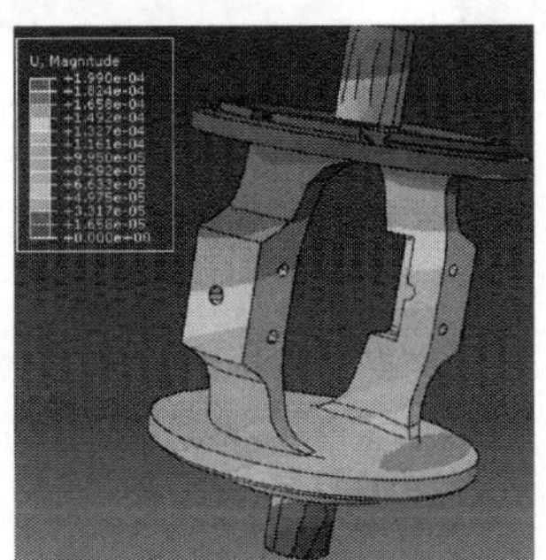

(c) 总体位移

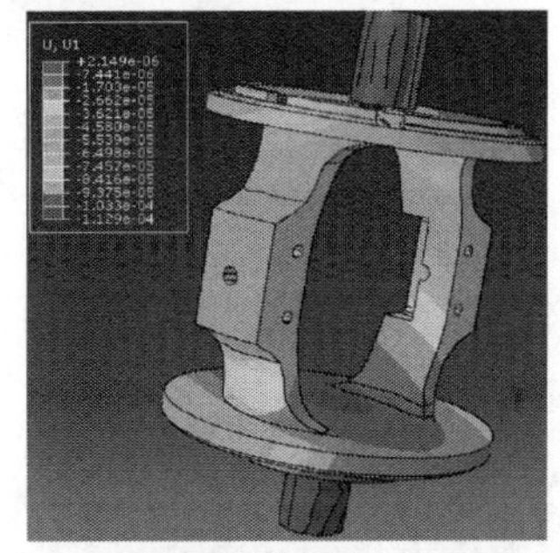

(d) X向位移

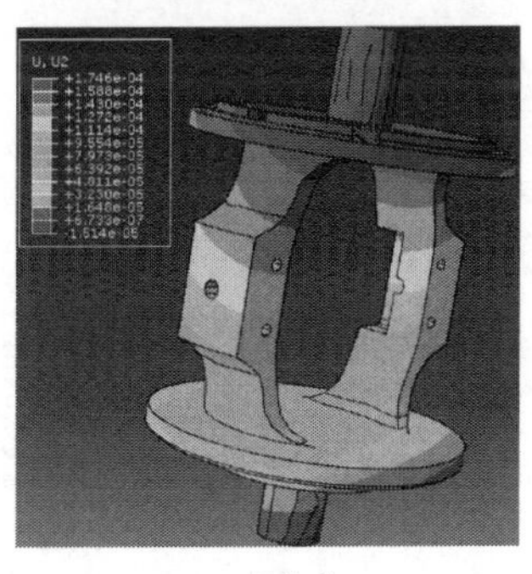

(e) Y向位移

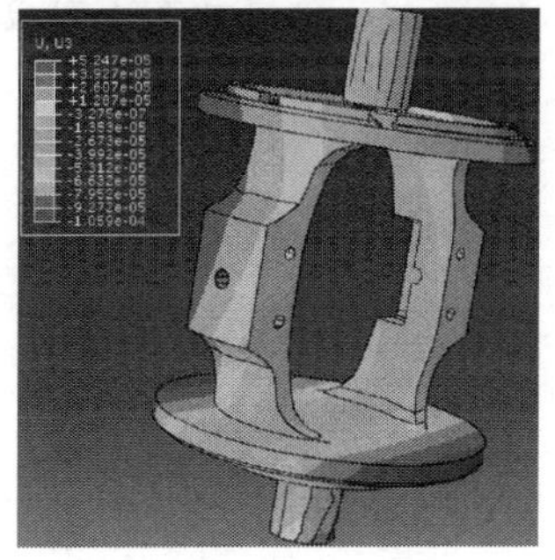

(f) Z向位移

图 4.20　三方向应力对斜梁陀螺框架变形影响结果

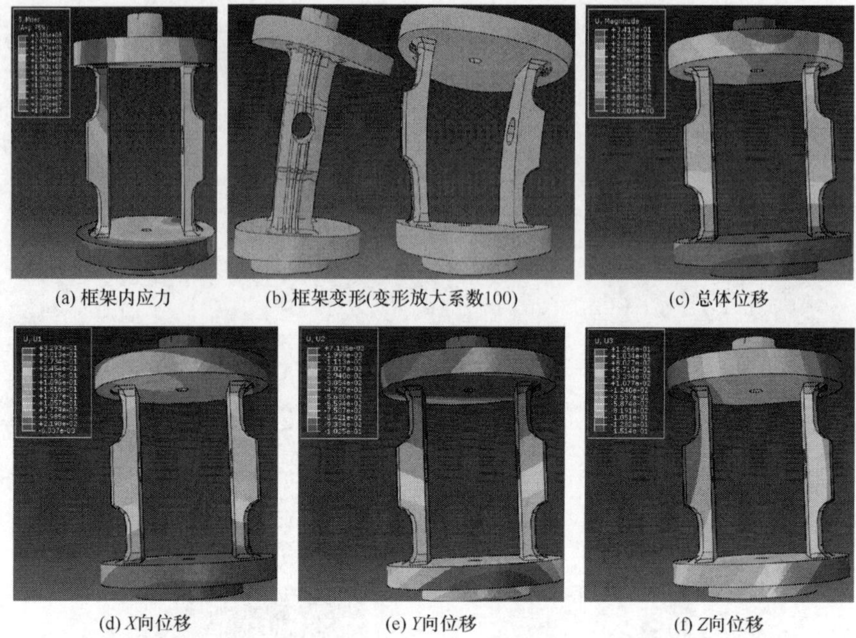

(a) 框架内应力　(b) 框架变形(变形放大系数100)　(c) 总体位移

(d) X向位移　(e) Y向位移　(f) Z向位移

图 4.21　三方向应力对直梁陀螺框架变形影响结果

4.4.2　变形测量与分析

对斜梁陀螺框架尺寸进行测量，测量试样分别为半精加工(工序 8)后和加工完毕(工序 13)后的框架。框架尺寸测量主要检测 4 个轴向长度($H1$、$H2$、$H3$、$H4$)、中间部位直径 R 和中心孔同轴度，具体如图 4.22 所示。测量数据分别为加工后、加工后放置 3 个月和加工后放置 12 个月的框架尺寸。

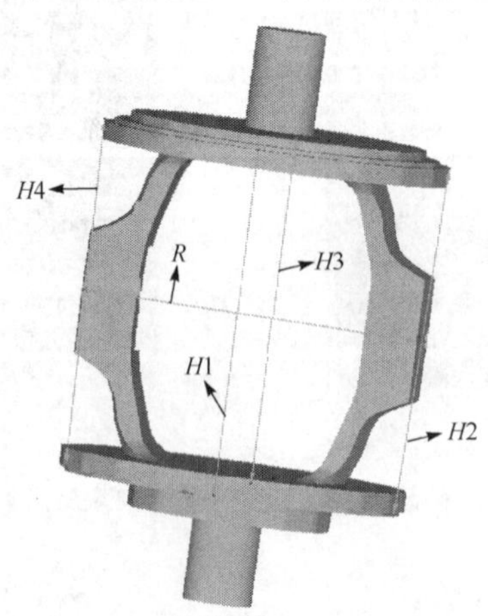

图 4.22　陀螺框架尺寸测量示意图

(1) 工序 8 框架变形分析

表 4.7 为工序 8(半精加工)陀螺框架试样的尺寸和变形量。从工序 8 的变形量可以总结出:工序 8 后的残余应力释放导致框架较大的变形,最大超过 2mm,相对于精加工(工序 13,变形量数据如表 4.8 和表 4.9 所示)后的变形量明显较大。工序 8 框架在放置过程中,框架轴向长度整体变短,说明框架在应力释放过程中,整体有收缩趋势。

表 4.7　工序 8 加工后框架的尺寸值及变形量(单位:mm)

测量时机		状态	中间部位直径 R	中心孔同轴度	轴向长度尺寸			
					$H1$	$H2$	$H3$	$H4$
尺寸值	加工后	LY12T4	X2.916	0.016	X3.855	X3.870	X3.871	X3.860
		2024T4	X2.927	0.004	X3.867	X3.892	X3.884	X3.884
	放置 3 个月后	LY12T4	X2.909	0.026	X3.869	X3.867	X3.865	X3.865
		2024T4	X2.909	0.001	X3.890	X3.882	X3.882	X3.882
	放置 12 个月后	LY12T4	X2.915	0.016	X3.858	X3.859	X3.860	X3.856
		2024T4	X2.922	0.002	X3.875	X3.875	X3.881	X3.885
变形量	3 个月后变形量(相对初始尺寸)	LY12T4	−0.007	0.010	0.014	−0.003	−0.006	0.005
		2024T4	−0.018	−0.003	0.023	−0.010	−0.002	−0.002
	12 个月后变形量(相对初始尺寸)	LY12T4	−0.001	0	0.003	−0.011	−0.011	−0.004
		2024T4	−0.005	−0.002	0.008	−0.017	−0.003	0.001
	12 个月后变形量(相对 3 个月后尺寸)	LY12T4	0.006	−0.010	−0.011	−0.008	−0.005	−0.009
		2024T4	0.013	0.001	−0.015	−0.007	−0.001	0.003

由 4.2.3 节可知,工序 8 框架测量两次残余应力值均为压应力,根据本节对框架 Y 方向应力变形模拟结果可知,Y 方向压应力会使框架产生轴向距离变短的趋势。因此,相对原始尺寸,放置 3 个月和 12 个月后框架轴向长度变短。同时,由于放置 3 个月后框架残余应力幅值相对加工后的残余应力幅值小,因此放置 12 个月压应力释放导致轴向长度变短的幅度相对 3 个月要小得多。

(2) 工序 13 框架变形分析

工序 13 框架是加工的最终框架产品,其尺寸的变形量直接反映陀螺框架的尺寸稳定性。为了保证数据的正确性和可靠性,对工序 13 的 LY12 和 2024 两种铝合金框架每种加工 3 件。表 4.8 和表 4.9 分别为工序 13 后框架的尺寸值和变形量。

表 4.8　工序 13 加工后框架的尺寸值(单位:mm)

测量时机	状态	试样编号	中间部位直径 R	中心孔同轴度	轴向长度尺寸			
					$H1$	$H2$	$H3$	$H4$
加工后	LY12T4	1317	X2.614	0.001	X3.544	X3.548	X3.547	X3.543
		1320	X2.619	0.001	X3.536	X3.534	X3.537	X3.541
		1321	X2.614	0.001	X3.545	X3.545	X3.541	X3.543
	2024T4	1322	X2.627	<0.001	X3.546	X3.549	X3.549	X3.549
		1323	X2.619	0.001	X3.548	X3.548	X3.548	X3.548
		1326	X2.615	<0.001	X3.546	X3.548	X3.544	X3.543
放置 3 个月后	LY12T4	1317	X2.617	0.001	X3.544	X3.548	X3.548	X3.543
		1320	X2.616	0.001	X3.533	X3.531	X3.544	X3.539
		1321	X2.616	0.001	X3.542	X3.544	X3.539	X3.540
	2024T4	1322	X2.627	0.001	X3.545	X3.549	X3.545	X3.546
		1323	X2.614	0.001	X3.544	X3.547	X3.546	X3.546
		1326	X2.615	<0.001	X3.540	X3.544	X3.540	X3.541
放置 12 个月后	LY12T4	1317	X2.616	0.001	X3.548	X3.548	X3.547	X3.547
		1320	X2.617	0.001	X3.540	X3.534	X3.538	X3.545
		1321	X2.616	0.001	X3.544	X3.547	X3.544	X3.550
	2024T4	1322	X2.626	0.001	X3.550	X3.552	X3.550	X3.552
		1323	X2.615	0.002	X3.547	X3.550	X3.546	X3.547
		1326	X2.617	0.001	X3.547	X3.547	X3.546	X3.546

表 4.9　工序 13 后陀螺框架变形量(单位:mm)

变形	状态	试样编号	中间部位直径 R	轴向长度尺寸			
				$H1$	$H2$	$H3$	$H4$
3 个月后变形量(相对初始尺寸)	LY12T4	1317	0.003	0	0	0.001	0
		1320	−0.003	−0.003	−0.003	0.007	−0.002
		1321	0.002	−0.003	−0.001	−0.002	−0.003
	2024T4	1322	0	−0.001	0	−0.004	−0.003
		1323	−0.005	−0.004	−0.001	−0.002	−0.002
		1326	0	−0.006	−0.004	−0.004	−0.002
12 个月后变形量(相对初始尺寸)	LY12T4	1317	0.002	0.004	0	0	0.004
		1320	−0.002	0.004	0	0.001	0.004
		1321	0.002	−0.001	0.002	0.003	0.007
	2024T4	1322	−0.001	0.004	0.003	0.001	0.003
		1323	−0.004	−0.001	0.002	−0.002	−0.001
		1326	0.002	0.001	−0.001	0.002	0.003

续表

变形	状态	试样编号	中间部位直径 R	轴向长度尺寸			
				*H*1	*H*2	*H*3	*H*4
12 个月后变形量（相对 3 个月后尺寸）	LY12T4	1317	−0.001	0.004	0	−0.001	0.004
		1320	0.001	0.007	0.003	−0.006	0.006
		1321	0	0.002	0.003	0.005	0.010
	2024T4	1322	−0.001	0.005	0.003	0.005	0.006
		1323	0.001	0.003	0.003	0	0.001
		1326	0.002	0.007	0.003	0.006	0.005

从框架整体轴向变形趋势分析，2024T4 以变短为主，而 LY12T4 则同时出现了局部变长和变短，其原因是 2024T4 试样残余应力分布总体较 LY12T4 均匀，更有利于以后的变形控制。由 4.2.3 节可知，工序 13 加工后的框架第 3、6、7 点的残余应力主要为压应力，而放置 3 个月后以拉应力为主。

相对于加工后框架的尺寸，放置 3 个月后的框架轴向长度以变短为主，放置 12 个月后的框架的轴向长度以变长为主。相对于放置 3 个月的框架尺寸，放置 12 个月后的框架的轴向长度也以变长为主。这是因为加工后的框架以压应力为主，而放置 3 个月后框架残余应力以拉应力为主，导致放置 12 个月后的框架轴向长度以变长为主。

由尺寸数据可知，所有试样中心孔的同轴度误差均小于 0.003mm，达到加工要求。从变形数值大小的角度来分析，所有试样的中心孔同轴度基本没有发生变化，其中 LY12T4 的中心孔同轴度误差相对较大。同轴度抗变形能力排序为 2024T4＞LY12T4。

3 个月后尺寸变形量（相对初始尺寸，单位为 mm，以下同）中，2024T4 和 LY12T4 的中间部位直径的差值分别为 0.005 和 0.005，绝对值均值为 0.00167 和 0.00267，轴向长度的差值分别为 0.006 和 0.100，绝对值均值为 0.00270 和 0.00208。

12 个月后尺寸变形量（相对初始尺寸）中，2024T4 和 LY12T4 的中间部位直径的差值分别为 0.006 和 0.004，绝对值均值为 0.00233 和 0.00200。轴向长度的差值分别为 0.006 和 0.007，绝对值均值为 0.0020 和 0.0025。

12 个月后尺寸变形量（相对 3 个月后尺寸）中，2024T4 和 LY12T4 中间部位直径的差值分别为 0.002 和 0.002，绝对值均值为 0.00300 和 0.00067。轴向长度的差值分别为 0.007 和 0.016，绝对值均值为 0.00390 和 0.00425。

因此，中部直径抗变形能力 LY12T4＞2024T4。轴向位置抗变形能力

2024T4>LY12T4。

综合比较，总体抗变形能力 2024T4>LY12T4。

4.5 本章小结

针对陀螺框架的尺寸变形问题，本章从阐述陀螺框架加工过程入手，实验测量框架加工残余应力，研究框架加工过程的残余应力变化规律，分析两种铝合金加工过程的残余应力分布差异及变化趋势，探讨了加工工艺对残余应力的影响，总结了框架的加工残余应力规律。通过研究框架的刚度特性，仿真模拟材料性能对两种框架刚度的影响，理论分析了弹性模量与框架静态漂移误差之间的关系，总结了弹性模量、框架刚度和漂移误差三者之间的联系。此外，研究了框架的变形规律，仿真分析了应力对框架变形趋势的影响，通过尺寸测量实验分析框架的变形趋势，总结了残余应力对框架变形的影响规律，并比较了两种铝合金框架的抗变形能力。

第 5 章　陀螺框架加工工艺仿真

5.1　引　　言

对于结构尺寸小、强度高和刚度好的陀螺框架，其加工特点有：

① 机床的精度高。

② 加工后框架的尺寸稳定性受铝合金组织、加工残余应力等因素影响。

③ 一般的加工工艺步骤是粗加工→人工时效→半精加工→高低温稳定处理→精加工→表面涂覆→高低温稳定处理→尺寸检查。典型的人工时效和高低温稳定处理工艺如图 5.1 所示[94]。

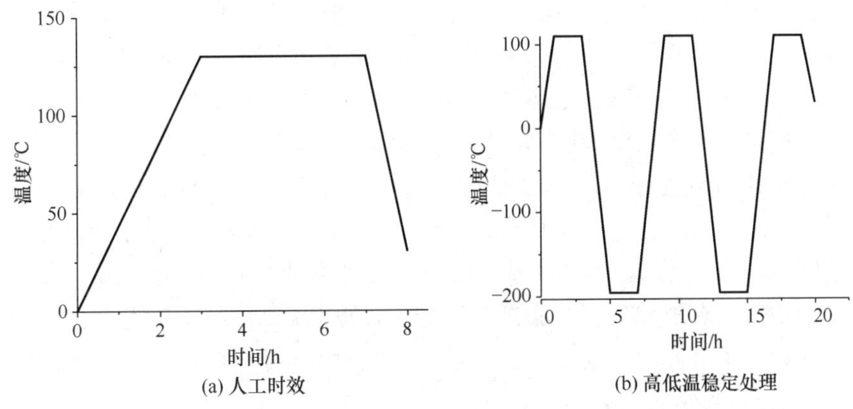

图 5.1　液浮陀螺框架加工典型热处理工艺

④ 加工步骤复杂，其工艺难以完全规范，框架加工精度受设备、环境、批次和机加工人员水平影响较大。

目前框架加工主要以经验作为指导，缺乏足够的理论依据。框架加工过程涉及热处理、切削、钻削和镗削等多种工艺，难以分析所有加工工艺，因此需要针对性地对其中典型工艺进行研究。本章对铝合金的固溶淬火、切削、钻削等工艺进行仿真分析，为进一步的工艺优化奠定了基础。

5.2　淬火过程仿真

热处理是改善合金工艺性能和使用性能，充分发挥材料潜力的一种重要手段。

为了获得足够的强度与韧性，各种铝合金毛坯都必须进行固溶淬火处理。淬火能有效提高合金的硬度、强度和耐磨性，获得良好的综合力学性能[95]。

当铝合金从大约500℃的高温快速冷却到较低温度时，合金内部温度分布和组织转变过程的不均匀而形成热应力和相变应力。这些应力的存在将直接影响零件的组织性能和加工变形[96]。有关研究结果表明，铝合金固溶处理时淬火产生的残余应力甚至会接近材料屈服极限，其应力分布与构件尺寸及几何形状有关。淬火速度越快，一方面使铜、镁、硅、锌等溶质最大限度地溶入铝化合物固溶体中得到强化，另一方面使冷却过程中材料内部热梯度增大，从而产生的残余应力也越大。为了研究构件中热处理残余应力和变形及其控制方法，并且使强度和韧性达到最佳组合，提高零件的使用性能，有必要研究淬火过程。

在淬火过程中了解各场量变化具有重要意义，但淬火过程涉及高温和瞬态，在当前技术条件下对实物的温度、组织、应力在线测量是非常困难的，而经验判断和解析方法则难以完整、全面、准确地分析和预测淬火过程[97]。

计算机技术的飞速发展为数值模拟提供了条件，它可将淬火过程的物理现象和工件的几何造型有机地结合起来，实现对温度场—组织场—应力场的耦合计算，并直接显示工件在任意截面上各种场量的信息。因此，利用数值模拟不仅可以预测淬火工艺是否符合组织、性能要求，而且可以优化工艺方案，从而使淬火工艺建立在更可靠的基础上，提高淬火工艺的质量。热处理过程的数值模拟是一门基于热力学、相变动力学及弹塑性力学的复杂技术。它通过温度场、应力场、组织场的耦合求解，给出瞬态温度、组织与应力分布的定量数据，从而研究工艺参数对各场量的影响规律。有限元仿真方法具有不受零件形状限制，计算时间少、成本低、效率高等优点。本节使用有限元仿真技术对淬火过程进行模拟，分析淬火过程中应力场、温度场等的变化规律。

5.2.1 仿真模型

随着有限元仿真技术的发展，可以较好地模拟各种复杂条件下的淬火过程。使用有限元仿真技术对LY12铝合金淬火过程的三维应力场和温度场进行模拟，为进一步的淬火残余应力分析奠定基础。

对一个三维形状的零件，其热传导方程为

$$\rho c=\frac{\partial T}{\partial t}=\frac{\partial}{\partial x}\left(\lambda\frac{\partial T}{\partial x}\right)+\frac{\partial}{\partial y}\left(\lambda\frac{\partial T}{\partial y}\right)+\frac{\partial}{\partial z}\left(\lambda\frac{\partial T}{\partial z}\right) \tag{5.1}$$

其中，ρ、c 和 λ 分别表示材料的密度、比热容和热传导系数。

对于淬火过程来说，比热容和热传导系数与材料淬火过程的温度有关。

零件进行淬火时，认为边界条件为对流换热边界条件为

$$-\lambda \frac{\partial T}{\partial n}\bigg|\tau = h(T_s - T_q) \tag{5.2}$$

其中，h 为表面换热系数；τ 为换热边界；T_s和 T_q分别为零件表面温度和淬火介质温度。

在淬火过程中，工件内部温度变化剧烈，可能同时发生弹性和塑性变形，应力变化服从弹塑性变化规律。本书针对铝合金淬火过程特点，作如下假设：

① 材料各向同性，服从 Mises 屈服准则。

② 材料服从等向强化流动法则。

淬火材料为 LY12 铝合金，初始温度为 500℃，淬火介质为水，温度为 20℃。铝合金试样为圆柱体，尺寸为 ϕ45×50mm。根据对称性，计算模型只取 1/8 圆柱对称体（R22.5mm×25mm）。模型划分成 8000 个网格，图 5.2 所示为实体模型和网格模型。淬火时间为 250s。LY12 铝合金密度为 2800kg/m^3，换热系数为 5W/(s·℃·m^2)，热膨胀系数为 2.2×10^{-5} m^3/(m^3·℃)，弹性模量为 68.9GPa，泊松比为 0.3，比热容为 841.91J/(kg·℃)，热传导系数为 180.1W/(℃·m^2)。仿真采用 Deform-3D 有限元软件。

(a) 实体模型

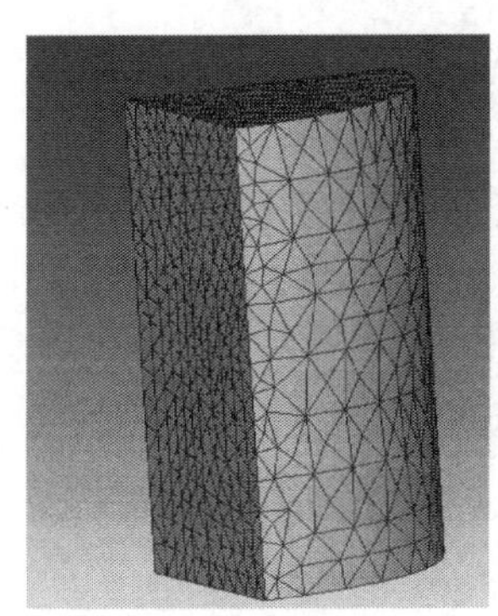

(b) 网格模型

图 5.2　有限元模型

5.2.2　仿真结果

图 5.3 为零件表面及心部在淬火时间为 10s、50s、100s、150s 时的温度场分布。可以看出，在淬火初期，表面温度迅速降低，而心部仍然维持高温，此时表面与内部的温差最大，因而表面淬透性很大，这与实际情况符合。随着淬火时间的延长，表面温度持续下降，但是温度降低速率显著下降。内部温度相应降低，降低速率比表面高，温差逐渐减小。分别对图 5.4(a)中所示的 A、B、C、D 点进行研究，考察其温度随时间变化情况。如图 5.4(b)所示，B 点由于在棒材边缘交线上，因而在

刚开始淬火时，温度下降极为迅速，而 A 和 C 点由于内部热源的补充使其温降速度下降相对较慢，D 点处于铝合金内部中间处置，故温度最高，降温速度最慢。

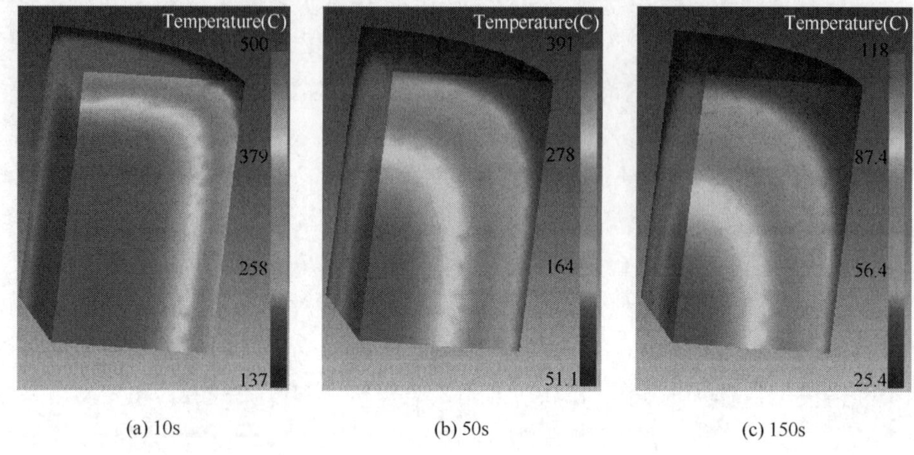

(a) 10s　(b) 50s　(c) 150s

图 5.3　淬火过程中的温度场分布

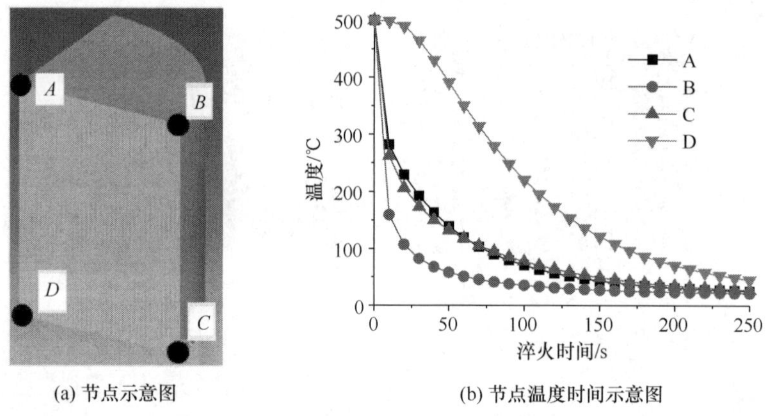

(a) 节点示意图　(b) 节点温度时间示意图

图 5.4　不同节点冷却温度变化图

不同时刻的等效应力分布如图 5.5 所示。由图可知，最大应力分布在棒材顶部边缘处。这是由于棒材表面处的温度下降快，与内部膨胀差距大，造成热应力较大，与实际情况吻合。

图 5.6 所示为工件沿不同路径的三个方向残余应力值。AB 路径 X 方向的残余应力值较大，BC 路径 X 方向的残余应力值较小，DC 路径 Z 方向的残余应力值变化较大，DA 路径三个方向的残余应力值呈下降趋势，棒材残余应力整体呈现外压内拉。

仿真结果表明，淬火后的铝合金棒材残余应力分布较复杂，通过有限元方法可

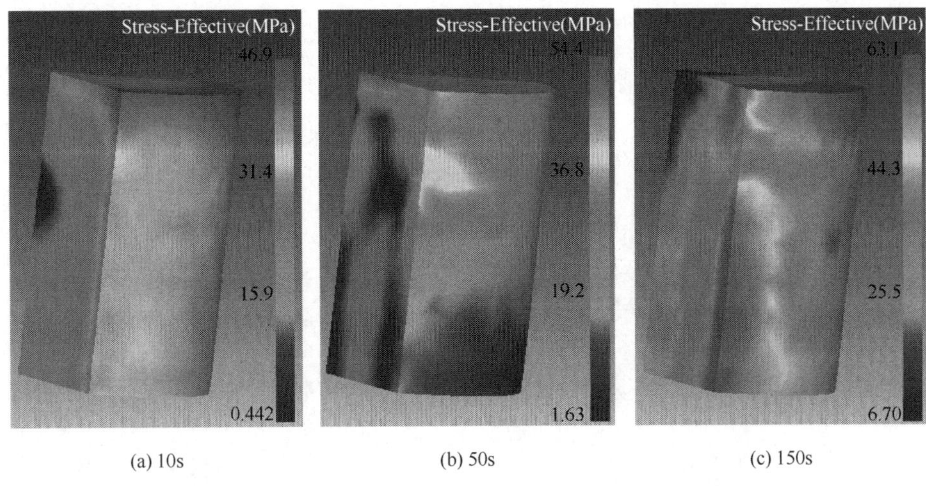

(a) 10s　　(b) 50s　　(c) 150s

图 5.5　淬火过程中的应力场

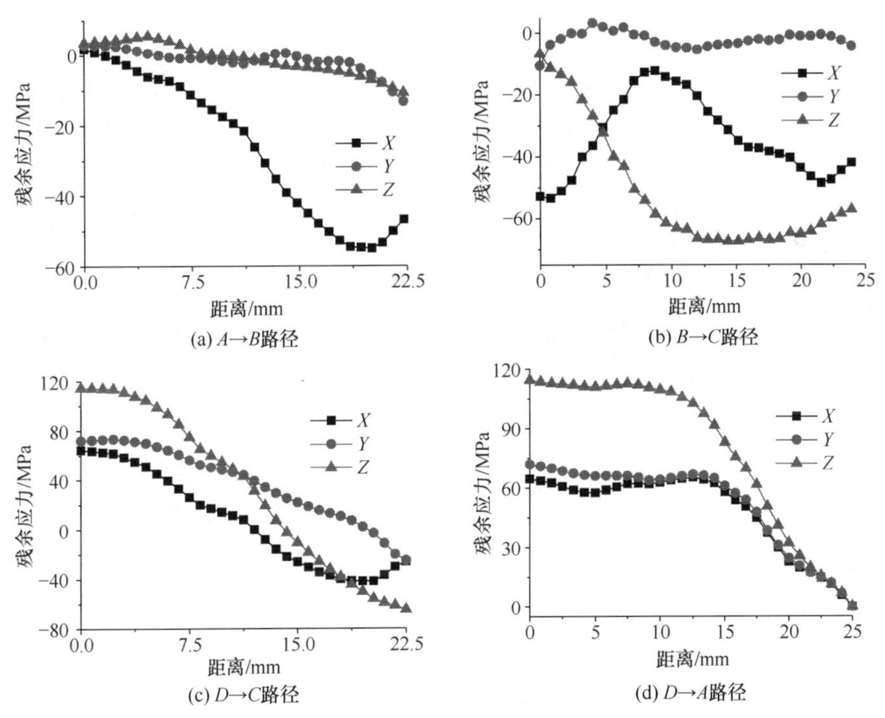

(a) $A \to B$路径　　(b) $B \to C$路径

(c) $D \to C$路径　　(d) $D \to A$路径

图 5.6　不同路径残余应力分布图

以对工件温度场和应力场进行预测,对工件的淬火过程进行评估。

5.2.3 淬火残余应力与应变形成机理

淬火残余应力、应变的形成机理复杂，与工件的几何形状、材料性能、组织结构和热处理工艺都紧密相关。为简化分析模型，本书按棒材径向选取中心轴以上 A、B 单元进行单向残余应力、应变变化规律分析，如图 5.7 所示。

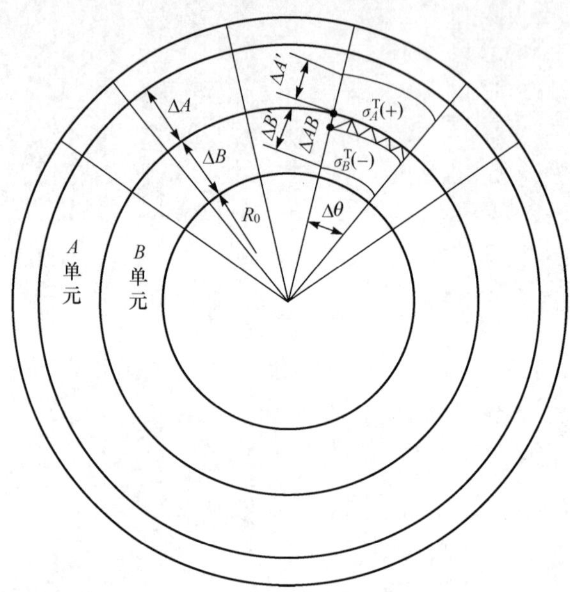

图 5.7　淬火示意图

当棒材放入冷水中开始淬火时，棒材温度迅速下降并开始遇冷收缩。此时，A 单元和 B 单元由于热胀冷缩产生了热应变 ε_A^T 和 ε_B^T 分别为

$$\begin{cases}\varepsilon_A^T=-\alpha_A\Delta T_A\\ \varepsilon_B^T=-\alpha_B\Delta T_B\end{cases}\tag{5.3}$$

其中，α_A 和 α_B 分别表示 A 和 B 单元的热膨胀系数；ΔT_A 和 ΔT_B 分别表示 A 和 B 单元的温度变化梯度。

材料内部组织结构和热膨胀系数与温度紧密相关。为简化计算，在此忽略材料组织和物理性能随温度的变化，假定 $\alpha_A=\alpha_B$。由于 A 单元更靠近淬火介质，因此 A 单元的温度下降幅度要大于 B 单元，因此 $\Delta T_A>\Delta T_B$，$|\varepsilon_A^T|>|\varepsilon_B^T|$。

由于 A、B 单元为相邻俩单元，因此在 A、B 单元之间将会产生附加的热应力，σ_A 和 σ_B 与对应 A 和 B 单元的应变，ε_{AB} 和 $-\varepsilon_{AB}$ 的关系为

$$\begin{cases}\varepsilon_A=\Delta A'-\Delta A+\varepsilon_{AB}\\ \varepsilon_B=\Delta B'-\Delta B-\varepsilon_{AB}\\ \sigma_A^{\mathrm{T}}=(\varepsilon_A-\varepsilon_A^{\mathrm{T}})E\\ \sigma_B^{\mathrm{T}}=(\varepsilon_B-\varepsilon_B^{\mathrm{T}})E\end{cases}\tag{5.4}$$

由上式可知，$\sigma_A^{\mathrm{T}}>0$，即为拉应力；$\sigma_B^{\mathrm{T}}<0$，即为压应力。

A 和 B 两单元几何尺寸的微小变化将引起相邻单元的协调变形，导致周围单元的应变、应力波动，进而引起工件的不均匀变形，使棒材应力分布呈外拉内压状态。

随着淬火的进行，外表面与介质温度梯度将逐渐减小，而心部依然具有较高的温度，此时温度梯度 $\Delta T_A<\Delta T_B$，同式(5.4)分析，A 单元将产生压应变，B 单元产生拉应变，结果瞬时热应力、应变被保存下来，最后残余应力分布将呈外压内拉状态。

5.3　切削过程仿真

金属切削是机械制造中使用最广泛的加工方法，但这是一个非常复杂的过程，国内外投入了大量精力用于切削机理的研究。随着数值模拟技术的发展，有限元方法已成为金属切削过程仿真的有效工具，通过计算机模拟整个切削过程，仿真结果能够达到所需精度，可靠性高、通用性强、耗时短，还可得出许多从实验中很难得到的重要数据。另外，金属切削仿真的结果形象直观，有利于深入了解微量切削过程中影响加工质量各种因素的变化规律，进一步了解切削机理，进而优化切削过程参数。

切削加工的有限元模拟主要有 Lagrange 和 Euler 两种算法。其中，Lagrange 算法是分析固体的方法，而 Euler 算法更适合在一个可以控制的体积内描述流体的变形。在切削加工中，切屑成形后的形状不固定，利用 Euler 算法来模拟存在一定的困难。Lagrange 算法描述的网格附在用于分析的结构上，网格和分析的结构是一体的，有限元节点即为物质点，因此分析结构的形状变化和有限元网格的变化完全一致，物质不会在单元与单元之间发生流动，所以能够非常精确地描述结构边界的运动[98]。

有限元软件 Deform-3D 是基于有限元分析的工艺仿真软件，针对复杂的金属成形过程，能够分析各种成形、热处理工艺，对加工过程中因工件材料、刀具材料、工艺参数不同引起的被加工工件的剪切变形、切削温度、内应力等因素进行分析，是正确选择刀具材料、刀具角度、切削量，以及进行材料加工性分析的依据。Deform-3D 鲁棒性好,模拟引擎能分析金属成型过程中的大变形和热特征。系统采用自行触发网格重划生成器技术,保证计算精度。Deform-3D 提供三种迭代计算方法,即 Newton-Raphson、Direct 和 Explicit 满足用户不同需求。软件还提供丰富的材料库和集成成形设备模型。因此,利用 Deform-3D 进行金属切削过程的数值模拟,具有方便、快捷和精度高等特点。本节利用 Deform-3D,采用 Lagrange 算法进行切削过程的有限元模拟。

5.3.1 仿真模型

建立三维正交切削模型,如图 5.8 所示。背吃刀量 0.5mm,进给率 0.3mm/r,摩擦系数 0.6,切削速度为 10mm/s,切削行程为 10mm。刀具使用 CNMA432 三角形刀片,如图 5.8(a)所示,材料为 WC,可转位车刀,采用四面体单元,网格数为 10 000。工件为 LY12 铝合金,采用四面体单元,网格数为 20 000。对切削局部变形区通过细分网格技术保证计算精度,其加密部位网格大小为其他部位的 1/5~1/4,如图 5.8(b)所示。另外,为避免网格畸变和退化,导致计算结果严重失真或计算不收敛,在有限元模拟计算中采用网格重划技术。

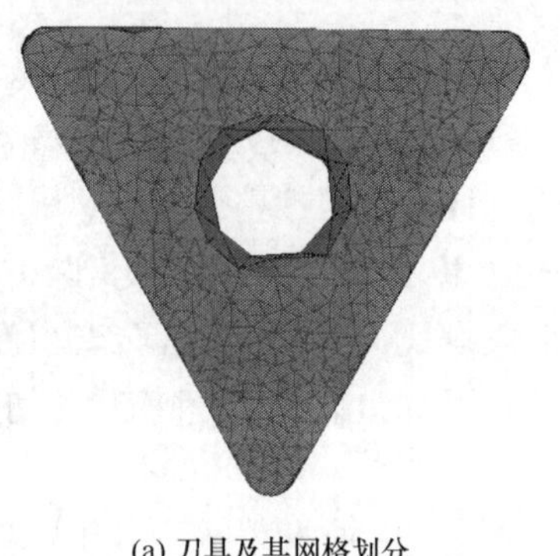

(a) 刀具及其网格划分

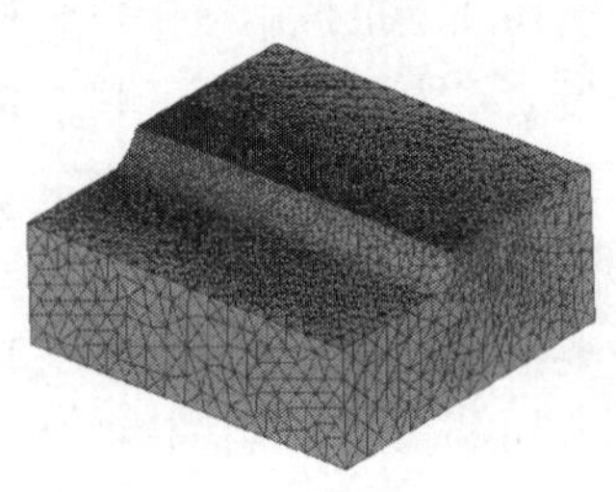

(b) 工件及其网格划分

图 5.8 三维切削模型

由于切削过程涉及大变形高应变率行为,LY12 铝合金使用 Johnson-Cook 本构模型,本构方程为

$$\sigma=(A+B\varepsilon^{n})(1+C\ln\varepsilon^{*})(1-T^{*m}) \tag{5.5}$$

其中,A 为 265MPa;B 为 426MPa;C 为 0.015;m 为 1;n 为 0.34[99];ε 为等效塑性应变;ε^{*} 为等效塑性应变率;T^{*} 为归一化温度。

5.3.2 仿真结果

图 5.9 为切削力随切削行程变化图。由此可知,切削力在行程为 2.1mm 左右

时接近稳定，当切削行程达到 8mm 时进入切削末期。切削过程中，切削力由零急速增加，然后逐渐稳定。起始阶段，随着刀具与工件接触长度的增加以及刀具克服工件弹性变形，刀具对工件的作用力逐渐增加，当形成稳定切削时，切削力达到稳定值，其值范围约为 600N～700N。稳定阶段后切削力仍有一定的波动，其原因是切削时在第一剪切区温度的升高导致材料的热软化，从而使切削力降低；然而当切削力下降，加工所产生的热量相应随之减少，这又使将被切削的材料硬化，导致切削力又升高。另外，切屑与前刀面发生接触、分离、卷曲或断裂时，会导致仿真中的网格重划分和单元断裂，切削力会发生一些波动。

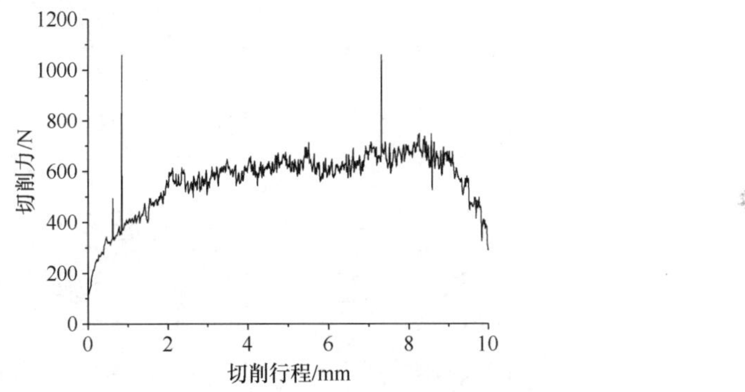

图 5.9　切削力随切削行程变化图

图 5.10 为切削起始和稳定阶段的应力应变场。在切削起始阶段，最大等效应力集中于刀尖与工件接触处，应力等值线以接触点为中心向两端扩展，且数值递减。在切削过程中，最大等效应力面积逐渐向前推进并扩大，当其突破剪切带后，刀尖处切屑的等效应力开始减小，且减小的区域逐渐斜向向上扩展至整个剪切带。切削初始阶段的应力比较小，随着切削过程的深入，应力值逐渐增加并达到稳定值。

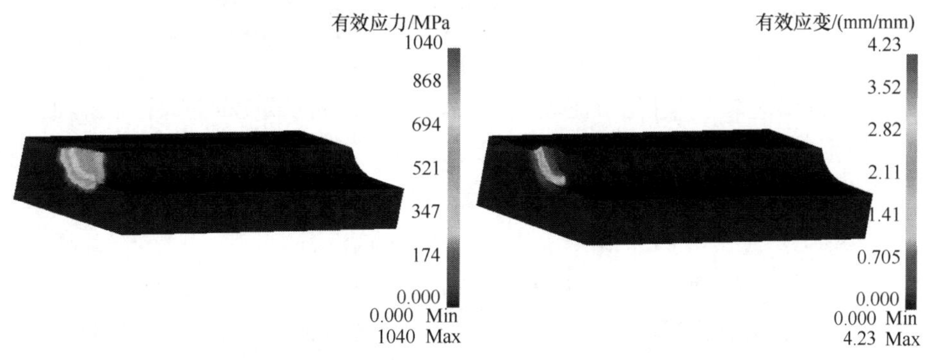

(a) 切削起始阶段应力场　　(b) 切削起始阶段应变场

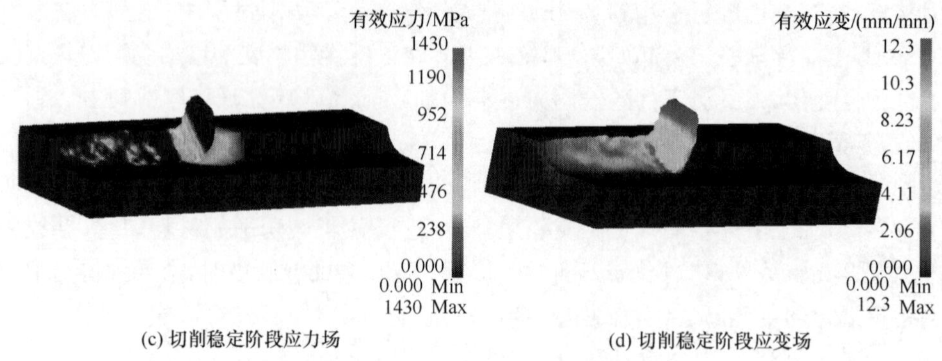

(c) 切削稳定阶段应力场　　(d) 切削稳定阶段应变场

图 5.10　切削过程应力应变场

利用 Deform-3D 模具应力分析工具，对刀具的应力情况进行分析，结果如图 5.11所示。分析可知刀尖处等效应力最大，同时沿着前刀面向上逐渐减少。

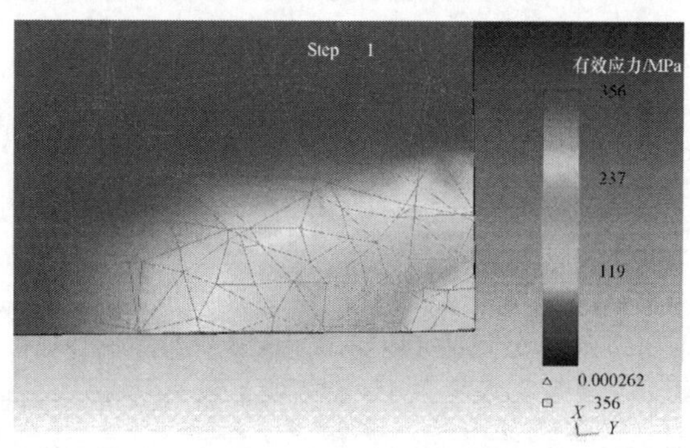

图 5.11　刀具等效应力分布图

5.4　陀螺框架钻削过程分析

陀螺框架横梁上的中心孔通常是由多轴联动精加工或先通过钻削工艺加工预置孔，再由镗削工艺精加工而成。中心孔对同轴度要求高，加工难度大。由于孔位于薄壁横梁中心处，且横梁刚度较低，在钻削预置孔过程中，会产生较大切削力和应力，横梁会产生变形，进而影响后面的加工过程和整个框架的尺寸稳定性。因此，有必要对框架钻削工艺进行研究，分析钻削加工工艺对框架的影响。

本节建立了麻花钻钻削的三维有限元模型，使用有限元方法对陀螺框架横梁中心孔的钻削过程进行仿真，分析框架的加工应力、应变、温度分布及刀具的扭矩和切削力，研究不同转速和约束条件对钻削加工的影响。

5.4.1 仿真模型

(1) 麻花钻模型

框架中心孔使用麻花钻进行钻削加工。麻花钻的几何模型是基于刃磨原理建立的，如图 5.12 所示，由砂轮绕 Z'轴回转形成磨削锥，锥角为 θ。钻轴与锥轴并不相交，在 Y'坐标方向上有一个距离 s。为了控制钻尖在锥面上的位置，还必须确定钻轴和磨削锥轴的投影夹角 φ 及钻尖到锥顶的 Z'方向的距离 d。为了保证主刃是一条直线，还要使钻头绕自身轴线回转一个 β 角，以使主刃与锥母线重合，即被磨削主刃的延长线必须通过锥顶。上面这几个用以描述后刀面在磨削锥面上的具体位置参数称为磨削参数。具体描述磨削参数之间相互关系的锥面方程以及钻尖各设计参数和刃磨参数之间的对应关系方程可参考文献[100]。

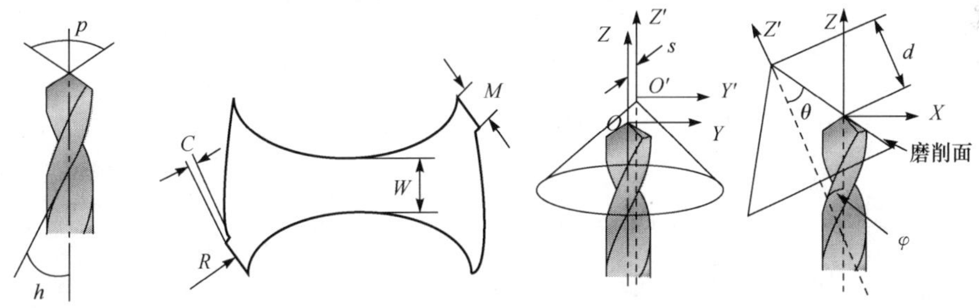

图 5.12　麻花钻几何模型

麻花钻的几何形状主要由以下几何参数描述[101-103]，即钻头半径 D、钻芯厚度 W、顶角 p、螺旋角 h、锥角 θ、钻头隙径 C、钻头刃带 M、钻轴与锥轴距离 s、钻尖到锥顶距离 d。对钻头进行 CAD 建模，参数如表 5.1 所示。

表 5.1　麻花钻参数

R	W	h	p	θ	C	M	d	s
5mm	1.8mm	30°	118°	30°	0.2mm	0.4mm	5.5mm	1mm

(2) 钻削有限元模型

采用 Deform-3D 软件进行有限元仿真。通过使用 Pro/E 软件建立麻花钻和框架的 CAD 模型，保存为 stl 格式文件后再导入到 Deform-3D 软件中，如图 5.13(a) 所示。

陀螺仪框架材料为 LY12 铝合金，由于钻削过程涉及大变形高应变率行为，因此铝合金使用 Johnson-Cook 本构模型，其本构方程和参数同 5.3.2 节。其他框架

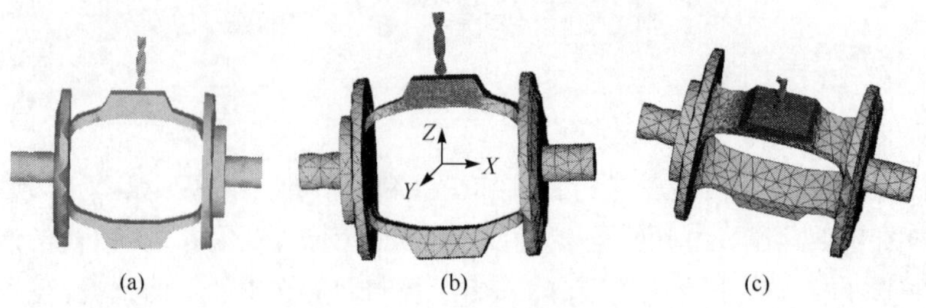

图 5.13　钻削有限元模型

和钻头参数特性如表 5.2 所示。

表 5.2　框架和钻头的特性

参数	框架	麻花钻头
材料	LY12 铝合金	TiN
初始温度	20℃	20℃
温度传递系数	50N/s/mm/℃	50N/s/mm/℃
模型	刚塑性(J-C 模型)	刚性
摩擦类型	剪切摩擦	剪切摩擦
摩擦因子	0.6	0.6

在钻削过程中，麻花钻的刚度远远超过铝合金框架，所以麻花钻的变形相对于框架来说极其微小，为减小计算量，模拟中将麻花钻视为刚体。同时，钻削孔部位会发生严重变形，其应变远远超过弹性屈服应变，因此可忽略框架的弹性应变，应用刚塑性有限元方法进行模拟。其中，刚塑性有限元是基于刚塑性变分原理为

$$\Phi=\int\sigma\dot{\bar{\varepsilon}}\mathrm{d}V+\frac{\alpha}{2}\int(\dot{\varepsilon}_V)^2\mathrm{d}V-\int_{Sr}F_iu_i\mathrm{d}S \tag{5.6}$$

其中，σ、$\dot{\bar{\varepsilon}}$、$\dot{\varepsilon}_V$、α 和 F_i 分别表示有效应力、有效应变、应变率、处罚因子和外力；S_r 表示受力区域；u_i 表示区域 S_r 的速度；V 和 S 分别表示刚塑体体积和面积；Φ 表示能量泛函。

采用四面体单元网格划分框架和麻花钻，如图 5.13(b)和图 5.13(c)所示。网格划分设置如下：

① 由于将麻花钻设为刚体，因此用较大网格划分。麻花钻单元采用绝对网格类型，最大网格单元的尺寸和最小网格单元尺寸的比例是 2，其单元数为 1000。

② 钻削中心孔位于框架横梁中心，因此采用局部加密网格划分横梁中心。框架采用绝对网格类型，整体单元数为 20 000，加密部位的网格单元的尺寸与其他部位单元尺寸的比例为 1∶10。

③ 钻削过程属于大变形非线性问题，同时还具有连续性和动态性的特征。在有限元仿真过程中，一些单元被压扁或由于不均匀变形而扭曲，甚至由于网格的畸变会导致计算过程不收敛。因此，在有限元模拟过程中使用自适应网格重划分技术来划分网格。当单元的边界被刀具穿透的比例超过 0.7 时，采用邻近平均法进行网格重划。为节省计算时间，只对网格变形严重区域进行局部重划。

切屑成形的分离准则有几何分离和物理分离准则，物理分离准则又分为等效塑性应变和应变能密度等。钻削模拟中应用 Normalized Cockcroft & Latham 破坏模型[104]，其判断关键值为 $\int^{\bar{\varepsilon}_l} \frac{\sigma^*}{\bar{\sigma}} \mathrm{d}\bar{\varepsilon}$，临界值为 0.8。

钻削加工有限元模拟使用 Lagrange 算法，并采用共轭梯度求解法(conjugate-gradient solver)进行有限元计算。共轭梯度求解法采用迭代方法逐步逼近最佳值，这种方法考虑了刀具之间的摩擦及工件材料流动应力受应变、应变速率和温度影响的特性，且对计算机硬件的要求较低。迭代方法采用 Newton-Raphson 法，该方法相对于直接迭代法来说，收敛较快，但有时可能不收敛。当 Newton-Raphson 方法失败后，系统会自动调用直接迭代法求解，可有效地保证较少的迭代次数和迭代的收敛性。仿真模式为热传递和变形。

根据实际过程，本书只需要模拟钻削一个浅预置孔即可，但为整体了解钻削对框架的影响，我们模拟钻削整个贯穿孔的过程。整个模拟仿真步数设为 40 000 步，步长为 0.0002mm，模拟终止条件为麻花钻行程达到 8mm。

框架钻削加工时，需要固定框架两顶端部位。同时，根据实际加工要求，会在框架内腔部位放置内芯模，以固定横梁内侧。在有限元模型中，等价于约束两顶端部位的 X、Y、Z 方向和横梁内侧的 X、Y、Z 方向，如图 5.14 所示。

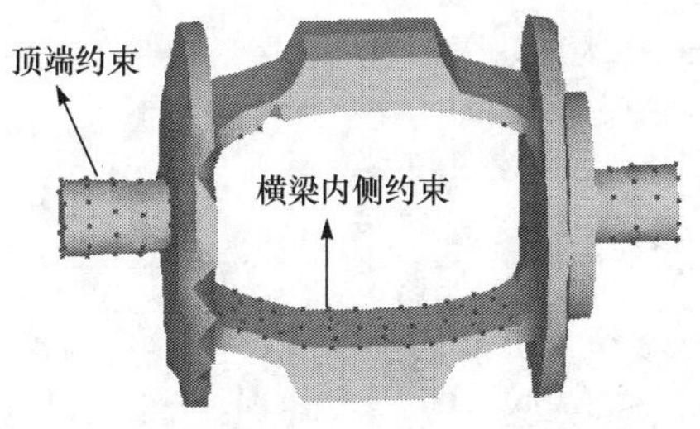

图 5.14　加工位移约束示意图

根据框架钻削的实际情况，设定了四种仿真条件，如表 5.3 所示。

表 5.3 4 种钻削仿真条件

条件	进给速率	转速	约束
1	1mm/s	900r/min	顶端约束
2	1mm/s	900r/min	顶端约束、横梁内侧约束
3	1mm/s	1500r/min	顶端约束
4	1mm/s	1500r/min	顶端约束、横梁内侧约束

5.4.2 应力和应变场结果

根据钻削过程的实际情况，钻削深度 $D\leqslant 2\text{mm}$ 时，是钻削过程初期；当 $2\text{mm}<D\leqslant 6\text{mm}$ 时，是钻削过程稳定时期；当 $D>6\text{mm}$ 时，是钻削过程末期。

图 5.15 为条件 1 下钻削过程的应力应变图。由图可知，应力和应变主要集中在薄壁件与钻头接触的工作区。在钻头初期接触薄壁件表面时，应力和应变值迅速增加。随着钻削深度的增加，钻削过程趋向稳定，应力值同时也逐渐稳定。钻削过程的末期，切削应力迅速减小。由于在钻削模拟过程中不断出现单元的变形与断裂，因此应变值不断出现波动。其他三种仿真条件下的应力应变场图与条件 1 类似。

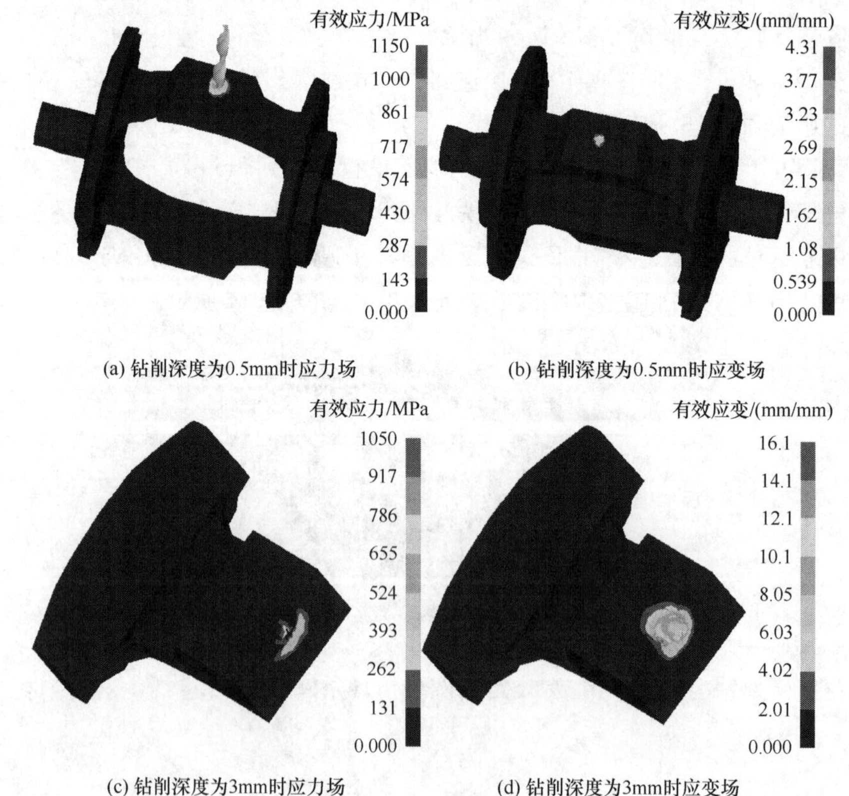

(a) 钻削深度为0.5mm时应力场　(b) 钻削深度为0.5mm时应变场

(c) 钻削深度为3mm时应力场　(d) 钻削深度为3mm时应变场

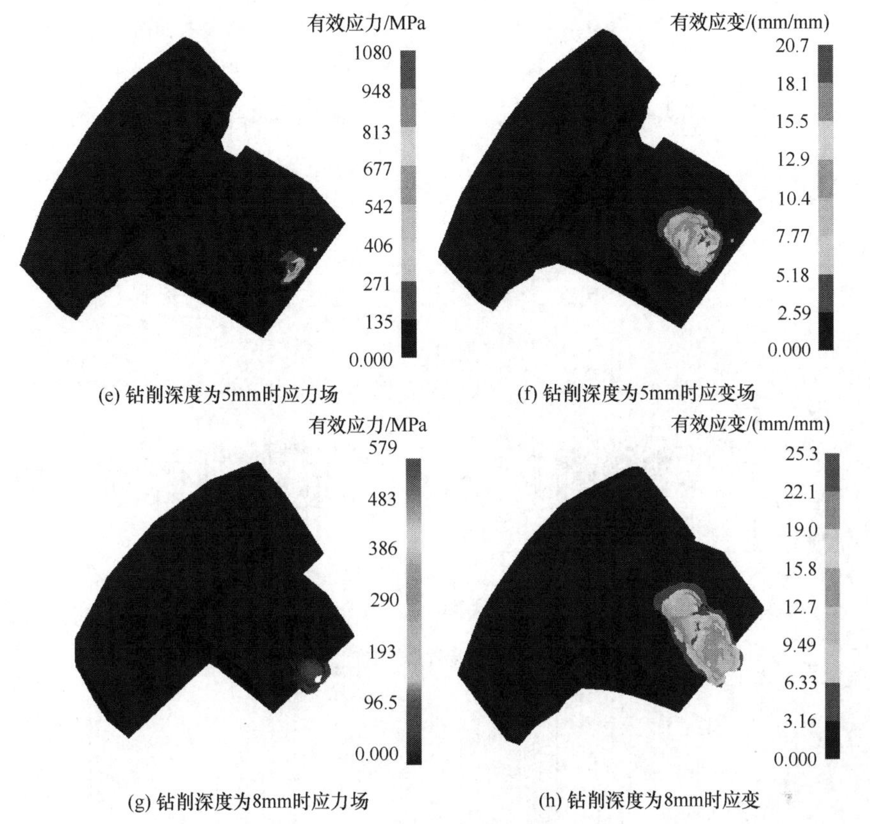

图 5.15　不同钻削深度下的应力应变场

图 5.16 显示在 4 种仿真条件下框架最大等效应力值随钻削深度的变化情况。由图可知，在钻削过程稳定后，当转速为 900r/min 时，最大等效应力在 1000MPa～1200MPa 范围内。当转速为 1500r/min 时，最大等效应力在 800MPa～1000MPa 范围内，转速提高可以降低应力。同时，对内腔进行约束后框架的应力相对无内腔约束的要有所降低。在钻削过程末期，最大等效应力有较大下降。对钻削过程稳定段的最大钻削等效应力进行统计，由图 5.16 中的数据分析可知，转速的提高和对横梁内侧的约束均能有效降低应力。

图 5.17 显示在 4 种仿真条件下，框架最大等效应变值随钻削深度的变化情况。由图可知，在钻削过程稳定后，等效应变变化趋势非常相近，应变范围集中在 10～20 内，说明转速和约束方式对应变影响不大。从局部来看，应变值也有一定程度的上下波动和突变，这是由于在模拟切屑变形和断裂时使用网格重划分技术造成的数据波动。

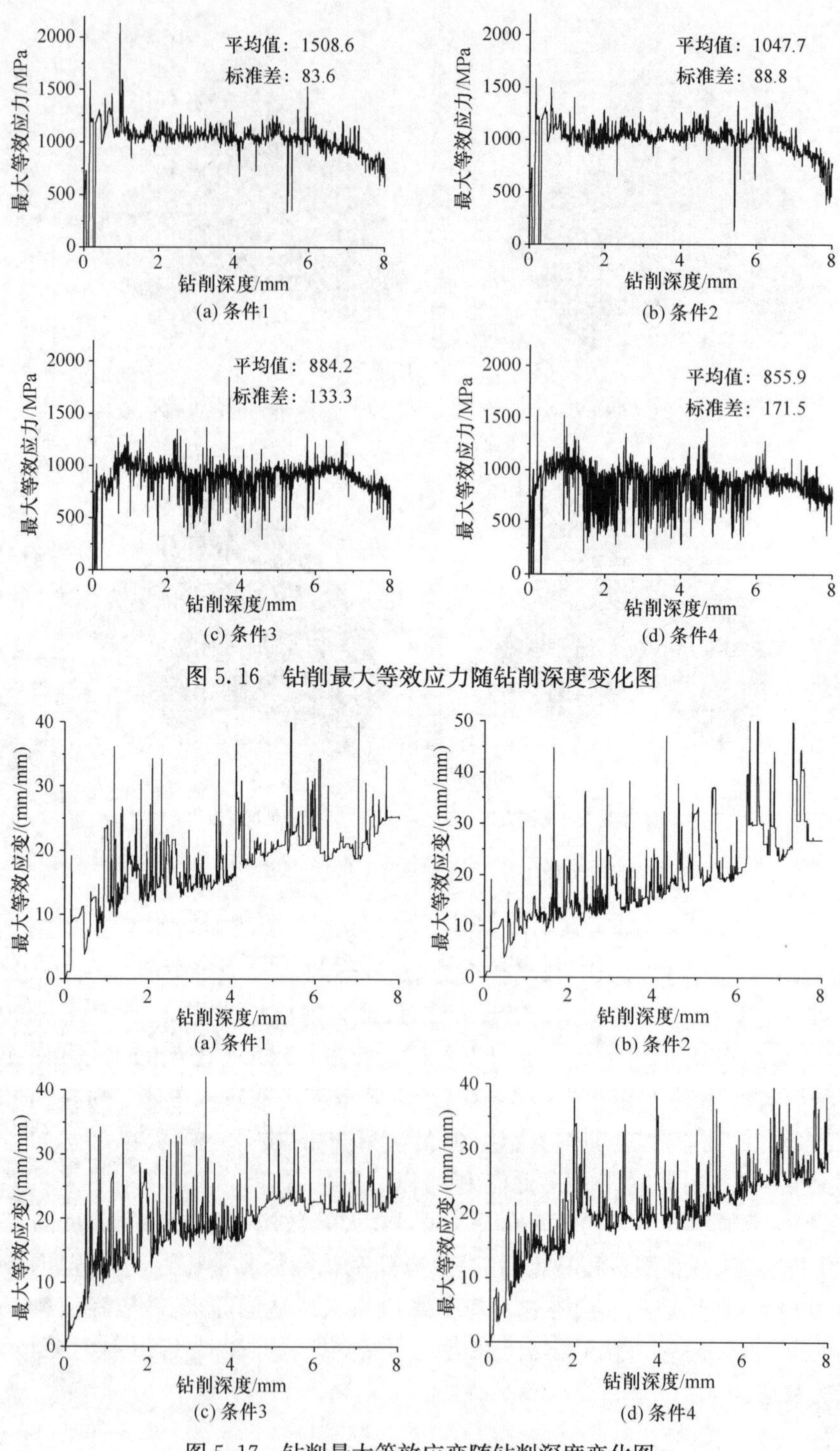

图 5.16 钻削最大等效应力随钻削深度变化图

图 5.17 钻削最大等效应变随钻削深度变化图

图 5.18～图 5.20 显示 4 种仿真条件下框架三个方向最大、最小等效应力值随钻削深度的变化情况。在钻削过程中，框架同时产生拉应力和压应力。由图可知，3 个方向的拉应力要远小于压应力(拉应力为正，压应力为负)，说明框架整体以受压应力为主。当转速为 900r/min 时，X 方向最大等效压应力在 1000MPa～2000MPa 范围波动，Y 方向 1000MPa～3000MPa，Z 方向 1000MPa～3000MPa。当转速为 1500r/min 时，X 方向最大等效应力在 0～1000MPa 波动，Y 方向最大等效应力在 0～2000MPa 波动，Z 方向最大等效应力在 0～2000MPa 波动，说明转速提高可以有效降低 X、Y、Z 三个方向最大等效应力。由图分析可知，最小等效应力的幅值与最大等效应力具有相同的变化趋势。对钻削过程稳定时段的 X、Y、Z 三个方向最大、最小等效应力进行统计分析，结果如表 5.4 所示。分析可知，转速的提高和对横梁内侧的约束均能有效降低各方向的等效应力，相对于约束条件，转速对各方向应力的影响更大，这与前面对最大等效应力的分析结论一致。

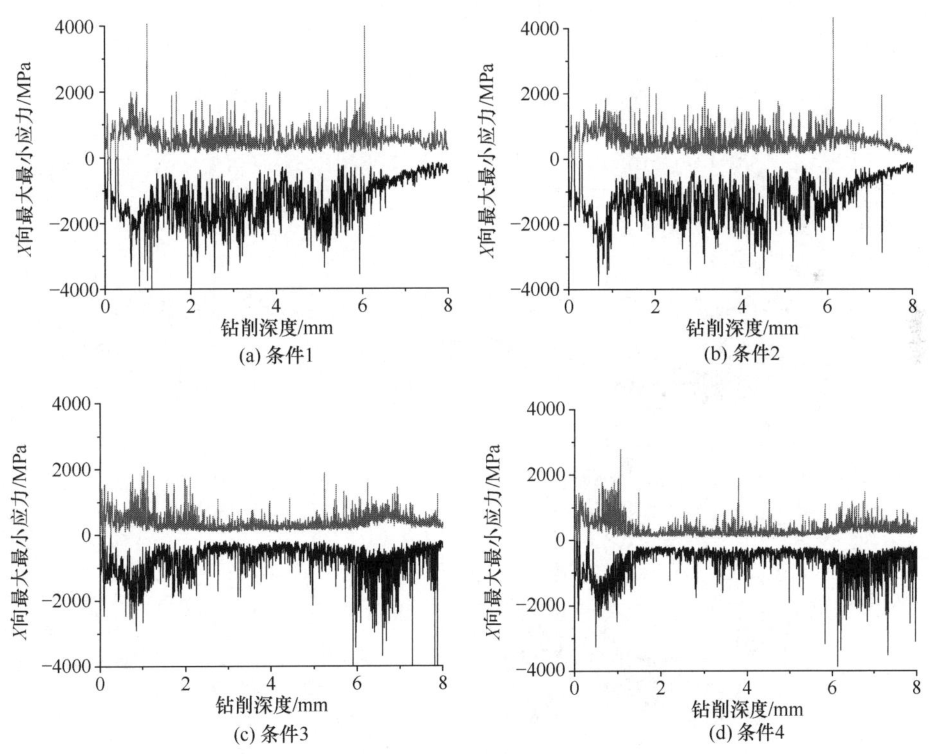

图 5.18　钻削 X 方向最大与最小等效应力随钻削深度变化图

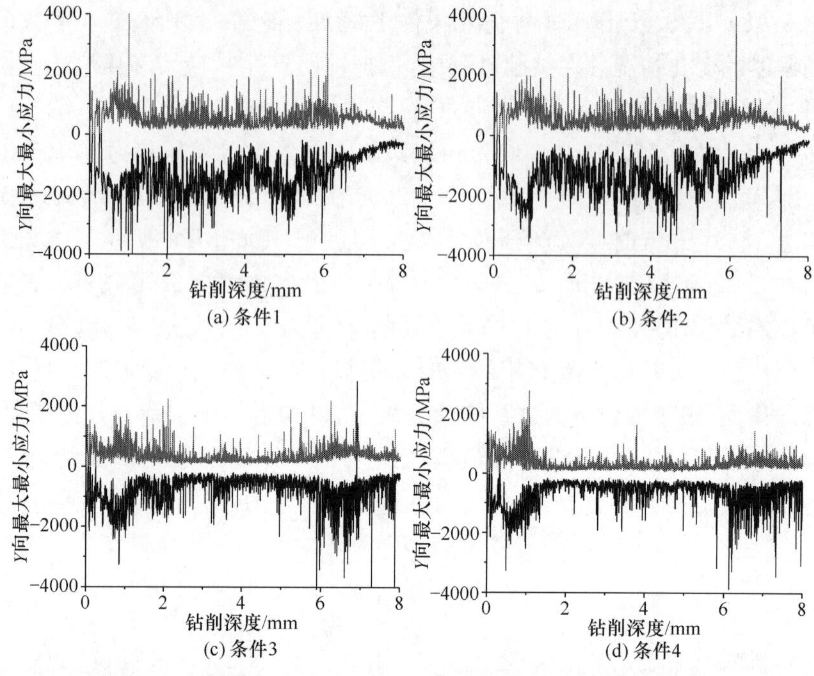

图 5.19　钻削 Y 方向最大与最小等效应力随钻削深度变化图

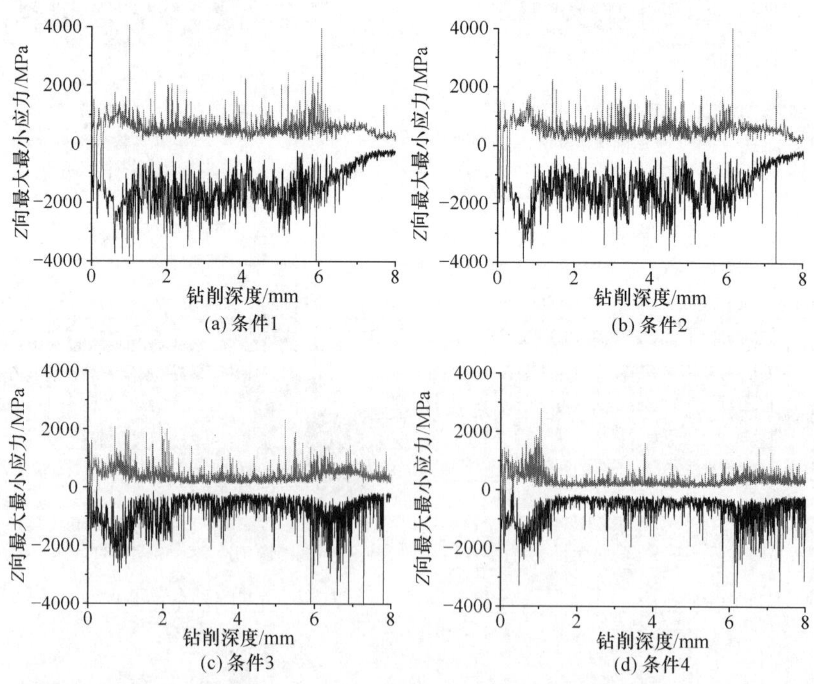

图 5.20　钻削 Z 方向最大与最小等效应力随钻削深度变化图

表 5.4　钻削最大与最小应力统计值(单位:MPa)

统计值 \ 仿真条件		条件 1	条件 2	条件 3	条件 4
X 方向等效应力	最大应力平均值	488	484	272	240
	最小应力平均值	−1526	−1391	−566	−460
Y 方向等效应力	最大应力平均值	486	487	268	241
	最小应力平均值	−1534	−1391	−557	−475
Z 方向等效应力	最大应力平均值	633	599	346	234
	最小应力平均值	−1707	−1531	−599	−476

5.4.3　扭矩和切削力结果

图 5.21 显示麻花钻在 4 种仿真条件下受到的扭矩。在钻头接触框架初期阶段,扭矩波动较大,在钻削深度达到 1mm 后趋向稳定,主要原因是横刃先刮削工件,不够稳定。当主切削刃切入框架时,扭矩和轴向力趋向稳定且有略微增加。在钻削过程末期,主切削刃逐渐切出框架,扭矩逐渐下降。对钻削过程稳定时段的扭矩进行统计分析,结果如表 5.5 所示。由表可知,转速的提高能有效降低各方向的钻削扭矩,对横梁内侧的约束基本不影响扭矩。

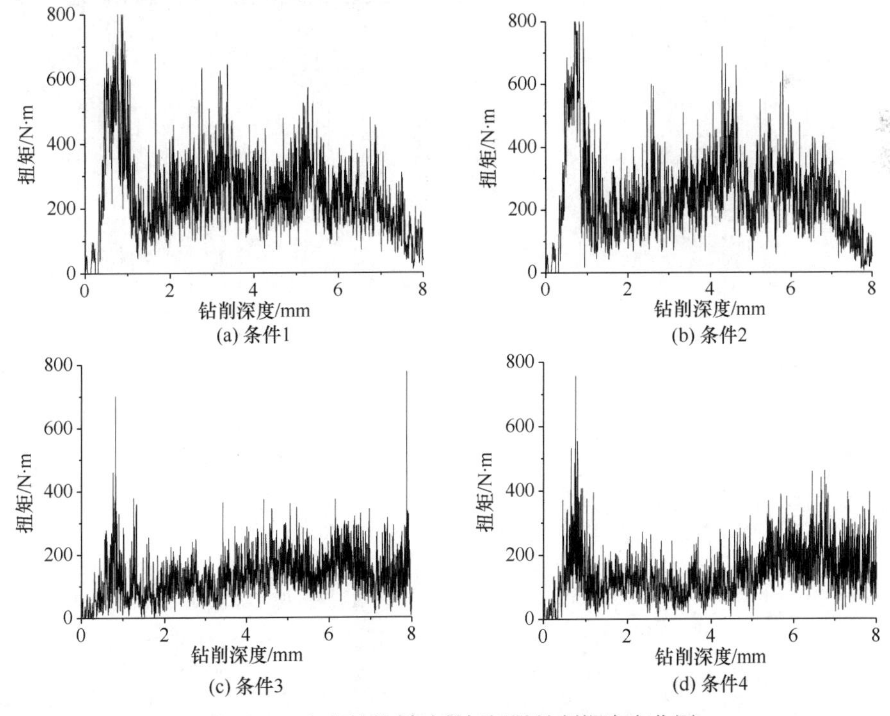

图 5.21　麻花钻钻削过程扭矩随钻削深度变化图

表 5.5 钻削扭矩和切削力统计值

统计值 \ 仿真条件		条件 1	条件 2	条件 3	条件 4
扭矩/N·m	平均值	261.6	260.8	137.4	135.6
	标准差	91.9	102.4	53.5	63.4
X 方向切削力/N	平均值	138.9	121.2	60.5	53.7
	标准差	127.4	111.3	47.5	44.9
Y 方向切削力/N	平均值	134.1	130.1	62.4	56.1
	标准差	119.0	106.7	50.1	49.3
Z 方向切削力/N	平均值	831.9	722.9	309.4	294.3
	标准差	370.8	371.1	116.6	110.2

图 5.22～图 5.24 显示了麻花钻在不同仿真条件下 X、Y、Z 方向的切削力。Z 向切削力要远大于 X 向和 Y 向切削力，且 X 向和 Y 向切削力非常接近。在钻头接触框架初期，刀具冲击工件剧烈作用，致使开始的切削力很大且迅速上升。随着钻削的深入，切削力逐渐稳定。在钻削过程末期，切削力逐渐下降。对钻削过程稳定时段的 X、Y、Z 三个方向的钻削力进行统计分析，结果如表 5.5 所示。由表可知，转速的提高和对横梁内侧的约束均能有效降低各方向的钻削力，相对于约束条件，转速对各方向钻削力的影响更大，这与上述对最大最小等效应力的分析结论一致。

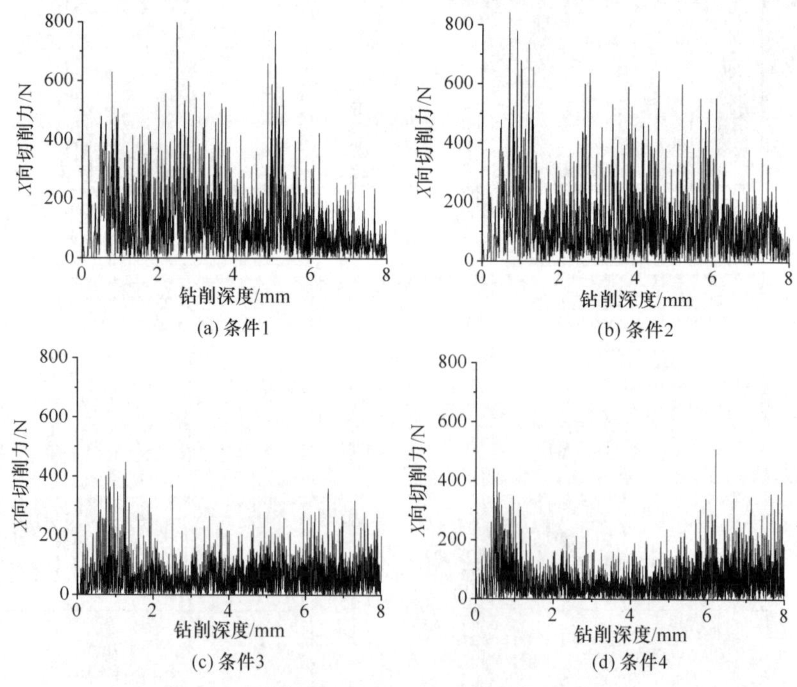

(a) 条件1 (b) 条件2 (c) 条件3 (d) 条件4

图 5.22 麻花钻钻削过程 X 向切削力随行程变化

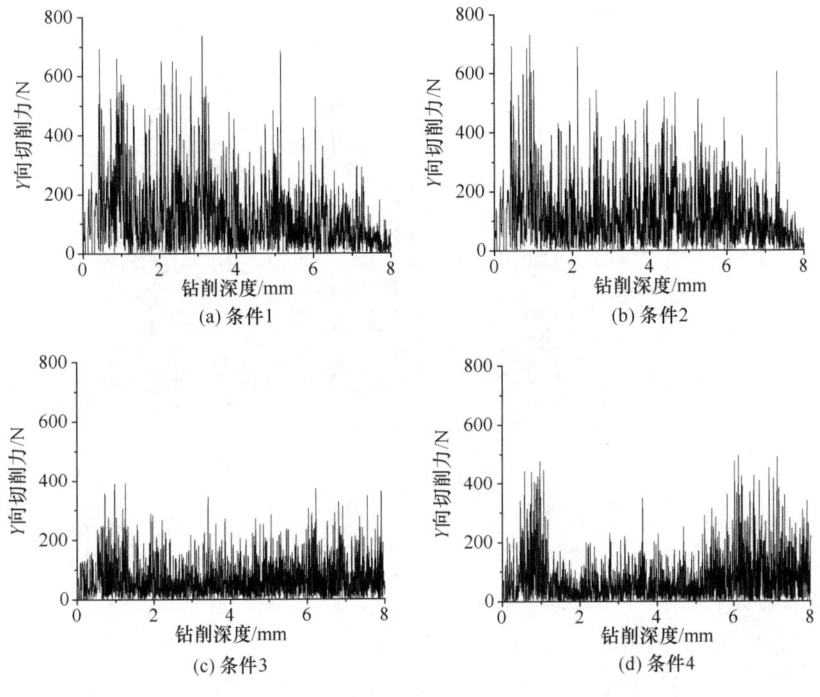

图 5.23　麻花钻钻削过程 Y 向切削力随行程变化

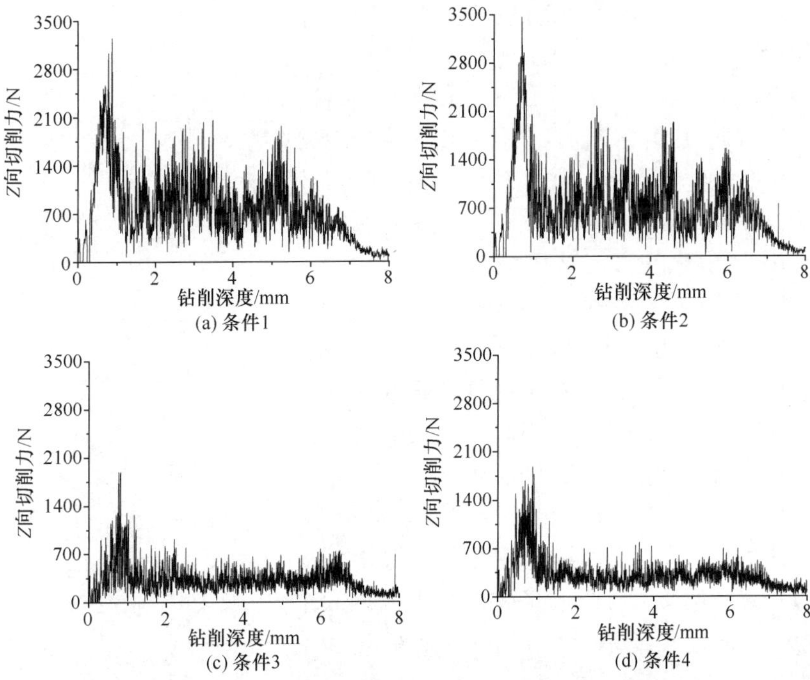

图 5.24　麻花钻钻削过程 Z 向切削力随行程变化

5.4.4 变形结果

钻削过程中的位移变化能反映框架的变形情况。本节选取 4 个钻削部位附近的点(图 5.25),分析它们的位移变化,研究钻削过程中的变形情况。

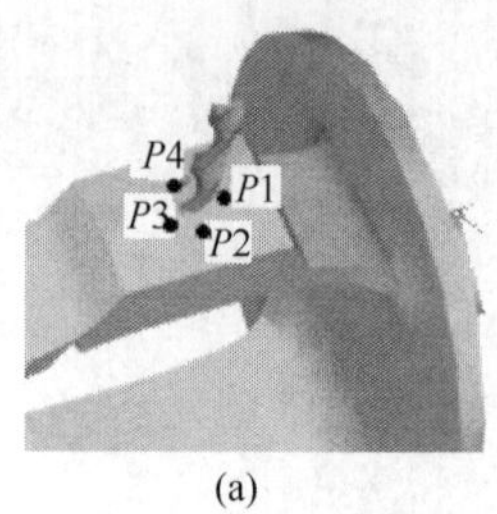

(a)

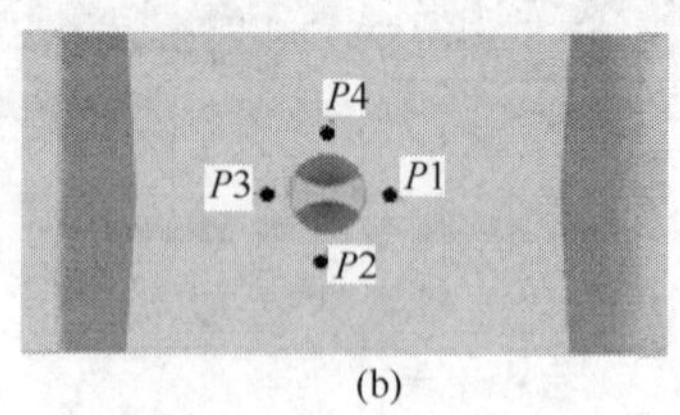

(b)

图 5.25 钻削部位附近 4 个位移测量点示意图

4 点的整体位移变形和各方向的位移变形如图 5.26～图 5.29 所示。位移绝对值越小,说明变形越小,越有利于框架的尺寸稳定性。4 点分析结果如下:

① $P1$ 点位移以 X 和 Z 方向为主。

总体位移:条件 4<条件 3<条件 2<条件 1。

X 方向位移:条件 4<条件 3<条件 2<条件 1。

Y 方向位移:条件 3<条件 2<条件 4<条件 1。

Z 方向位移:条件 4<条件 3<条件 2<条件 1。

② $P2$ 点位移以 Y 和 Z 方向为主。

总体位移:条件 4<条件 3<条件 2<条件 1。

X 方向位移:条件 3<条件 4<条件 2<条件 1。

Y 方向位移:条件 4<条件 3<条件 2<条件 1。

Z 方向位移:条件 4<条件 3<条件 2<条件 1。

③ $P3$ 点位移以 X 和 Z 方向为主。

总体位移:条件 3<条件 4<条件 2<条件 1。

X 方向位移:条件 3<条件 4<条件 2<条件 1。

Y 方向位移:条件 4<条件 3<条件 2<条件 1。

Z 方向位移:条件 3<条件 4<条件 2<条件 1。

④ $P4$ 点位移以 Y 和 Z 方向为主。

总体位移:条件 4<条件 3<条件 2<条件 1。

X 方向位移:条件 4<条件 2<条件 3<条件 1。

Y 方向位移:条件 4<条件 3<条件 2<条件 1。

Z 方向位移:条件 4<条件 2<条件 3<条件 1。

对这 4 个点进行整体分析,Z 方向的位移最大。钻削过程中,条件 1 下各点的位移变形较其他条件大很多。条件 4 的位移变形最小，条件 3 和条件 2 次之。模拟结果表明提高转速和对框架内侧约束均能有效减小钻削过程中的框架变形。

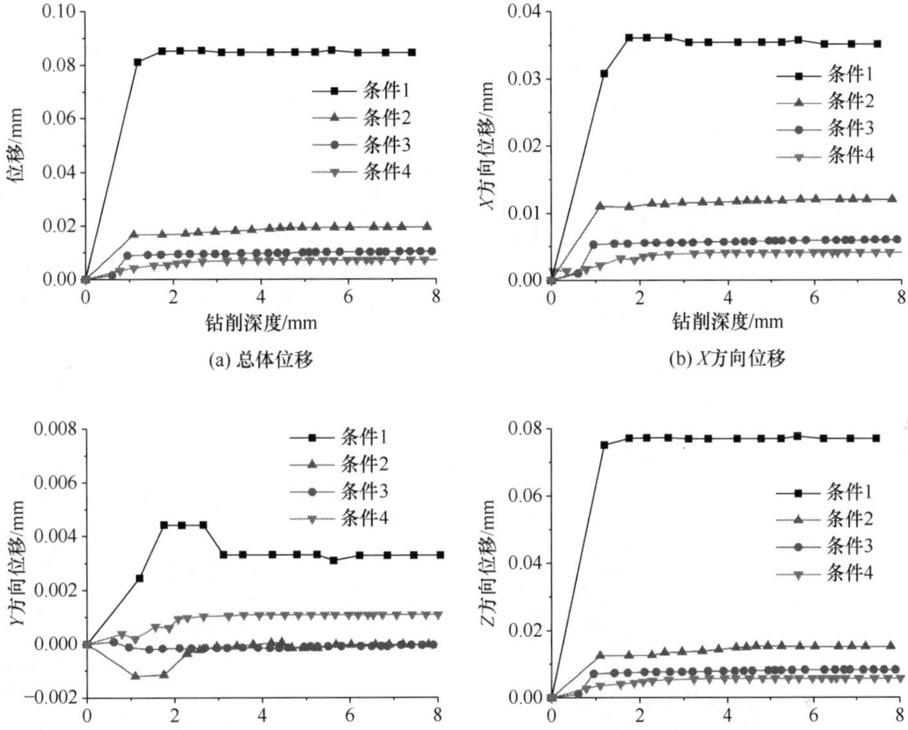

(a) 总体位移　　(b) X方向位移

(c) Y方向位移　　(d) Z方向位移

图 5.26　$P1$ 点的位移随钻削深度变化

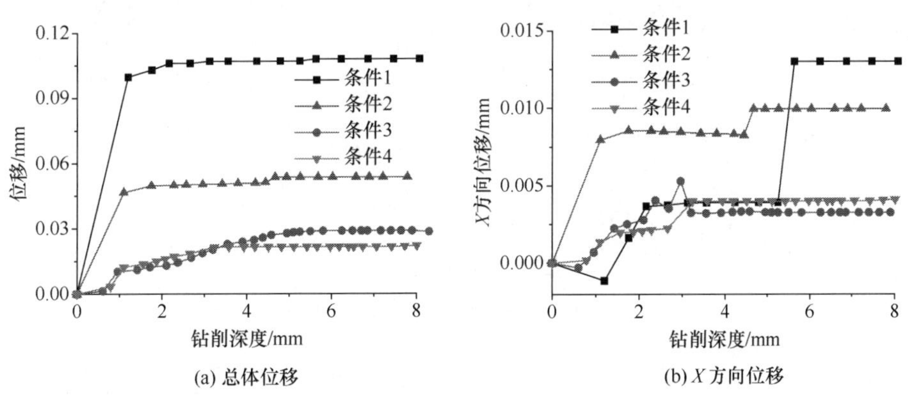

(a) 总体位移　　(b) X 方向位移

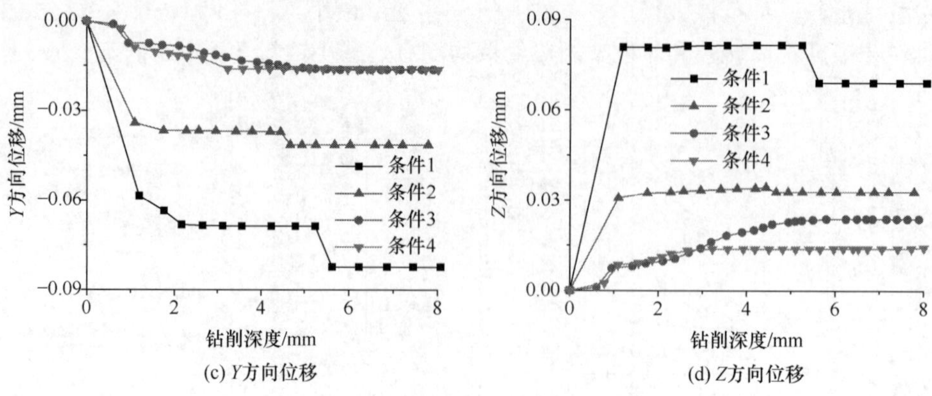

(c) Y方向位移　　(d) Z方向位移

图 5.27　P2 点的位移随钻削深度变化

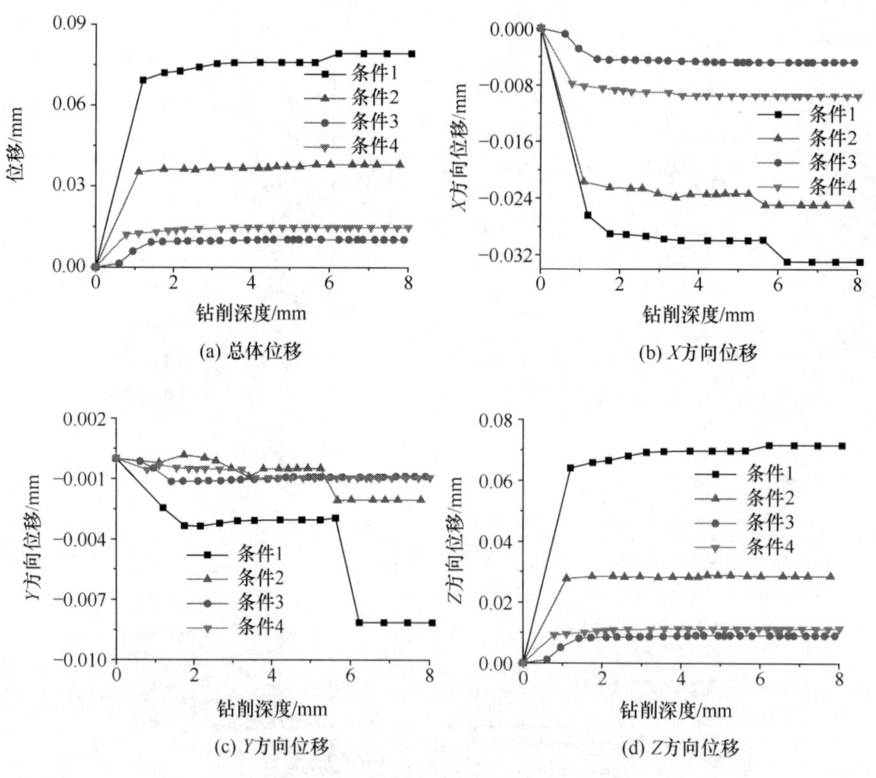

(a) 总体位移　　(b) X方向位移

(c) Y方向位移　　(d) Z方向位移

图 5.28　P3 点的位移随钻削深度变化

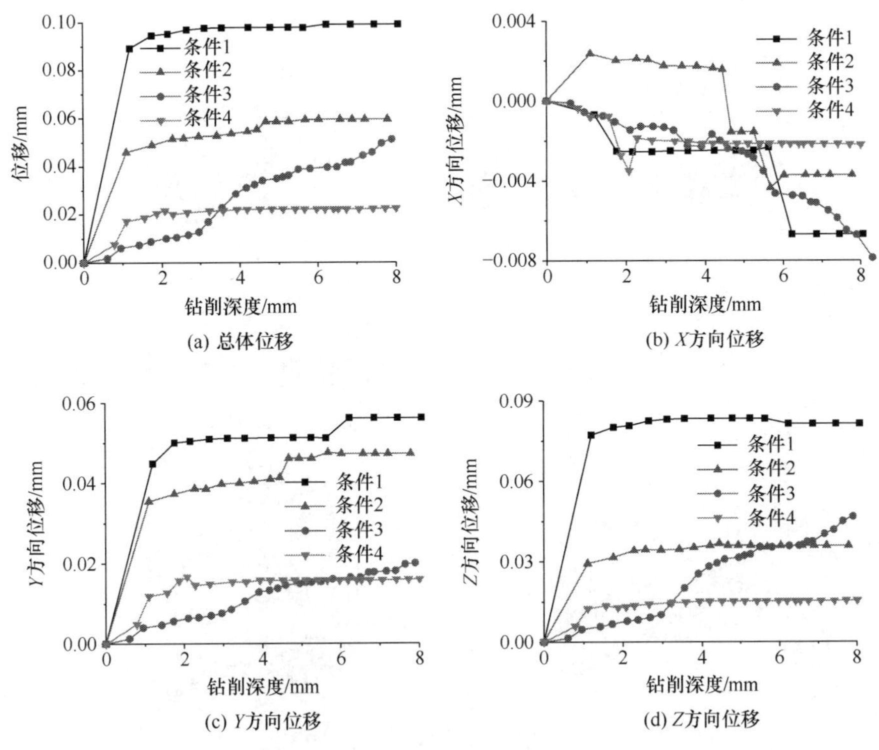

图 5.29　P4 点的位移随钻削深度变化

5.4.5　温度场结果

在钻削加工过程中温度起着重要作用，它对刀具的磨损、钻削扭矩以及切屑成形的产生有很大的影响。尽管钻削加工工艺从整个加工过程来看，属于冷加工的范畴，但就切屑形成的局部来看，却具有高温、高速成形的特点。在高速钻削下，剧烈的摩擦和断裂使得局部区域在几秒钟甚至是零点几秒就上升到较高的温度，材料的各种性能受到温度的影响。另外，高温状态下引起的热应力也对成形质量和刀具的磨损产生影响。

图 5.30 为在进给速率 1mm/s，转速为 900r/min 时在不同钻削深度下的温度场。其他条件下的温度场仿真结果与条件 1 相同。由仿真结果可知：

① 随着钻削深度的增加，温度逐渐上升。

② 温度最高点始终位于麻花钻钻头与框架接触处。

③ 距已钻削区域越远，温度越低。

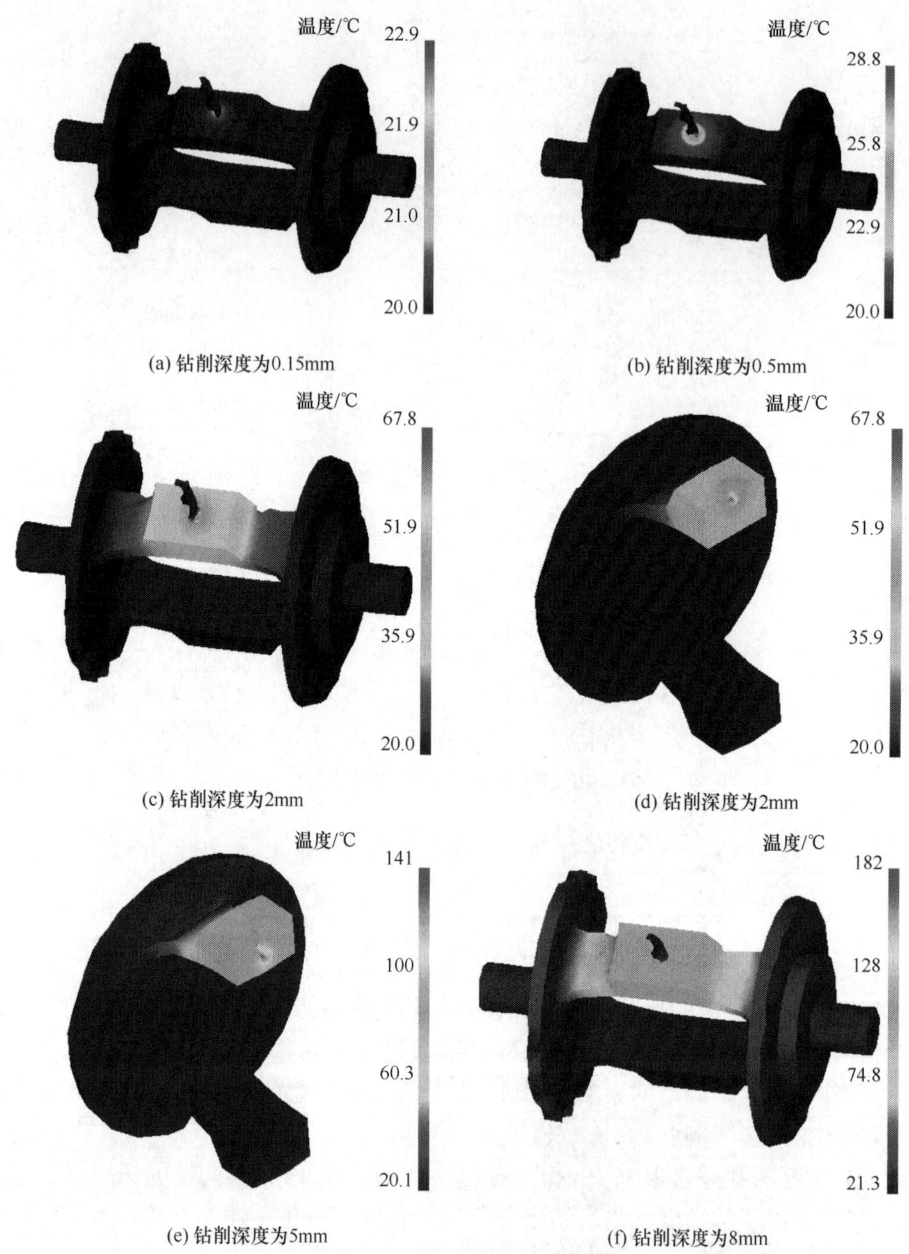

图 5.30　麻花钻钻削过程温度随行程变化

5.5　本章小结

陀螺框架的加工步骤复杂，涉及多种机加工工艺。本章使用有限元技术模拟陀螺框架加工的典型工艺(铝合金淬火、切削、钻削过程)，分析淬火过程铝合金棒材残余应力分布规律，从理论上研究了淬火应力、应变形成机理，建立了三维切削模型，总结切削过程的一般规律。针对框架横梁中心孔同轴度误差小、加工要求高，重点分析了中心孔钻削过程，得到了钻削过程中框架应力、应变、切削力、温度等重要场量的分布规律，对比分析不同工艺参数(转速和约束条件)对框架钻削变形的影响，为进一步的工艺优化奠定了基础。

第6章　复合时效工艺对陀螺框架尺寸稳定性影响研究

6.1　引　　言

铝合金在固溶淬火时效状态下的组织稳定性很差，在长期使用或放置过程中仍然继续沉淀相的脱溶过程，引起尺寸变化，所以对淬火后的铝合金必须进行一定的热处理，使其在热处理过程中沉淀相充分脱溶，保证铝合金产品的尺寸稳定性。

高精密仪器的尺寸稳定性与残余应力和材料性能紧密相关。降低宏观残余应力水平、提高材料性能和稳定组织之间存在一定的矛盾性。例如，对于时效合金，退火处理或长时间高温时效可以有效提高材料组织稳定性和降低残余应力，但同时也降低了材料的力学性能，造成尺寸稳定性下降。本章研究使用哈尔滨工业大学武高辉教授课题组制定的分级时效和冷热循环复合工艺来提高铝合金性能[36]，进而提高陀螺框架尺寸稳定性。

6.2　复合时效工艺实验与分析

使用分级时效冷热循环复合工艺分别对国产LY12铝合金和进口ALCOA公司2024铝合金棒材进行时效处理。铝合金棒材大小为$\phi45\times70$mm。LY12铝合金成分组成为(质量分数/%)Cu：4.71，Si：0.2，Fe：0.35，Mn：0.62，Mg：1.47，Zn：0.25，Ti：0.10，Al：其余。2024铝合金成分组成为(质量分数/%)Cu：3.8～4.9，Si：0.5，Fe：0.5，Mn：0.3～0.9，Mg：1.2～1.8，Zn：0.25，Cr：0.1，Ti：0.15，Al：其余。

分级时效冷热循环复合工艺是先进行分级时效，再进行冷热循环(为方便后文书写，分级时效冷热循环复合工艺简称为ASTCC)。分级时效是指在多个温度下进行保温处理的时效过程，通常是先低温后高温。本节中的分级时效工艺为495℃/1h后水淬+100℃/2h+190℃/2h+空冷。冷热循环工艺处理时间及温度如图6.1所示[36]。

6.2.1　硬度测量实验

(1) 测量方法

硬度是指金属材料抵抗更硬物体压入的能力或金属表面对局部塑性变形的抵抗能力，它是衡量材料软硬程度的指标。硬度越高，材料的耐磨性就越好。硬度主

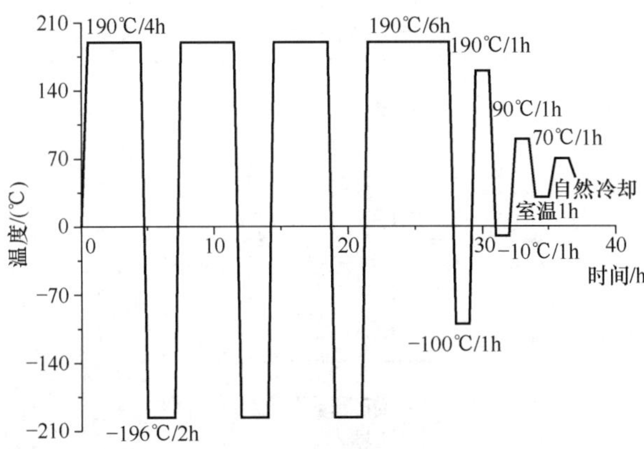

图 6.1　冷热循环工艺

要有布氏硬度(HB)、洛氏硬度(HR)和维氏硬度(HV)等三种测量方法[105]。这三种方法各有特点,适用材料也有所区别,如表 6.1 所示。

表 6.1　硬度测量方法

方法	优点	缺点	压头	适用材料
布氏硬度	测量数值稳定,准确,所加载荷较大(31.25kg～3000kg)	操作慢,压痕大,不适用批量生产和太薄、太硬(>450HB)的材料	淬火钢球或硬质合金球	铸铁,有色金属,退火、正火、调质处理钢,原材料,毛坯
洛氏硬度	操作简便,压痕小	测量数值分散,精度低	金刚石圆锥体或钢球	硬度较高的成品和薄形件
维氏硬度	测量数值精确,但所加载荷较小(5kg～120kg)	操作麻烦,压痕小,测量值不能反映材料的整体硬度	金刚石四方角锥体	测定经过表面处理的各种材料的表面层硬度值

由于铝合金的硬度相对较低且实验对测量数值精度要求高,因此采用布氏硬度方法进行测量。

布氏硬度测量原理是用一定直径的钢球或硬质合金球,以相应的实验力压入试件表面,保持规定时间后,卸除实验力,测量试样表面的压痕直径,如图 6.2 所示。负荷与其压痕面积之比值,即为布氏硬度值(单位:HB,等价于 N/mm^2),计算公式为

$$H_B = 9.807 \times \frac{F}{\pi\left(\frac{d}{2}\right)^2} \tag{6.1}$$

其中,F 为所加压力(kg);d 为压痕直径(mm)。

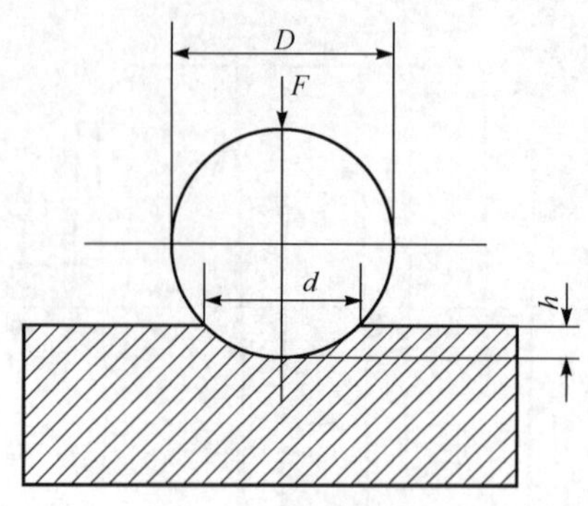

图 6.2　布氏硬度测量示意图

(2) 测量结果

布氏硬度实验条件为钢球 ϕ10mm,力 300kg,标尺最大值为 12mm。测量试样分别为 LY12T4、2024T4、LY12ASTCC、2024ASTCC。测量结果如下：

2024ASTCC：179HB。

LY12ASTCC：174HB。

2024T4：143HB。

LY12T4：140HB。

由上述结果可知,复合时效工艺能有效提高铝合金的硬度。实践证明,金属材料的硬度值与强度值之间具有近似的相应关系,因为硬度值是由起始塑性变形抗力和继续塑性变形抗力决定的[106]。材料的强度越高,塑性变形抗力越高,硬度值也就越高。因此,复合时效工艺有效提高铝合金的力学性能。

6.2.2　微屈服强度测量实验

在金属发生宏观屈服之前,金属就已经发生了微观塑性变形,这种塑性变形称为微屈服变形,一般将微屈服应变范围定义在[$1\times10^{-6}\varepsilon$,$150\times10^{-6}\varepsilon$]区间内。微屈服强度是指试样在卸载后,产生$(1\sim2)\times10^{-6}\varepsilon$ 的残余塑性应变的应力值,是尺寸稳定性的主要表征参数之一。

(1) 测量方法

本书使用文献[107]介绍的方法测量铝合金的微屈服强度。首先加工如图 6.3所示的实验试样,并在试样中部的上下面对称粘贴应变片,再分别与应变仪相连。试样在装卡时调节系统,使之状态归零,再采用加载—卸载循环拉伸法进行测量。具体方法如下：

① 实验时,先给出一个预载荷,调整机器以该载荷为零点,反复循环加载—卸载。过程是先加载 250N,卸载,加空载 250N(空载指在记录仪上不进行记录),调整机器再以该状态为零点,到此一个加载卸载循环结束。如此重复若干次,记录仪

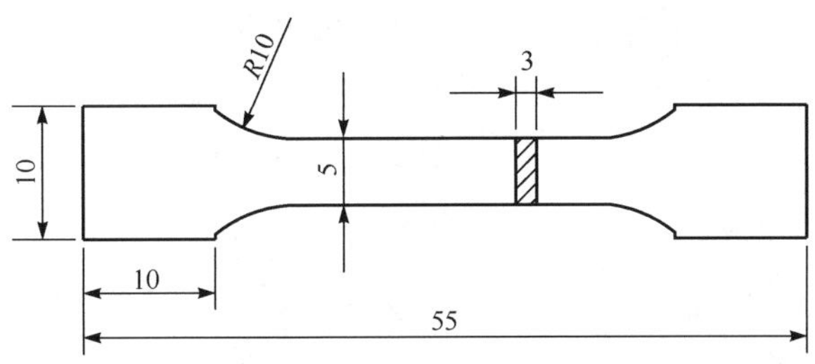

图 6.3　微屈服强度测量试样尺寸(单位:mm)

上会出现载荷—应变回线,如图 6.4 所示。封闭的载荷—应变回线表明试样处于弹性或滞弹性阶段,尚未产生微塑性应变。若回线不再封闭,则意味着试样已发生了微塑性变形,如图 6.4 中的 ε_{p1}、ε_{pn} 所示。由于实验时微塑性的变形非常小,因此实验中需要高精度的应变片和应变仪。

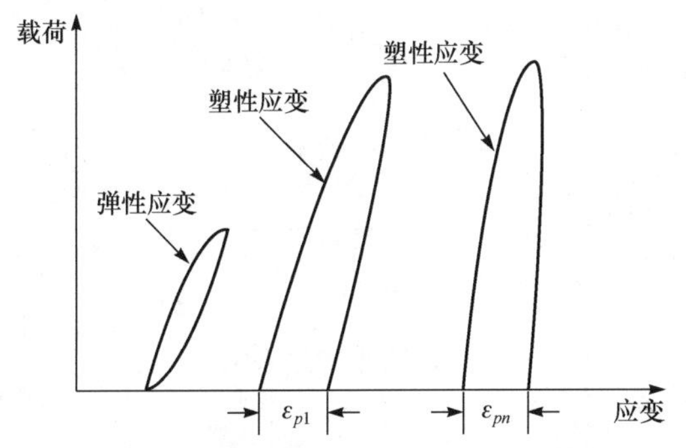

图 6.4　载荷—应变回线示意图

② 实际的加载卸载如图 6.5 所示。循环加载引起的加工硬化及位错运动会影响材料性能,所以循环的次数越少越好。预载荷应该尽可能的高,但预载荷过高,首次加载就可能会出现应变,微屈服强度无法测得。实际实验时,第一个试样应取较低的预载荷,先求出一个微屈服强度(σ),在此基础上,以后试样的预载荷取 $P_0=\sigma\times S$(S 为试样的横截面积)。

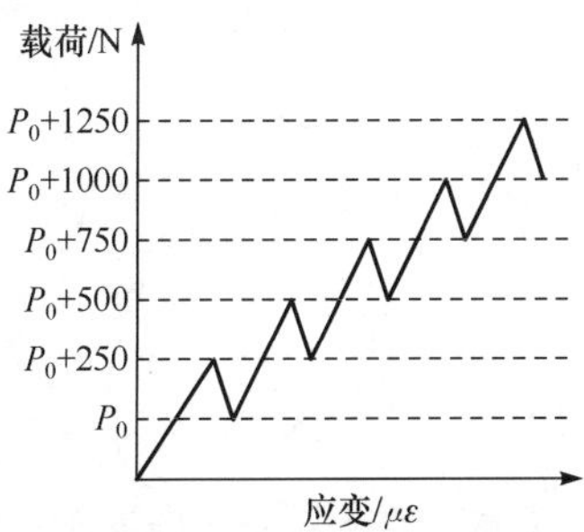

图 6.5　实际加载—卸载示意图

③ 实验结束后，对记录仪记录的应变 ε_p 和载荷 P 分别进行累加，并将载荷换算成应力 σ。其中，ε_p 为前几次微塑性应变量 $\varepsilon_{p1}, \cdots, \varepsilon_{pn}$ 的累加值(式(6.2))。据此，可以绘出试样的流变应力—残余微应变曲线，并计算出一个微应变时的应力值，即微屈服强度

$$\varepsilon_p = \sum_{i=1}^{n} \varepsilon_{pi} \tag{6.2}$$

(2) 实验测量结果

图 6.6 所示为 LY12 合金的微屈服应变图，2024 合金与 LY12 合金类似。

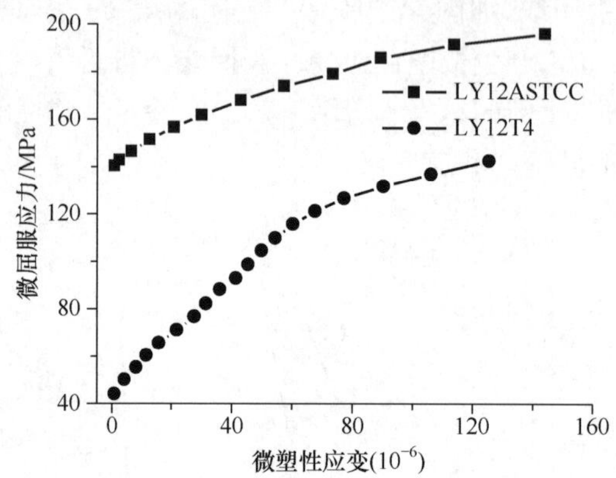

图 6.6　LY12 合金微屈服应力—应变图

微屈服强度结果如下：

2024ASTCC：145MPa。

LY12ASTCC：140MPa。

2024T4：50MPa。

LY12T4：44MPa。

由测量结果可知，ASTCC 工艺明显提高了铝合金的微屈服强度，2024 合金与 LY12 合金的测量值接近。微屈服强度是材料尺寸稳定性的重要指标，ASTCC 工艺提高微屈服强度，表明该工艺可以有效提高铝合金的尺寸稳定性。

6.2.3　超声波测量实验

(1) 测量方法

通过设计超声发射、接收电路，利用焦点深度 16mm、中心频率 2.5MHz 的双晶聚焦直探头对铝合金进行超声检测，通过华凌 PCI-9812 高速 A/D 数据采集卡将采集到的数据直接存储到 PC 机上，采样频率为 10MHz，数据长度 5000。实验中探头与合金表面的耦合剂为水，实验测量原理如图 6.7 所示。

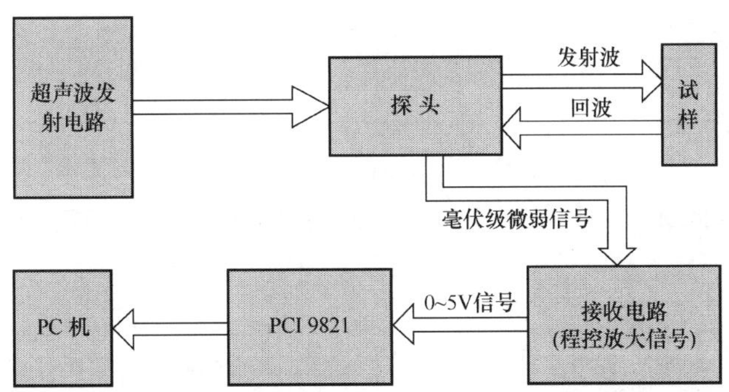

图 6.7　超声波数据测量原理图

(2) 测量结果

超声波测量结果如图 6.8 所示。由图可知，经过 ASTCC 工艺处理的铝合金波形波幅明显比 T4 态小，且一次回波时间长，说明 ASTCC 工艺可以改变铝合金内部结构，促进晶相析出。

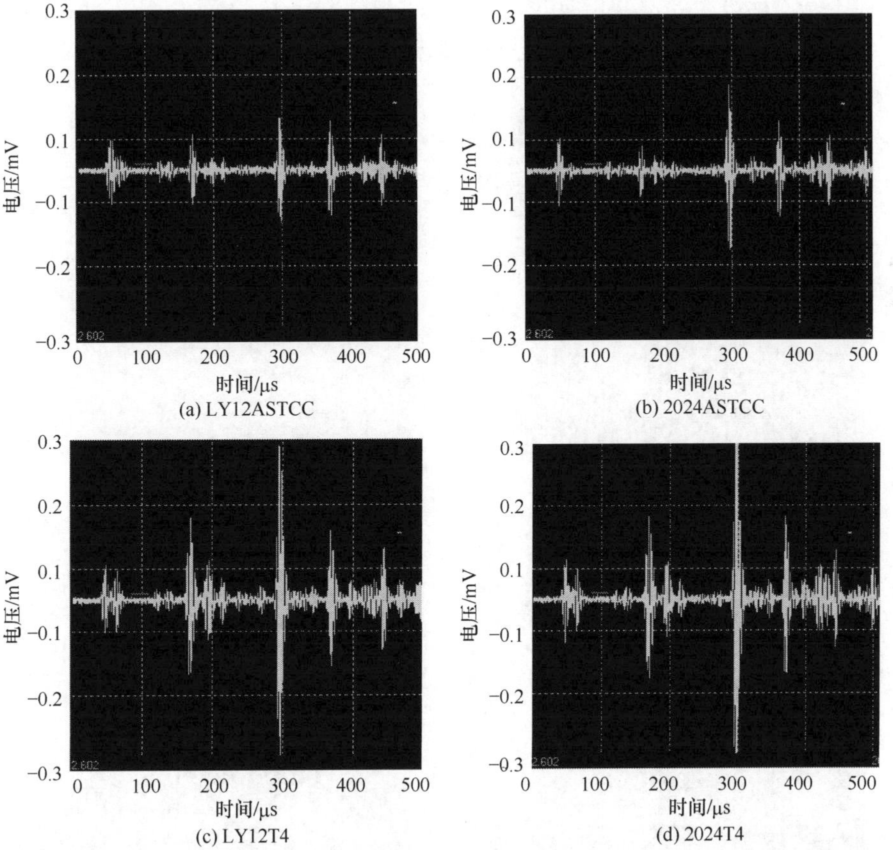

(a) LY12ASTCC

(b) 2024ASTCC

(c) LY12T4

(d) 2024T4

图 6.8　铝合金超声波波形

6.2.4 金相实验

(1) 实验方法

通过取样、镶样、磨制、抛光、浸蚀程序制备金相试样。其中,每个金相试样大小为 15mm×15mm×15mm 的正方体。采用机械抛光和化学浸蚀法,腐蚀液为混合酸(10 毫升 HF、5 毫升 HCl、5 毫升 HNO_3、380 毫升水)。

(2) 实验结果

图 6.9 为铝合金金相实验结果。由图 6.9(a)和图 6.9(b)可知,铝合金晶粒形态呈明显拉长的纤维状,用截割法测定纤维尺寸约为 25mm×2mm。在较宽拉长的晶粒内存在一些小的晶粒,反映 LY12 和 2024 铝合金在热挤压加工过程中,一些取向的小晶粒在晶界迁移过程中正在消失。因此,在热挤压加工过程中大角晶界的迁移和一些晶粒的协调运动同时进行,从而造成了晶粒沿挤压方向拉长。图 6.9(c)和图 6.9(d)显示 ASTCC 处理后的铝合金仍然存在大量的纤维状晶粒,说明 ASTCC 处理不能消除纤维织构,且处理中的动态回复过程已经基本消耗掉了材料中的晶格畸变能,不足以引起再结晶的全面发生。图 6.9(e)和图 6.9(f)说明 ASTCC 处理能促进析出部分晶相,且析出相尺寸较大,有利于材料稳定化性能的提高。

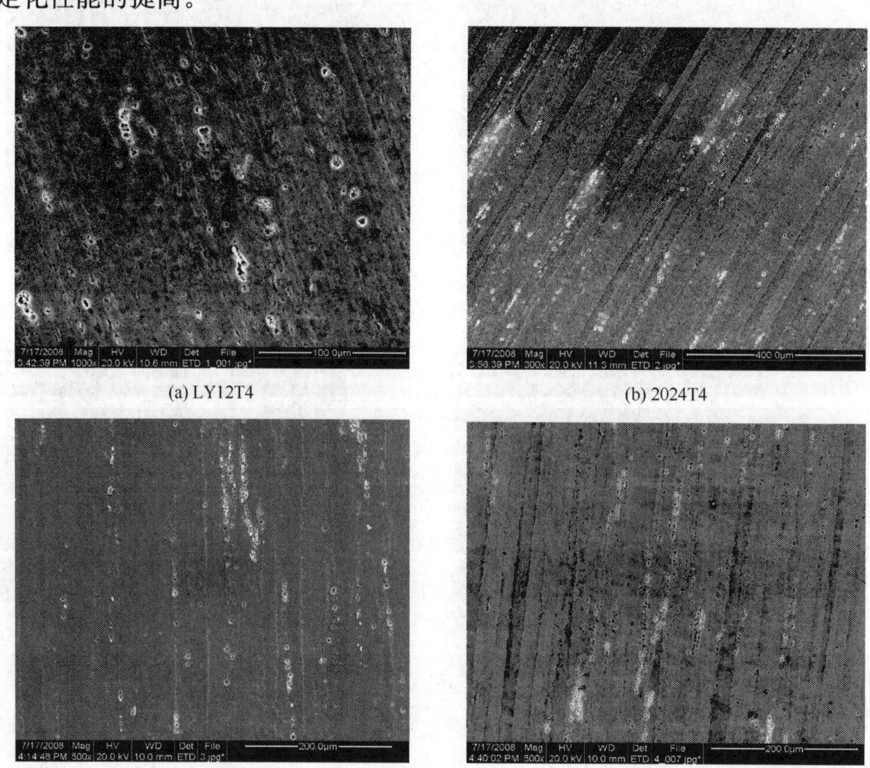

(a) LY12T4 (b) 2024T4

(c) LY12ASTCC (d) 2024ASTCC

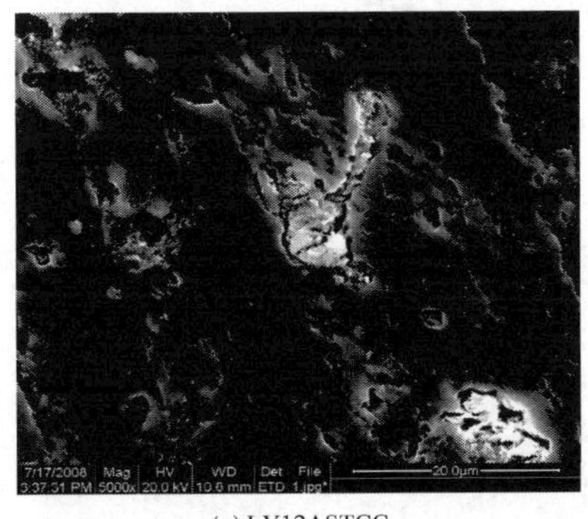

(e) LY12ASTCC

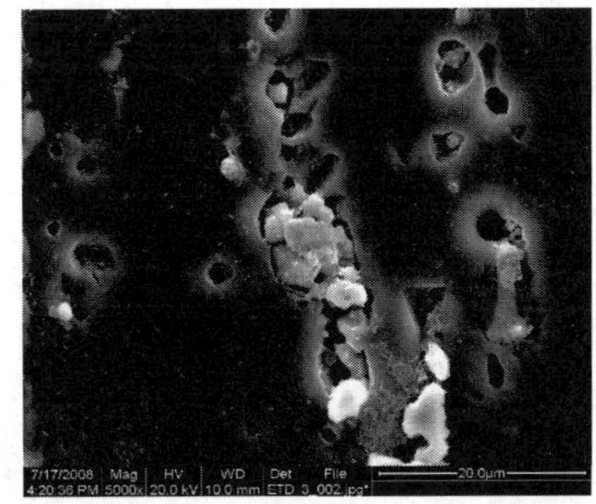

(f) 2024ASTCC

图 6.9　铝合金棒材金相实验结果

6.2.5　切削实验

将铝合金棒状试样加工成锥体试样，如图 6.10(a)所示，其中锥体长度为 45mm，上锥面直径为 21.5mm，下锥面直径为 40.0mm。刀具为高速钢，机床转速为 625r/min，进刀量为 0.12mm/r。使用 X 射线衍射法测量锥面典型点的残余应力值，测量点位置如图 6.10(b)所示。

(a) 加工实物

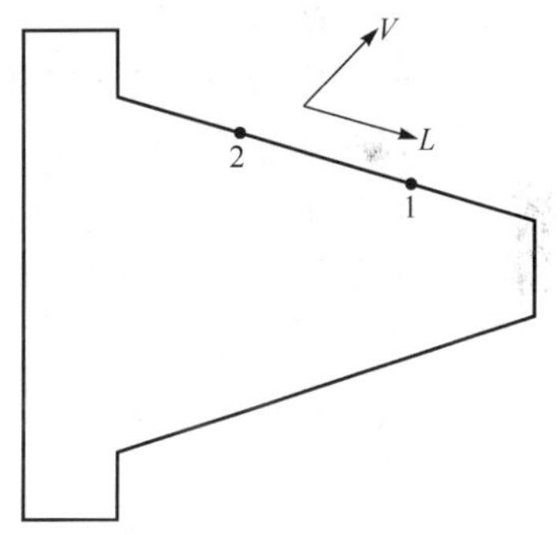

(b) 应力测量点示意图

图 6.10　铝合金锥体试样残余应力测量点
(L—测量点沿锥线方向，V—测量点沿圆周切线方向)

残余应力测量结果如表 6.2 所示。所有试样 V 方向的残余应力无法测出，说明在 V 方向存在大量的织构，即 ASTCC 工艺不能消除织构，与上节金相实验结果一致。所有试样 L 方向上的残余应力为负值，说明试样该点受到压应力。总体上 T4 铝合金比 ASTCC 铝合金的残余应力值小，说明 ASTCC 工艺能强化合金，但同时导致合金强度和切削应力增加，促使加工残余应力增加。2 点 L 方向的残余应力值要小于 1 点位置值，但基本上处于一个数量级，说明残余应力测量值具有较高的可靠性。

表 6.2　残余应力测量结果(单位:MPa)

测量点 \ 试样	2024T4		LY12T4		2024ASTCC		LY12ASTCC	
	L	*V*	*L*	*V*	*L*	*V*	*L*	*V*
1	−67.2	NaN	−210.8	NaN	−287.9	NaN	−350.9	NaN
2	−160.0	NaN	−139.2	NaN	−271.7	NaN	−250.8	NaN

注:NaN 表示该方向残余应力值无法测出。

6.3　复合时效工艺影响铝合金尺寸稳定性机理分析

Brown 和 Lukens 通过假设位错源在材料整个体积内均匀分布和仅在晶粒界面上出现障碍效应,得到微塑性应变 ε_p 与组织因素之间的关系式[108],即

$$\varepsilon_p=\frac{\rho d^3(\sigma-\sigma_0)^2}{2G\sigma_0} \tag{6.3}$$

其中,σ 为产生 ε_p 所需的外加应力,即微屈服应力;σ_0 为位错滑移运动阻力;ρ 为初始位错源的密度;d 为晶粒尺寸;G 为切变模量。

通常将 σ 与 ε_p 之间抛物线关系变成 σ 与 $\varepsilon_p^{1/2}$ 的线性形式,即

$$\sigma=C+K\varepsilon_p^{1/2} \tag{6.4}$$

其中,C 和 K 均为组织敏感参数,K 可认为是微塑性硬化率。

对图 6.6 中的横坐标值取平方根,即可绘制 σ-$\varepsilon_p^{1/2}$ 关系曲线,如图 6.11 所示。从图中可以明显知道,ASTCC 工艺处理的铝合金在整个微塑性应变范围内 σ-$\varepsilon_p^{1/2}$ 符合 Brown-Lukens 定律,而 T4 铝合金的 σ-$\varepsilon_p^{1/2}$ 关系图整体不符合 Brown-Lukens 定律。图中曲线存在两个明显的转折点,整体可分为三个阶段,每个阶段符合 Brown-Lukens 定律。

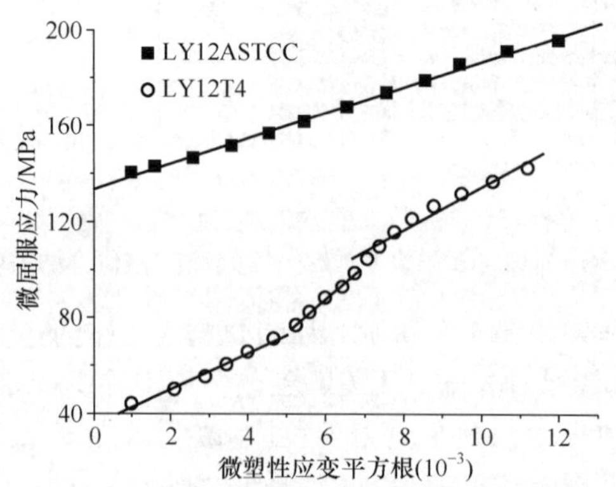

图 6.11　LY12 铝合金微应力—微应变平方根关系图

依据 Marschall 提出的位错耗竭理论,微塑性应变分为三个阶段[109]:

① 原有可动位错源的耗竭阶段。试样在较低的微屈服应力作用下可动位错源被激活，并在处于有利取向的晶粒中滑移。当滑移位错遇到晶界或析出相等障碍时，位错将塞积而停止运动。随外加载荷增加，可动位错源将最终被耗竭并完成第一阶段的微塑性变形过程，并进入微屈服第二阶段。

② 位错盟生和在不利取向晶粒中滑移阶段。由于前一阶段可动位错源的耗竭，微塑性变形只能依靠晶界及第二相等应力集中处，以及处于不利取向的晶粒中滑移系开动。此时开始的位错增殖滑移过程会导致第二阶段进行的相对困难，反映为微塑变硬化率 K 值的提高。

③ 高密度可动位错源产生阶段。随着微屈服应力的继续提高，位错大量增殖，同时塞积群中的位错可以成为源位错而被开动，该阶段的 K 值将会降低。

对 $\sigma\varepsilon_p^{1/2}$ 关系图进行线性拟合求取 K 值（K 值为拟合线的斜率）。T4 铝合金的三个阶段 K 值分别为 7.47、14.17 和 8.92，其值变化符合位错耗竭理论。ASTCC 处理后的铝合金的 K 值为 5.32，远低于 T4 铝合金第二阶段的 K 值，说明 ASTCC 处理后的铝合金在分级时效和冷热循环过程中完成了上述第一阶段和第二阶段，在微应力作用下将直接进入第三阶段，即高密度位错源产生阶段。

分级时效通常要经过低温保温和高温处理。低温保温时过饱和度大，脱溶产物晶核尺寸小且极为弥散，易形成大量脱溶产物核心。高温处理的目的是使合金达到必要的脱溶程度以及得到理想尺寸的脱溶产物，与只进行一次高温处理时效相比，分级时效可使脱溶产物密度更高且分布更均匀。针对 LY12 铝合金，分级时效工艺可形成位错组态和弥散析出的 S′相（Al_2CuMg），并保留少量 GPB2 区，建立 S′相和 GPB2 区共存的组织结构[28,36]。S′相的弥散析出缩短了位错短程滑移运动的距离，提高了可动位错源的耗竭速率。另外，S′相的非均质形核对位错产生了有力的钉扎作用，因此位错的稳定性和位错开动的临界切应力的提高有利于提高微屈服强度。

冷热循环的作用主要是调整残余应力和微观组织。在冷热交替以及保温过程中，位错的运动以及析出相的长大同时进行，两者的相互作用使得位错与不断析出的强化相相互缠结，位错组态不断稳定。分级时效时，LY12 铝合金的主要强化相 S′相与基体处于半共格或共格状态，而且析出相的尺寸较小和弥散，位错难以通过，因此微屈服强度较高[27]。在冷热循环处理温度急剧变化时，不同取向的晶粒之间以及基体与第二相粒子之间发生不均等的热胀冷缩，结果使材料产生微塑性形变，并促使位错耗竭、新位错萌生以及位错的增殖[110]。这种微塑性变形是在微小区域内发生的，是通过耗竭原有的可动位错源而实现，此时材料相当于经受了一定量的预应变。

研究表明，冷热循环以后的铝合金显微组织中，析出相的形态、大小以及分布与分级时效后没有明显的变化，由此可见分级时效过程对沉淀相的分布、数量及大小起着主要作用[28,36]。用优化的分级时效工艺作为冷热循环的预处理，可形成位错组态和弥散析出的 S′相，提高材料微屈服强度。通过冷热循环处理，位错密度会上升，位错缠结加强，位错滑移阻力提高，进一步提高铝合金材料的微屈服强度。

6.4 陀螺框架残余应力分析

采用X射线衍射方法对四种状态的铝合金框架进行残余应力测量,其测量部位和测量方向如图4.6所示。为保证测量的残余应力数值有效性,框架加工采用同批次加工工艺和相同机加工人。由于工序13后的框架表面测量点除3点外,其他点均被涂覆,因此工序13只能测量3点的残余应力。

图6.12和图6.13为四种铝合金框架残余应力随工序变化图。由第4章的研

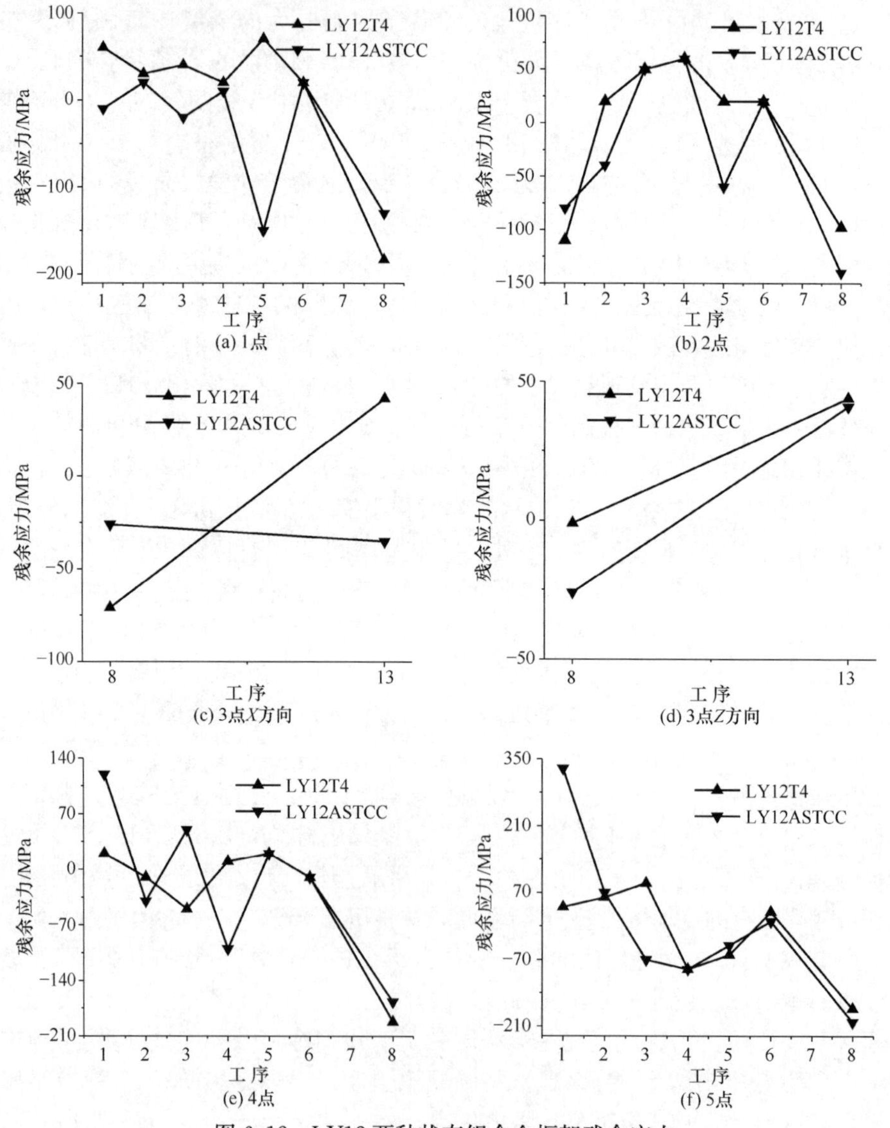

图6.12 LY12两种状态铝合金框架残余应力

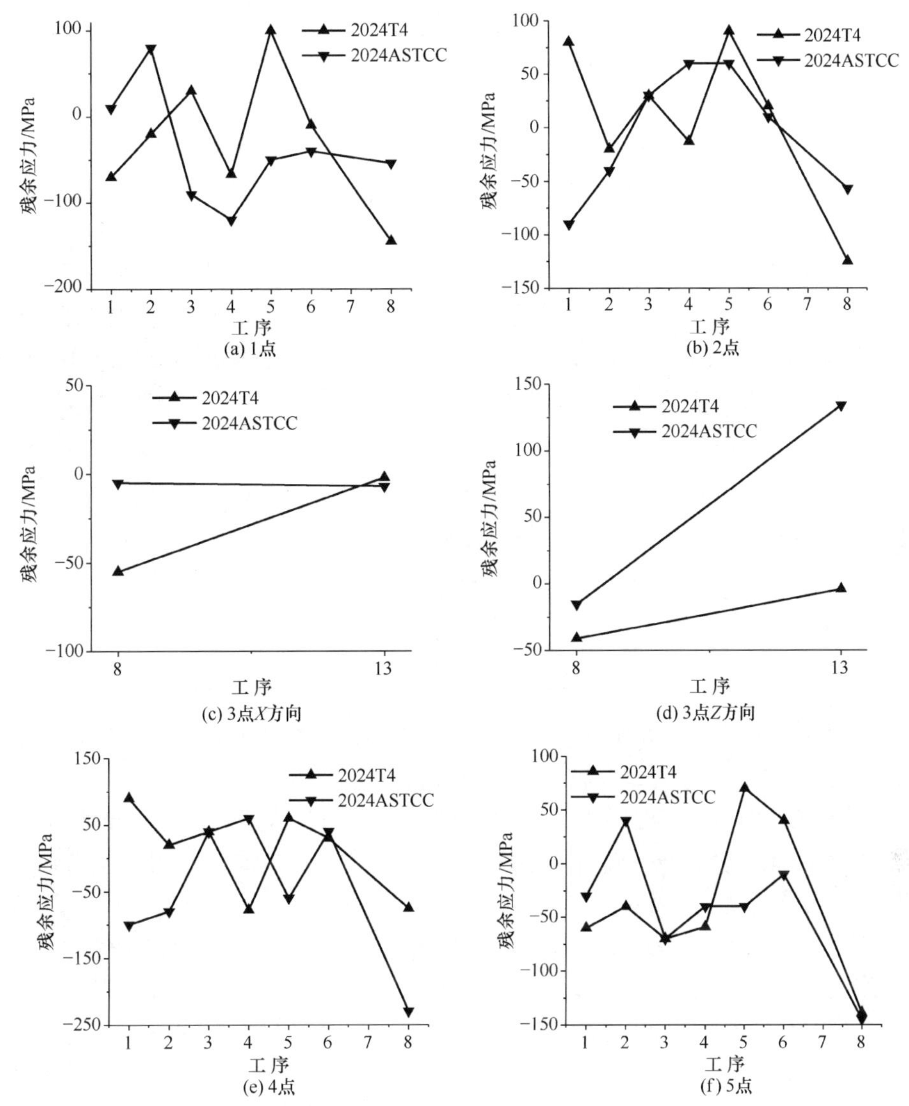

图 6.13　2024 两种状态铝合金框架残余应力测量结果

究可知,原始棒材沿圆周的切线方向由于存在大量的织构导致该方向残余应力无法测出。加工开始后,经过 ASTCC 处理的框架的 1、2、4、5 点 X 方向残余应力能够测出,且拟合后情况相当好。这种情况与 T4 框架类似,说明该四点沿 X 方向的织构在加工过程中被消除。尽管 3 点及附近也进行过加工,但 3 点 X 方向的残余应力值无法测出,原因是 3 点及附近的加工程度远不及 1、2、4、5 点,塑性变形量小。上述结果表明,经过加工过程导致的变形可以一定程度上消除织构,同时也验证了 6.2.4 节 ASTCC 处理不能消除纤维织构的结论。

下面对各主要工序后残余应力分别进行分析。

工序2:ASTCC铝合金框架残余应力要高于T4铝合金框架。

工序3:2024铝合金框架的残余应力分布比LY12均匀。此阶段的残余应力较工序2未有明显降低甚至增加,说明粗加工后的稳定处理降低残余应力效果不明显。对工序2和工序3试样的5号点位置残余应力进行单独比较,如表6.3所示。经过工序3后,T4铝合金框架的残余应力绝对值变小,ASTCC框架的残余应力值变大,结合工序1中残余应力值分析。原因是对棒材试样进行ASTCC处理,该过程在增强合金强度的同时,也大大提高了材料本身的残余应力。又由于材料硬度和屈服强度的提高,使在对陀螺框架进行加工时应力增大,导致最终的残余应力得不到释放。

表6.3　工序2和工序3后框架5点残余应力(单位:MPa)

试 样	工序2	工序3
2024T4	−44.75	−17.42
LY12T4	36.12	20.07
2024ASTCC	44.41	−113.74
LY12ASTCC	−47.53	−108.84

工序4:ASTCC框架残余应力要高于T4框架。各框架试样的残余应力分布不均匀,说明此时工艺对残余应力分布有较大影响。

工序5:2024铝合金框架的残余应力略小于LY12,且残余应力分布均匀。

工序6:此工序的残余应力值迅速下降,说明此时的热处理能明显消除半精加工阶段的残余应力。

工序8:该工序为经过半精加工后的残余应力测量值,整体应力幅值较工序6有明显上升,说明半精加工阶段对残余应力的影响仍然比较大。从整体应力分布分析,2024铝合金框架的应力水平要低于LY12,且应力分布比较均匀。

工序13:由于该工序试样表面经过了涂覆处理,故仅有3、6和7点位置可测量残余应力,其测量值为精加工后的应力值。由表6.4可以判定,此阶段应力值都较小。

通过图6.12和图6.13对不同工序下各点的残余应力进行分析,两种状态的残余应力分布有较大不同。工序2中ASTCC框架残余应力要高于T4。初始的ASTCC框架与T4框架残余应力在加工初期有较大差别,随着加工的深入,其残余应力逐渐接近。经过半精加工的热处理后,残余应力幅值减小。工序7后整体残余应力幅值较工序6有明显上升,说明半精加工阶段对残余应力的影响仍然比较大。

将工序8和工序13的框架在温度为22℃～27℃的环境中放置3个月后,再测量其残余应力,研究残余应力释放对残余应力变化的影响。对工序8和工序13的残余应力测量值进行比较,如表6.4所示。

表 6.4 工序 8 和工序 13 两次测量的残余应力值(单位:MPa)

测量	工序	状态	1	2	3		4	5	6		7	
			X	X	Z	X	X	X	Z	X	Z	X
加工后	8	LY12T4	-183	-98	-1	-71	-192	-173	23	-50	-75	-12
		LY12ASTCC	-130	-140	-3	-26	-167	-201	-65	-100	-62	25
		2024T4	-145	-125	-41	-55	-76	-139	-70	-2	-111	8
		2024ASTCC	-54	-57	-15	-5	-233	-145	-64	-72	-66	-50
	13	LY12T4	NaN	NaN	-40	-79	NaN	NaN	-36	-60	-8	-104
		LY12ASTCC	NaN	NaN	41	-35	NaN	NaN	188	-86	50	-61
		2024T4	NaN	NaN	-39	-107	NaN	NaN	-18	-31	-16	-112
		2024ASTCC	NaN	NaN	-134	-7	NaN	NaN	96	-10	-30	-79
加工后放置 3 个月	8	LY12T4	-89	-101	-47	-7	-72	-152	-114	-25	32	2
		LY12 ASTCC	90	-67	-32	-124	58	-194	-43	-80	-40	-11
		2024T4	-59	-75	-47	-8	-54	63	-99	-26	-42	-93
		2024ASTCC	-53	-179	-58	-83	-218	-74	-36	-119	-23	-6
	13	LY12T4	NaN	NaN	44	42	NaN	NaN	17	-18	-51	-9
		LY12ASTCC	NaN	NaN	87	-37	NaN	NaN	8	-172	44	-51
		2024T4	NaN	NaN	-4	-2	NaN	NaN	-5	90	-82	45
		2024ASTCC	NaN	NaN	-36	-64	NaN	NaN	67	42	-5	-109

注:NaN 表示该方向残余应力值无法测出。

由于陀螺中间部分为主要的加工部位且加工量大,因此实际反映陀螺框架残余应力水平的点主要为 1、2、3、4、5 点,而 6 和 7 点部位的加工量相对较小,其残余应力值只能反映两圆台的加工应力水平。

通过对表 6.4 分析得到,3 个月后框架的残余应力值尽管发生了较大变化,工序 8 后框架仍以压应力为主。从数值上分析,残余应力值并不是简单的随残余应力释放而单纯减小,而是应力值呈现总体居中平衡趋势。由于工序 8 是未经过最后一次高低温循环热处理以降低残余应力,故工序 8 的残余应力值普遍较高。又由于是经历半精加工,故残余应力值分布差异较大,且 ASTCC 框架的残余应力值要略高于 T4 框架。

6.5 陀螺框架尺寸稳定性分析

为研究框架的尺寸稳定性,按图 4.22 所示测量示意图对陀螺框架尺寸进行测量。本节对工序 8 和工序 13 框架的尺寸测量 3 次,测量时间点分别为加工后、放置 3 个月后、放置 12 个月后。为便于进行比较，4.4 节中的 LY12T4 和 2024T4 框架尺寸的测量结果在本节中一并列出。

6.5.1　工序 8 框架尺寸稳定性

表 6.5 为工序 8 框架试样的尺寸值。由表中数据可知，工序 8 作为半精加工工序，留有较多的加工余量，中心孔的同轴度较低。

表 6.5　工序 8 框架试样的尺寸值(单位:mm)

测量	状态	中间部位直径 R	中心孔同轴度	轴向长度尺寸			
				$H1$	$H2$	$H3$	$H4$
加工后	LY12ASTCC	X2.914	0.008	X3.892	X3.910	X3.889	X3.898
	2024ASTCC	X2.864	0.001	X3.887	X3.885	X3.885	X3.893
	LY12T4	X2.916	0.016	X3.855	X3.870	X3.871	X3.860
	2024T4	X2.927	0.004	X3.867	X3.892	X3.884	X3.884
加工后放置 3 个月	LY12ASTCC	X2.914	0.010	X3.888	X3.894	X3.880	X3.890
	2024ASTCC	X2.861	0.002	X3.879	X3.883	X3.880	X3.892
	LY12T4	X2.909	0.026	X3.869	X3.867	X3.865	X3.865
	2024T4	X2.909	0.001	X3.890	X3.882	X3.882	X3.882
加工后放置 12 个月	LY12ASTCC	X2.909	0.026	X3.869	X3.867	X3.865	X3.865
	2024ASTCC	X2.868	0.002	X3.878	X3.888	X3.883	X3.888
	LY12T4	X2.915	0.016	X3.858	X3.859	X3.860	X3.856
	2024T4	X2.922	0.002	X3.875	X3.875	X3.881	X3.885

表 6.6 为工序 8 框架尺寸的变形量。从工序 8 的变形量，可以总结出：工序 8(半精加工)后的残余应力释放导致框架较大的变形。在工序 8 框架变形中，ASTCC 框架轴向长度的距离都变短，说明框架在应力释放过程中，整体有收缩趋势，残余应力分布绕轴向中心线比较对称，而 T4 框架相邻的 180 度或 270 度范围的轴向距离变长，另外的轴向距离缩短，说明残余应力分布绕轴向中心线有相反的趋势。从控制变形的角度来说，对称分布的残余应力更容易控制和消除，即 ASTCC 框架尺寸稳定性优于 T4 框架。

表 6.6　工序 8 框架尺寸变形量(单位:mm)

尺寸	状态	中间部位直径 R	中心孔同轴度	轴向长度尺寸			
				$H1$	$H2$	$H3$	$H4$
3 个月后尺寸变形量(相对初始尺寸)	LY12ASTCC	0	0.002	−0.004	−0.016	−0.009	−0.008
	2024ASTCC	−0.003	0.001	−0.008	−0.002	−0.005	−0.001
	LY12T4	−0.007	0.010	0.014	−0.003	−0.006	0.005
	2024T4	−0.018	−0.003	0.023	−0.010	−0.002	−0.002

续表

尺寸	状态	中间部位直径 R	中心孔同轴度	轴向长度尺寸			
				$H1$	$H2$	$H3$	$H4$
12 个月后尺寸变形量(相对初始尺寸)	LY12ASTCC	−0.005	0.018	−0.023	−0.043	−0.024	−0.033
	2024ASTCC	0.004	0.001	−0.009	0.003	−0.002	−0.005
	LY12T4	−0.001	0	0.003	−0.011	−0.011	−0.004
	2024T4	−0.005	−0.002	0.008	−0.017	−0.003	0.001
12 个月后尺寸变形量(相对3 个月后尺寸)	LY12ASTCC	−0.005	0.016	−0.019	−0.027	−0.015	−0.025
	2024ASTCC	0.007	0	−0.001	0.005	0.003	−0.004
	LY12T4	0.006	−0.010	−0.011	−0.008	−0.005	−0.009
	2024T4	0.013	0.001	−0.015	−0.007	−0.001	0.003

由 6.4 节可知，工序 8 所测量两次残余应力值均为压应力，根据 4.4.1 节对框架 Y 方向应力变形模拟结果可知，Y 方向压应力会产生框架轴向距离变短的趋势。因此，相对原始尺寸，3 个月和 12 个月后框架轴向尺寸变小。同时，又由于 3 个月后框架残余应力幅值相对加工后的小，因此 12 个月压应力释放导致轴向尺寸变短的幅度相对 3 个月要小得多。本节对框架尺寸的测量结果验证了 4.4.1 节的结论。

6.5.2　工序 13 框架尺寸稳定性

工序 13 是框架加工的最终工序，工序 13 后框架尺寸的变形量直接反映陀螺框架的尺寸稳定性。为保证数据的正确性和可靠性，对工序 13 每种状态的框架加工 3 件，以保证数据的客观性。表 6.7～表 6.9 为工序 13 框架的尺寸值，表 6.10～表 6.12为框架的变形量。

表 6.7　工序 13 框架的尺寸值(单位：mm)

状态	试样编号	中间部位直径 R	中心孔同轴度	轴向长度尺寸			
				$H1$	$H2$	$H3$	$H4$
2024ASTCC	1307	X2.617	0.001	X3.542	X3.539	X3.538	X3.539
	1308	X2.617	<0.001	X3.547	X3.545	X3.544	X3.547
	1309	X2.602	<0.001	X3.545	X3.547	X3.547	X3.548
LY12ASTCC	1313	X2.617	<0.001	X3.544	X3.547	X3.544	X3.544
	1315	X2.615	<0.001	X3.545	X3.547	X3.544	X3.544
	1316	X2.614	<0.001	X3.546	X3.544	X3.545	X3.545

续表

状态	试样编号	中间部位直径 R	中心孔同轴度	轴向长度尺寸			
				$H1$	$H2$	$H3$	$H4$
LY12T4	1317	X2.614	0.001	X3.544	X3.548	X3.547	X3.543
	1320	X2.619	0.001	X3.536	X3.534	X3.537	X3.541
	1321	X2.614	0.001	X3.545	X3.545	X3.541	X3.543
2024T4	1322	X2.627	<0.001	X3.546	X3.549	X3.549	X3.549
	1323	X2.619	0.001	X3.548	X3.548	X3.548	X3.548
	1326	X2.615	<0.001	X3.546	X3.548	X3.544	X3.543

表 6.8　工序 13 框架放置 3 个月的尺寸值(单位:mm)

状态	试样编号	中间部位直径 R	中心孔同轴度	轴向长度尺寸			
				$H1$	$H2$	$H3$	$H4$
2024ASTCC	1307	X2.618	<0.001	X3.542	X3.541	X3.538	X3.54
	1308	X2.616	<0.001	X3.545	X3.547	X3.545	X3.545
	1309	X2.600	<0.001	X3.543	X3.545	X3.543	X3.543
LY12ASTCC	1313	X2.616	0.001	X3.540	X3.543	X3.540	X3.540
	1315	X2.617	<0.001	X3.544	X3.547	X3.544	X3.546
	1316	X2.614	<0.001	X3.541	X3.542	X3.541	X3.540
LY12T4	1317	X2.617	0.001	X3.544	X3.548	X3.548	X3.543
	1320	X2.616	0.001	X3.533	X3.531	X3.544	X3.539
	1321	X2.616	0.001	X3.542	X3.544	X3.539	X3.540
2024T4	1322	X2.627	0.001	X3.545	X3.549	X3.545	X3.546
	1323	X2.614	0.001	X3.544	X3.547	X3.546	X3.546
	1326	X2.615	<0.001	X3.540	X3.544	X3.540	X3.541

表 6.9　工序 13 框架放置 12 个月的尺寸值(单位:mm)

状态	试样编号	中间部位直径 R	中心孔同轴度	轴向长度尺寸			
				$H1$	$H2$	$H3$	$H4$
2024ASTCC	1307	X2.616	0.001	X3.543	X3.544	X3.542	X3.541
	1308	X2.614	0.001	X3.547	X3.549	X3.548	X3.548
	1309	X2.602	0.001	X3.546	X3.549	X3.546	X3.547
LY12ASTCC	1313	X2.617	0.001	X3.543	X3.546	X3.543	X3.543
	1315	X2.616	0.001	X3.548	X3.551	X3.548	X3.549
	1316	X2.615	0.001	X3.545	X3.546	X3.550	X3.547

续表

状态	试样编号	中间部位直径 R	中心孔同轴度	轴向长度尺寸			
				$H1$	$H2$	$H3$	$H4$
LY12T4	1317	X2.616	0.001	X3.548	X3.548	X3.547	X3.547
	1320	X2.617	0.001	X3.540	X3.534	X3.538	X3.545
	1321	X2.616	0.001	X3.544	X3.547	X3.544	X3.550
2024T4	1322	X2.626	0.001	X3.550	X3.552	X3.550	X3.552
	1323	X2.615	0.002	X3.547	X3.550	X3.546	X3.547
	1326	X2.617	0.001	X3.547	X3.547	X3.546	X3.546

表 6.10　工序 13 框架放置 3 个月的变形量(单位:mm)

状态	试样编号	中间部位直径 R	轴向长度尺寸			
			$H1$	$H2$	$H3$	$H4$
2024ASTCC	1307	0.001	0	0.002	0	0.001
	1308	−0.001	−0.002	0.002	0.001	−0.002
	1309	−0.002	−0.002	−0.002	−0.004	−0.005
LY12ASTCC	1313	−0.001	−0.004	−0.004	−0.004	−0.004
	1315	0.002	−0.001	0	0	0.002
	1316	0	−0.005	−0.002	−0.004	−0.005
LY12T4	1317	0.003	0	0	0.001	0
	1320	−0.003	−0.003	−0.003	0.007	−0.002
	1321	0.002	−0.003	−0.001	−0.002	−0.003
2024T4	1322	0	−0.001	0	−0.004	−0.003
	1323	−0.005	−0.004	−0.001	−0.002	−0.002
	1326	0	−0.006	−0.004	−0.004	−0.002

表 6.11　工序 13 框架放置 12 个月的变形量(单位:mm)

状态	试样编号	中间部位直径 R	轴向长度尺寸			
			$H1$	$H2$	$H3$	$H4$
2024ASTCC	1307	−0.001	0.001	0.005	0.004	0.002
	1308	−0.003	0	0.004	0.004	0.001
	1309	0	0.001	0.002	−0.001	−0.001
LY12ASTCC	1313	0	−0.001	−0.001	−0.001	−0.001
	1315	0.001	0.003	0.004	0.004	0.005
	1316	0.001	−0.001	0.002	0.005	0.002

续表

状态	试样编号	中间部位直径 R	轴向长度尺寸			
			$H1$	$H2$	$H3$	$H4$
LY12T4	1317	0.002	0.004	0	0	0.004
	1320	−0.002	0.004	0	0.001	0.004
	1321	0.002	−0.001	0.002	0.003	0.007
2024T4	1322	−0.001	0.004	0.003	0.001	0.003
	1323	−0.004	−0.001	0.002	−0.002	−0.001
	1326	0.002	0.001	−0.001	0.002	0.003

表 6.12　工序 13 框架放置 12 个月相对于放置 3 个月的变形量(单位:mm)

状态	试样编号	中间部位直径 R	轴向长度尺寸			
			$H1$	$H2$	$H3$	$H4$
2024ASTCC	1307	−0.002	0.001	0.003	0.004	0.001
	1308	−0.002	0.002	0.002	0.003	0.003
	1309	0.002	0.003	0.004	0.003	0.004
LY12ASTCC	1313	0.001	0.003	0.003	0.003	0.003
	1315	−0.001	0.004	0.004	0.004	0.003
	1316	0.001	0.004	0.004	0.009	0.007
LY12T4	1317	−0.001	0.004	0	−0.001	0.004
	1320	0.001	0.007	0.003	−0.006	0.006
	1321	0	0.002	0.003	0.005	0.010
2024T4	1322	−0.001	0.005	0.003	0.005	0.006
	1323	0.001	0.003	0.003	0	0.001
	1326	0.002	0.007	0.003	0.006	0.005

从框架整体轴向变形趋势分析,2024ASTCC 和 2024T4 以整体收缩为主,而 LY12ASTCC 和 LY12T4 则同时出现了局部收缩和伸长,说明 2024ASTCC 和 2024T4 框架残余应力分布总体较 LY12ASTCC 和 LY12T4 均匀,更有利于以后的变形控制。由 6.4 节可知,工序 13 两次测量第 3 点的残余应力值主要为压应力,又因为相对原始尺寸,3 个月后框架轴向尺寸变小,与工序 8 变形情况类似,因此框架整体以受压应力为主。

由尺寸数据可知,所有试样的同轴度误差小于 0.003mm,均达到加工要求。从变形数值大小的角度来分析,所有试样的同轴度基本没有发生变化。其中,LY12T4 的同轴度误差相对最大。同轴度抗变形能力排序为 2024ASTCC>

LY12ASTCC＞2024T4＞LY12T4。

相对于框架初始尺寸，放置3个月后的框架轴向长度出现了收缩和伸长，12个月后的框架轴向长度以变长为主。相对于放置3个月的框架尺寸，12个月后的框架轴向长度也以变长为主。

3个月后尺寸变形量（相对初始尺寸，单位mm，以下同）中，LY12ASTCC、2024ASTCC、2024T4和LY12T4框架的中间部位直径的差值分别为0.003、0.003、0.005和0.005，绝对值均值为0.00100、0.00133、0.00167和0.00267，轴向长度的差值分别为0.007、0.007、0.006和0.100，绝对值均值为0.00290、0.00192、0.00270和0.00208。

12个月后尺寸变形量（相对初始尺寸）中，LY12ASTCC、2024ASTCC、2024T4和LY12T4框架的中间部位直径的差值分别为0.001、0.003、0.006和0.004，绝对值均值为0.00067、0.00133、0.00233和0.00200。轴向长度的差值分别为0.006、0.006、0.006和0.007，绝对值均值为0.00250、0.00217、0.00200和0.00250。

12个月后尺寸变形量（相对3个月后尺寸）中，LY12ASTCC、2024ASTCC、2024T4和LY12T4框架的中间部位直径的差值分别为0.001、0.004、0.002和0.002，绝对值均值为0.00133、0.00200、0.00300和0.00067。轴向长度的差值分别为0.006、0.003、0.007和0.016，绝对值均值为0.00430、0.00275、0.00390和0.00425。

分析比较可知，陀螺框架放置12个月后的变形大于放置3个月后的变形，ASTCC处理铝合金制作的陀螺框架的变形数据明显小于T4铝合金，说明对原始铝合金进行复合时效处理能有效提高陀螺框架的尺寸稳定性和抗变形能力。

因此，中部直径抗变形能力为2024ASTCC＞LY12ASTCC＞LY12T4＞2024T4。轴向位置抗变形排序为2024ASTCC＞LY12ASTCC＞2024T4＞LY12T4。综合比较，总体抗变形能力为2024ASTCC＞LY12ASTCC＞2024T4＞LY12T4。

6.6　本章小结

本章从提高铝合金尺寸稳定性角度来研究加工工艺对陀螺框架抗变形能力的影响。首先，应用分级时效冷热循环复合工艺对两种铝合金进行强化处理，使工艺处理后的铝合金微塑性变形行为直接为高密度可动位错源产生阶段，以提高铝合金的尺寸稳定性。其次，应用处理后的铝合金进行陀螺框架加工，实验测量加工残余应力和框架尺寸，对比分析框架的抗变形能力。结果表明，复合工艺对框架最终残余应力影响较小，但能有效提高铝合金框架的尺寸稳定性。

第 7 章 直梁陀螺框架加工工艺优化

7.1 引　　言

本书第 5 章对陀螺框架的加工工艺进行仿真研究，并得到优化工艺参数。本章将应用第 5 章的结论对直梁框架进行加工工艺优化。为对比本书中的各种优化工艺，同时应用第 6 章的复合时效优化工艺进行同批次框架加工。

基于前几章研究结论，进口 2024 铝合金加工框架尺寸稳定性要略优于国产 LY12 铝合金，本章框架加工只使用进口 2024 铝合金。直梁框架也由铝合金棒材加工而成，其加工过程如图 7.1 所示。在框架整个加工过程中，两个关键部位的加工至关重要。

(1) 框架内腔

框架内腔的切削量较多，加工步骤复杂，涉及棒材中间多余料的去除和内腔的铣削，如图 7.1(d)、图 7.1(e)、图 7.1(f)所示，其加工质量直接决定框架整体的变形。框架内腔的切削量最多，中间多余料的去除过程会产生较大的残余应力，该部分残余应力会作为初始残余应力在内腔的铣削过程中不断释放，并与铣削产生的残余应力相互作用，导致框架在加工过程中不断产生变形，非常不利于框架的下一步加工。

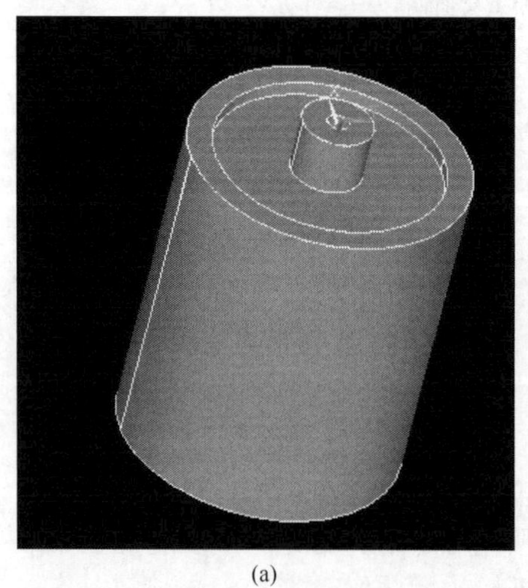

(a)

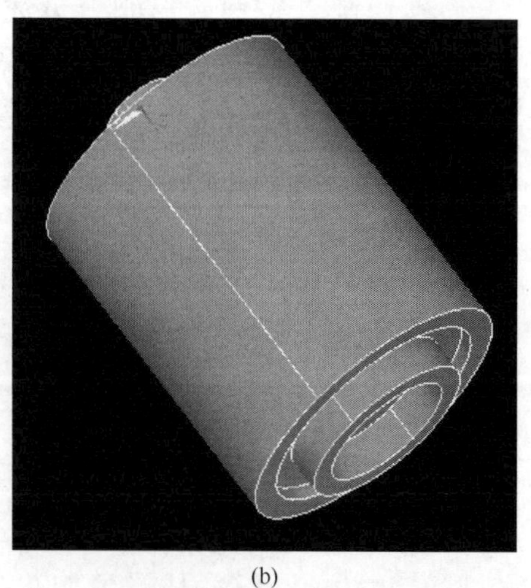

(b)

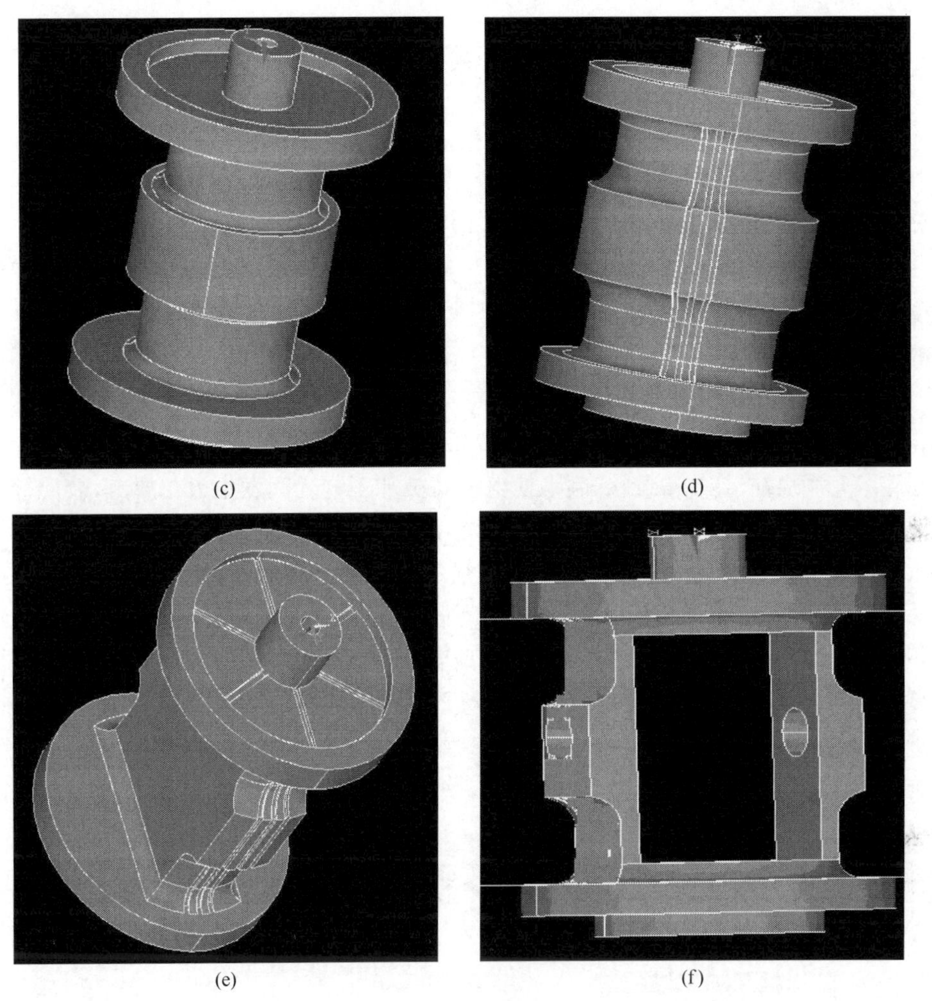

图 7.1　直梁陀螺框架加工过程简图

(2) 横梁上的中心孔

中心孔的同轴度要求非常严格，要求工艺合理、机床精度高及加工工人水平高。尽管该处的切削量较小，但涉及钻削、镗削等工艺，且加工部位位于薄壁处，加工难度较大。通过 5.3 节和 5.4 节的仿真分析，框架在切削过程中会产生较大的残余应力，同时切削中也会导致横梁产生较大变形，给框架后续工序的加工带来不便。

为提高直梁框架的加工质量，本节从减小框架中间部位加工残余应力和横梁变形的角度提出改进的加工方案，使用线切割工艺减小框架粗加工过程中的切削应力。同时，根据 5.4 节钻削模拟结果，通过固定模具约束横梁以及提高钻头转速减少变形和加工应力。

7.2 线切割工艺及优化

电火花线切割(wire cut electrical discharge machining,WEDM),又称为线切割。线切割是在电火花穿孔成形加工的基础上发展起来的,采用连续移动的细金属丝(如钨丝、黄铜线或钼丝等)作工具电极与工件间产生电蚀而进行切割加工。线切割具有生产周期短,易于加工微细异形孔和窄缝以及复杂形状的工件,加工精度较高,自动化程度高等优点,广泛用于加工硬质、淬火钢模具零件和除盲孔以外的其他难加工的金属零件[111]。

线切割放电加工的基本原理是以电极丝作为工具电极,在铜线与铜、钢或超硬合金等能导电的材料之间施加 60V～300V 的脉冲电压,并保持 5μm～50μm 间隙。间隙中充满煤油、纯水等绝缘介质,使电极与被加工物之间发生火花放电,彼此被消耗、腐蚀,在工件表面上电蚀出无数的小坑,通过对数字控制的监测和控制伺服机构执行,使这种放电现象均匀一致,从而使加工物达到产品要求的尺寸及精度。

线切割按其走丝速度可分为高速(快)走丝和慢走丝线切割两种。高速走丝线切割有助于工作液进入窄小的加工区,改善排屑条件,从而有利于切割速度的提高。同时,电极丝的往返运动可使电极丝重复使用降低生产成本,但高速走丝存在机床和电极丝振动较剧烈,导丝导轮损耗大的缺点,给提高加工精度带来较大的困难。而慢走丝切割后电极丝不再使用,工作平稳、均匀、抖动小、加工精度高且表面粗糙度低[112]。

线切割相对于普通的切削加工,不需要硬切削,因此在加工过程中工件受到的机加应力相对较小,有利于框架尺寸的稳定。

7.2.1 陀螺框架加工过程

直梁陀螺框架的尺寸如图 7.2 所示。加工后的框架实物如图 7.3 所示。加工工艺步骤如下(尺寸单位均为 mm):

工序 1:夹直径 45×8,钻中心孔直径 3,车外径直径 39,直径 10,直径 32。车 60 度顶尖,顶两端中心孔。车外径直径 38.5。夹直径 10,车直径 33.5,直径 27.5,四处 R4。

工序 2:划线:划走线槽。钻床:钻走线孔。铣床:铣走线槽。

工序 3:热处理:90℃～110℃,12 小时～14 小时,空冷,常温放置 5 小时(确保最高温度不超过 110℃)。

工序 4:铣:铣 a 面、b 面,保证 12,四处 R4。划线:划 9×4 槽。

工序 5:铣:铣内腔 21,36,4 处 R4。

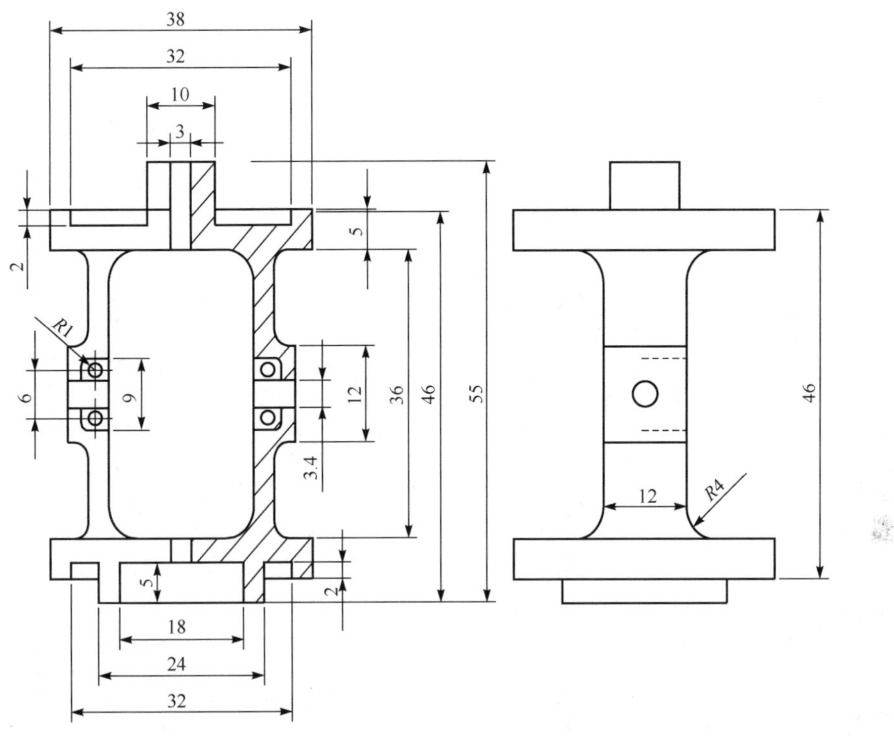

图 7.2　直梁陀螺框架尺寸(单位:mm)

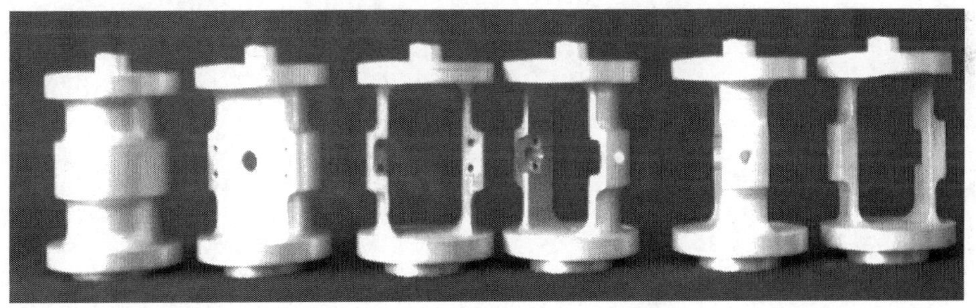

图 7.3　陀螺框架加工试样

工序 6:钻:钻 a 面中心孔,直径 13 钻 4-M2 孔。钳工:攻丝 4-M2。钻:用钻模钻直径 3.4,转速 900r/min。铣:铣 9×4,槽深 6。

工序 7:冷热循环热处理:共冷热循环 3 次,每次循环为:先低温－70℃～－50℃,1 小时～2 小时,后高温 90℃～110℃(确保最高温度不超过 110℃),1 小时～2 小时。其中,框架低温处理取出后,要待形成的霜溶解后再放入加热设备中加热。每次循环之间间隔 12 个小时,即加热保温结束后在室温中冷却 12 小时。

工序 8:车:用鸡心夹顶中心孔,车直径 39,直径 33,直径 27,保证四处 R4。

工序 9:检测:检测指定部位尺寸,尺寸测量部位如图 7.4 所示。

工序 10:热处理:90℃～110℃,6 小时～8 小时,空冷,常温放置 5 小时(确保最高温度不超过 110℃)。

工序 11:测量框架尺寸,精加工进行修正。

工序 12:表面处理:进行表面阳极化处理。

工序 13:检测指定部位尺寸。尺寸测量部位如图 7.4 所示。

工序 14:放置 3 个月检测一次。

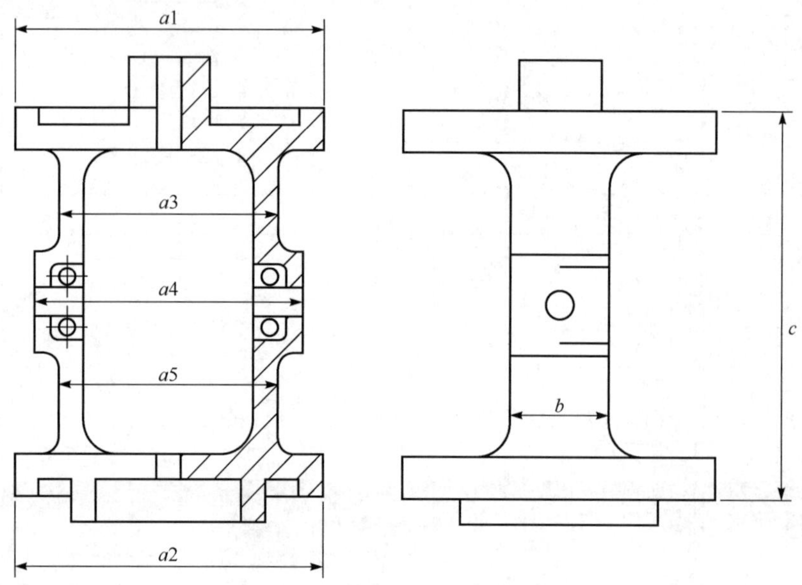

图 7.4　尺寸检测部位及标注

7.2.2　工艺优化

由于线切割工艺后会在框架工件材料表面产生变质层,该变质层中金相组织和元素含量的变化,使工件表面的显微硬度明显下降,且变质层一般存在拉应力,会出现显微裂纹。因此,线切割加工时要留下一定的余量,以便切削或磨削变质层。

使用慢走丝线切割工艺完成如图 7.1(d)～图 7.1(e)所示的加工过程,即在 7.2.1 节工序 4 中使用线切割,并使用切削工艺去除变质层,其他工艺与 7.2.1 节相同。使用包锌电极丝,直径为 0.05mm,工作液为去离子水,同时控制电极丝的张紧力不要太紧。

按图 7.4 测量陀螺框架加工后的尺寸和放置 3 个月后的尺寸，测量结果如表 7.1和表 7.2 所示。由表中数据分析可知，使用线切割工艺加工的试样在放置 3 个月后的变形要小于原始工艺，说明线切割工艺能有效减小加工残余应力对后续变形的影响，提高框架尺寸稳定性。

表 7.1　加工工艺优化后陀螺框架试样尺寸测量值(单位:mm)

试样	试样编号	测量	尺寸测量						
			$a1$	$a2$	$a3$	$a4$	$a5$	b	c
2024T4	1	加工后	38.002	38.009	27.004	33.001	27.001	12.009	46.002
		放置 3 个月	38.008	38.003	27.002	33.005	27.003	12.004	46.005
	2	加工后	38.006	38.001	26.993	33.014	27.002	11.995	45.998
		放置 3 个月	38.001	38.004	26.997	33.007	27.005	11.998	45.995
	3	加工后	37.997	37.996	26.998	32.990	26.998	12.000	45.997
		放置 3 个月	37.999	37.993	27.001	32.994	26.998	11.993	46.001
2024 线切割优化	4	加工后	38.006	38.003	27.002	33.005	27.003	12.003	46.005
		放置 3 个月	38.008	38.006	27.003	33.005	27.003	12.005	46.006
	5	加工后	38.008	38.007	26.991	33.002	27.005	11.996	45.998
		放置 3 个月	38.011	38.009	26.992	33.001	27.009	11.998	45.999
	6	加工后	37.996	37.640	26.990	32.993	26.996	12.000	45.993
		放置 3 个月	37.997	37.640	26.994	32.997	26.999	11.995	45.996
2024T4 使用内芯模	7	加工后	38.003	37.998	27.000	32.996	27.001	11.998	45.997
		放置 3 个月	38.004	38.000	27.003	32.998	27.003	12.000	45.999
	8	加工后	38.006	37.997	27.002	32.990	26.998	11.995	45.999
		放置 3 个月	38.007	37.998	26.999	32.993	26.997	11.992	46.000
	9	加工后	37.996	37.990	27.001	32.994	26.999	11.998	45.998
		放置 3 个月	37.995	37.987	26.999	32.994	27.002	12.001	45.994
2024T4 提高钻削转速和使用内芯模	10	加工后	38.001	38.008	26.997	32.995	27.003	11.996	45.998
		放置 3 个月	38.001	38.010	26.997	32.996	27.005	11.996	45.999
	11	加工后	37.996	37.997	27.003	32.997	26.994	11.994	45.999
		放置 3 个月	37.997	37.998	27.005	32.998	26.997	11.993	46.000
	12	加工后	38.006	37.990	27.001	32.996	26.998	11.999	45.998
		放置 3 个月	38.004	37.991	26.999	32.994	26.999	12.000	45.996

表 7.2 加工工艺优化后陀螺框架尺寸变形量(单位:mm)

试样	试样编号	尺寸测量						
		*a*1	*a*2	*a*3	*a*4	*a*5	*b*	*c*
2024T4	1	0.006	−0.006	−0.002	0.004	0.002	−0.005	0.003
	2	−0.005	0.003	0.004	−0.007	0.003	0.003	−0.003
	3	0.002	−0.003	0.003	0.004	0	−0.007	0.004
	3 试样绝对值平均值	0.013/3	0.012/3	0.009/3	0.015/3	0.005/3	0.015/3	0.010/3
2024 线切割优化	4	0.002	0.003	0.001	0	0	0.002	0.001
	5	0.003	0.002	0.001	−0.001	0.004	0.002	0.001
	6	0.001	0	0.004	0.004	0.003	−0.005	0.003
	3 试样绝对值平均值	0.006/3	0.005/3	0.006/3	0.005/3	0.007/3	0.009/3	0.005/3
2024T4 使用内芯模	7	0.001	0.002	0.003	0.002	0.002	0.002	0.002
	8	0.001	0.001	−0.003	0.003	−0.001	−0.003	0.001
	9	−0.001	−0.003	−0.002	0	0.003	0.003	−0.004
	3 试样绝对值平均值	0.003/3	0.006/3	0.008/3	0.005/3	0.006/3	0.008/3	0.007/3
2024T4 提高钻削转速 和使用内芯模	10	0	0.002	0	0.001	0.002	0	0.001
	11	0.001	0.001	0.002	0.001	0.003	−0.001	0.001
	12	−0.002	0.001	−0.002	−0.002	0.001	0.001	−0.002
	3 试样绝对值平均值	0.003/3	0.004/3	0.004/3	0.004/3	0.006/3	0.002/3	0.004/3

7.3 钻削工艺优化

由 5.4 节对陀螺框架中心孔钻削过程模拟可知,钻削过程中的切削力很大,在横梁中心孔及附近会产生较大的残余应力和塑性应变,易导致框架变形,而通过改变钻削工艺和工件的约束方式能减小框架的变形。基于此,本节通过改变钻削工艺条件和使用内芯模约束横梁来优化框架的加工工艺,提高框架的尺寸稳定性。

在上节的工序 6 对框架横梁中心孔进行钻削前,使用长方体的内芯模固定框架内腔。内芯模的尺寸与框架内腔的尺寸完全相同,对横梁中心孔钻削时可起到固定约束作用。同时,将钻削的转速从 900r/min 提高到 1500r/min。工艺改进后框架尺寸及变形量测量值如表 7.1 和表 7.2 所示。

由表 7.2 可知,同时提高钻削转速和使用内芯模能有效提高框架尺寸的稳定性,其效果优于单独使用内芯模。在加工过程中使用内芯模,能较好地约束陀螺框架内腔,利于陀螺中心孔的加工,减小了框架的变形。

7.4　各优化工艺效果比较

为比较所研究的各优化工艺效果，本节也使用第 6 章的复合时效工艺处理过的铝合金进行直梁陀螺框架加工，加工后的尺寸及变形量如表 7.3 和表 7.4 所示。

表 7.3　复合时效工艺优化后陀螺框架试样尺寸测量值(单位:mm)

时效工艺	试样编号	测量	尺寸测量						
			*a*1	*a*2	*a*3	*a*4	*a*5	*b*	*c*
2024 分级时效冷热循环	13	加工后	38.003	38.007	27.002	32.996	27.001	12.003	45.996
		放置 3 个月	38.004	38.008	27.003	32.997	27.002	12.003	45.997
	14	加工后	37.998	37.997	27.005	33.002	26.998	11.999	46.000
		放置 3 个月	37.996	37.998	27.005	33.001	26.996	11.998	46.001
	15	加工后	38.005	37.996	27.000	32.995	26.999	12.001	45.999
		放置 3 个月	38.006	37.996	26.999	32.995	26.999	12.000	45.999

表 7.4　复合时效工艺优化后陀螺框架尺寸变形量(单位:mm)

时效工艺	试样编号	尺寸测量						
		*a*1	*a*2	*a*3	*a*4	*a*5	*b*	*c*
2024 分级时效冷热循环	13	0.001	0.001	0.001	0.001	0.001	0	0.001
	14	−0.002	0.001	0	−0.001	−0.002	−0.001	0.001
	15	0.001	0	−0.001	0	0	−0.001	0
	3 试样绝对值平均值	0.004/3	0.002/3	0.002/3	0.002/3	0.003/3	0.002/3	0.002/3

综合比较表 7.2 和表 7.4 中各优化工艺框架的变形量，可以得到各优化工艺均能有效减小框架的后续变形。其中，分级时效冷热循环效果最好，但分级时效冷热循环和同时提高钻削转速与使用内芯模两种方法效果比较接近，且均好于只使用线切割和单独使用内芯模。对各种优化工艺进行综合评价，具体结果如表 7.5 所示。

表 7.5　各优化工艺特点比较

优化工艺	技术实现复杂程度	尺寸稳定性效果	成本	成果应用范围
分级时效冷热循环	复杂，工艺要求高	好	高	对铝合金时效，应用广泛
同时提高钻削转速和使用内芯模	较复杂，内芯模制造精度要求高	好	较高	针对不同形状的精密件加工要求重新设计

续表

优化工艺	技术实现复杂程度	尺寸稳定性效果	成本	成果应用范围
使用内芯模	较复杂，内芯模制造精度要求高	较好	较高	针对不同形状的精密件加工要求重新设计
线切割	一般	较好	较高	应用广泛

7.5 本章小结

本章对直梁陀螺框架加工工艺进行了优化，分别采用线切割、内芯模固定约束、提高转速三种方法。为比较各优化工艺效果，本章同时使用第 6 章复合时效工艺进行同批次框架加工。框架尺寸测量实验结果表明，上述方法均能有效提高框架的尺寸稳定性，减小框架后续变形。对比表明，分级时效冷热循环效果最好，但分级时效冷热循环、同时提高钻削转速和使用内芯模两种方法效果接近，且效果均好于只使用线切割工艺和单独使用内芯模。

第 8 章　陀螺电机(浮子)振动与性能测试

8.1　液浮陀螺误差模型分析

8.1.1　陀螺动力学模型

要建立液浮陀螺的误差模型,分析误差来源,首先要了解液浮陀螺的运动规律和特性,这就要从陀螺的运动微分方程着手,研究运动微分方程的建立和微分方程的解。单自由度陀螺固连坐标如图 8.1 所示。此时陀螺电机和框架只能绕框架轴转动,其转角完全确定了电机转子轴相对壳体的位置。为了实际应用方便通常对陀螺固联坐标系以输入轴(I)、输出轴(O)和自转轴(S)命名,如图 8.1 所示。

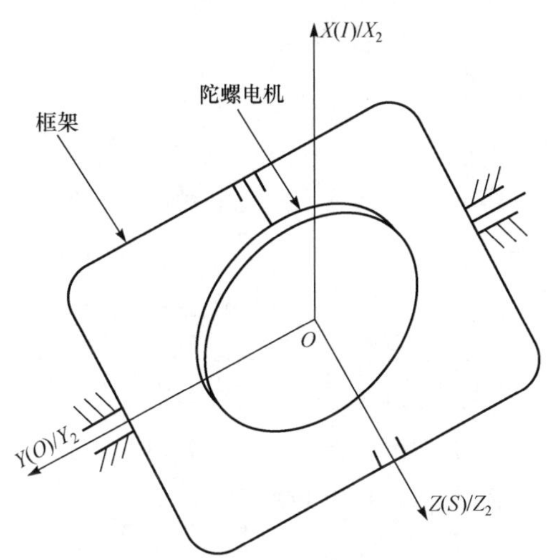

图 8.1　陀螺仪固连坐标图

图 8.1 坐标系 $OXYZ$ 与基座固连,Y 轴与陀螺框架轴重合,设基座坐标系 $OXYZ$ 相对惯性空间的角速度 ω 在自身各轴投影为 ω_Z、ω_Y、ω_X。引进坐标系 $OX_2Y_2Z_2$ 固定在陀螺框架上,OY_2 为陀螺框架轴,OZ_2 沿转子轴 OZ,设起始时刻陀螺坐标系 $OX_2Y_2Z_2$ 和惯性坐标系 $OXYZ$ 重合。当基座绕坐标系 $OX_2Y_2Z_2$ 的 OY_2 轴转过 β 角而达到相对于坐标系 $OXYZ$ 的新位置,如图 8.2 所示。电机转子相对于 $OX_2Y_2Z_2$ 绕 Z_2 轴转过 φ 角,其角速度是电机的自转角速度。

基座的角速度在 $OX_2Y_2Z_2$ 各轴上的投影如图 8.2 所示。

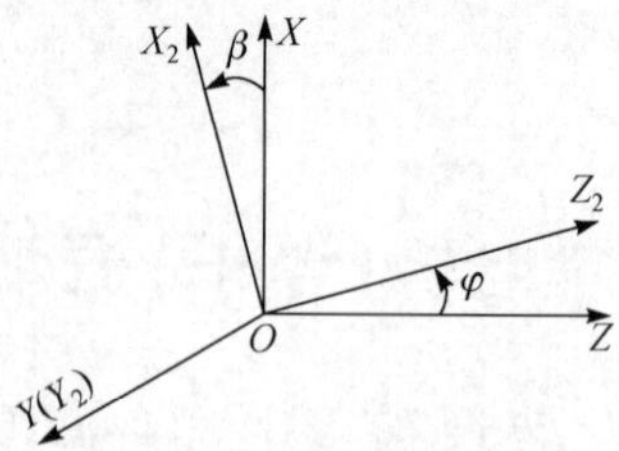

图 8.2 基座坐标系与惯性坐标系相对位置示意图

$$\begin{cases}\omega_{0X_2}=\omega_{0X}\cos\beta-\omega_{0Z}\sin\beta\\ \omega_{0Y_2}=\omega_{0Y}\\ \omega_{0Z_2}=\omega_{0X}\sin\beta+\omega_{0Z}\cos\beta\end{cases}\tag{8.1}$$

其中，β是小角。

$\sin\beta\approx\beta,\cos\beta\approx1$，则

$$\begin{cases}\omega_{0X_2}=\omega_{0X}\cos\beta-\omega_{0Z}\sin\beta\approx\omega_{0X}-\omega_{0Z}\beta\\ \omega_{0Y_2}=\omega_{0Y}\\ \omega_{0Z_2}=\omega_{0X}\sin\beta+\omega_{0Z}\cos\beta\approx\omega_{0X}\beta+\omega_{0Z}\end{cases}\tag{8.2}$$

利用欧拉法推导陀螺运动微分方程，要用到转子和框架的动量矩。转子绕定点O运动，转子的动量矩为

$$\begin{cases}H_{X_2}=J_e\,\omega_{0X_2}\\ H_{Y_2}=J_e(\omega_{0Y_2}+\dot{\beta})\\ H_{Z_2}=J_z(\omega_{0Z_2}+\dot{\varphi})\end{cases}\tag{8.3}$$

其中，J_e是转子的赤道转动惯量；J_z是转子的极转动惯量。

框架与转子组成的机械系统的动量矩为

$$\begin{cases}H_{X_2}+H_{2X_2}=(J_e+J_{X_2})\omega_{0X_2}\\ H_{Y_2}+H_{2Y_2}=(J_e+J_{Y_2})(\omega_{0Y_2}+\dot{\beta})\\ H_{Z_2}+H_{2Z_2}=(J_Z+J_{Z_2})\omega_{0Z_2}+J_Z\dot{\varphi}\end{cases}\tag{8.4}$$

其中，J_{X_2}，J_{Y_2}，J_{Z_2}是框架对O点的转动惯量J在各轴上的投影。

利用广义欧拉动力学方程，有

$$J_Z\frac{\mathrm{d}}{\mathrm{d}t}(\omega_{0Z_2}+\dot{\varphi})=M_Z^e\tag{8.5}$$

$$\frac{\mathrm{d}}{\mathrm{d}t}(H_{Y_2}+H_{2Y_2})+\omega_{0Z_2}(H_{X_2}+H_{2X_2})-\omega_{0X_2}(H_{Z_2}+H_{2Z_2})=M_{Y_2}^e\tag{8.6}$$

其中，M_Z^e是作用于转子上的外力对Z轴力矩，一般有$M_Z^e=0$；$M_{Y_2}^e$是作用于框架—

转子系统上外力对框架轴 Y_2 之矩。

设框架上装有扭弹簧和阻尼器,则

$$M_{Y_2}^e = -C\dot{\beta} - K\beta \tag{8.7}$$

其中,C 为阻尼系数;K 为扭弹簧的扭转刚性系数。

将以上力矩值代入式(8.6)并考虑式(8.2)和式(8.3),有

$H = J_Z(\omega_{0Z_2} + \dot{\varphi}) =$ 常数

$$(J_e + J_{Y_2})\ddot{\beta} + C\dot{\beta} + K\beta = H\omega_{0X} + H\omega_{0Z}\beta - (J_e + J_{Y_2})\omega_{0Y} + (J_{Z_2} - J_e - J_{X_2})\omega_{0Z}\omega_{0X} + \cdots \tag{8.8}$$

陀螺电机作高速转动时,电机角动量 H 是大量。上式就是单自由度陀螺的运动微分方程,等式右边 $H\omega_{0Z}\beta - (J_e + J_{Y_2})\omega_{0Y} + (J_{Z_2} - J_e - J_{X_2})\omega_{0Z}\omega_{0X} + \cdots$ 各项是由于壳体运动引起的干扰力矩项,应设法抑制到最低程度,在工程应用中与陀螺力矩 $H\omega_{0X_0}$ 相比是小量,可忽略不计。于是有

$$J_B\ddot{\beta} + C\dot{\beta} + K\beta = H\omega_{0X} \tag{8.9}$$

其中,$J_B = J_e + J_{Y_2}$,从式(8.9)出发,根据约束形式不同,单自由度陀螺仪可分为三种类型。

(1) 积分陀螺

陀螺的框架轴上只有阻尼器,而没有扭弹簧,式(8.9)转化为

$$J_B\ddot{\beta} + C\dot{\beta} = H\omega_{0X} \tag{8.10}$$

设 $\omega_{0X} = \omega$ 为常数,在稳定状态,得到

$$\dot{\beta} = \frac{H}{C}\omega \Rightarrow \beta = \frac{H}{C}\int \omega \mathrm{d}t \tag{8.11}$$

此类陀螺的输出角速度 $\dot{\beta}$ 与输入角速度 ω 成正比,输出角度 β 与输入角速度 ω 的积分成正比。

(2) 速率陀螺

陀螺的框架轴上只有扭弹簧,没有阻尼器,式(8.9) 转化为

$$J_B\ddot{\beta} + K\beta = H\omega_{0X} \tag{8.12}$$

设 $\omega_{0X} = \omega$ 为常数,在稳定状态下可以得到 $\beta = \frac{H}{K}\omega$。这表明陀螺绕框架轴输出角度 β 与输入角速度 ω 成正比。

(3) 两次积分陀螺

陀螺仪既没有阻尼器,也没有扭弹簧,其运动微分方程式(8.9) 转化为

$$J_B\ddot{\beta} = H\omega_{0X}$$

设 $\omega_{0X} = \omega$ 为常数,则 $\beta = \frac{H}{J_B}\iint \omega \mathrm{d}t$,这表明陀螺绕内框架轴输出角度 β 与输入角速度 ω 两次积分成正比。

8.1.2 陀螺误差模型

为了分析陀螺误差规律及其产生的原因，将典型误差量，如输出轴干扰力矩或漂移角速度等表示成某个或某些物理量的函数，即陀螺的误差模型。根据用于表达式中物理量的不同，误差模型分为多种，有按作用于陀螺的加速度(或比力)作为物理量来构成误差模型，也有用温度参量来构成误差模型。

建立陀螺的误差模型，可通过大量实验，应用统计理论，分析实验结果，以实验数据为依据，纯粹用数学方法处理所得的数据，建立误差参量与参考物理量之间的函数关系。这种方法不需要事先对陀螺误差假设某种形式的数学模型，称为实验分析法。也可以针对某型陀螺进行受力分析，对误差与参考物理量之间作用机理进行理论分析，通过数学推导建立两者之间的理论表达式，然后再用实验法标定表达式中各有关参数或按实验结果修正表达式，称为理论分析法[113]。本节采用理论分析法来探讨误差模型。

陀螺误差产生的主要原因是存在各种干扰力矩，力矩的大小及其产生的原因与误差直接相关。因此，将框架式陀螺所受干扰力矩按作用于陀螺加速度的函数关系来表示，可得出力矩式静态误差模型，即

$$M=M_0+L\times F \tag{8.13}$$

其中，M 为总干扰力矩矢量；M_0 是与加速度无关的常值力矩矢量；F 是与加速度有关的惯性力矢量；L 为陀螺质心位移矢量。

总质心位移矢量 L 又可以表示为

$$L=L_0+L_s \tag{8.14}$$

其中，L_0 为静不平衡位移矢量；L_s 为弹性变性位移矢量。

式(8.13)中的惯性力矢量 F 与式(8.14)中弹性位移矢量 L_s 都是与惯性加速度有关的量，可表示为

$$F=ma \tag{8.15}$$

$$L_s=CF \tag{8.16}$$

其中，m 为陀螺仪有效质量；C 为柔性系数张量；a 为惯性加速度，与惯性力方向相同，与仪表运动加速度方向相反。

柔性系数张量矩阵为

$$C=\begin{bmatrix} C_{XX} & C_{YX} & C_{ZX} \\ C_{XY} & C_{YY} & C_{ZY} \\ C_{XY} & C_{YZ} & C_{ZZ} \end{bmatrix} \tag{8.17}$$

其中，C_{ij} 沿 i 轴向的惯性力所引起的 j 轴方向质心位移的柔性系数。

将式(8.14)～式(8.16)代入式(8.13)，可列出各轴向力矩分量的形式，即

$$\begin{bmatrix} M_X \\ M_Y \\ M_Z \end{bmatrix} = \begin{bmatrix} M_{X0} \\ M_{Y0} \\ M_{Z0} \end{bmatrix} + \begin{bmatrix} 0 & ma_Z & -ma_Y \\ -ma_Z & 0 & ma_X \\ ma_Y & -ma_X & 0 \end{bmatrix} \left\{ \begin{bmatrix} L_{0X} \\ L_{0Y} \\ L_{0Z} \end{bmatrix} + \begin{bmatrix} C_{XX} & C_{YX} & C_{ZX} \\ C_{XY} & C_{YY} & C_{ZY} \\ C_{XZ} & C_{YZ} & C_{ZZ} \end{bmatrix} \begin{bmatrix} ma_X \\ ma_Y \\ ma_Z \end{bmatrix} \right\} \tag{8.18}$$

单自由度陀螺只需对输出轴方向的干扰力矩进行分析，有

$$[M_Y] = [M_{Y0}] + [-ma_Z \quad 0 \quad ma_X] \left\{ \begin{bmatrix} L_{0X} \\ L_{0Y} \\ L_{0Z} \end{bmatrix} + m \begin{bmatrix} C_{XX}a_X + C_{YX}a_Y + C_{ZX}a_Z \\ C_{XY}a_X + C_{YY}a_Y + C_{ZY}a_Z \\ C_{XZ}a_X + C_{YZ}a_Y + C_{ZZ}a_Z \end{bmatrix} \right\} \tag{8.19}$$

上式展开整理后，得到输出轴上干扰力矩，即力矩形式的静态误差模型

$$\begin{aligned} [M_Y] = {} & [M_{Y0}] + m[L_{0Z} \quad 0 \quad -L_{0X}] \begin{bmatrix} a_X \\ a_Y \\ a_Z \end{bmatrix} \\ & + m^2 [C_{XZ} \quad 0 \quad -C_{ZX}] \begin{bmatrix} a_X^2 \\ a_Y^2 \\ a_Z^2 \end{bmatrix} \\ & + m^2 [C_{YZ} \quad -C_{YX} \quad -(C_{XX} - C_{ZZ})] \begin{bmatrix} a_X a_Y \\ a_Y a_Z \\ a_X a_Z \end{bmatrix} \end{aligned} \tag{8.20}$$

其中，M_Y为输出轴上总干扰力矩；M_{Y0}为与加速度无关的常值干扰力矩；m 为浮子组件质量；L_{0X}和 L_{0Z}为沿输入轴和自转轴的质心位移；C_{ij} 为柔性系数；a_X、a_Y和 a_Z 为沿输入轴、输出轴和自转轴的惯性加速度。

式(8.20)等号右端第一项力矩 M_{Y0}是由输出轴上输电装置(如软导线)的扭力矩，电磁元件(如传感器和力矩器)的电磁干扰力矩，空气的常值涡流力矩等干扰力矩构成。这些力矩一般与陀螺所受加速度的大小无关，故常称之为与加速度无关的力矩项，或称为常值力矩项。

式(8.20)等号右端第二项力矩是由于陀螺质心与支承轴不重合，当受到加速度作用时，质心受到惯性力作用，绕输出轴产生干扰力矩。力矩的方向取决于位移的方向和外界加速度的方向，力矩大小与陀螺质量 m 及外加速度的大小成正比，故称为与加速度一次方成比例的力矩，或简称为一次项力矩。实际上，静不平衡质心位移主要是由于在陀螺仪制造、装配、调整时的剩余静不平衡造成的初始质心偏移，以及由于陀螺结构或使用材料不对称，在通电工作后因发热造成的质心偏移。这些偏移量本身不随外界加速度改变，故由其引起的干扰力矩仅与加速度一次方成比例。

式(8.20)等号右端第三项和第四项力矩与陀螺质量的平方有关,并分别与沿三个轴向惯性加速度的平方 a_X^2、a_Y^2、a_Z^2,以及两个轴向的惯性加速度的乘积 a_Xa_Y、a_Ya_Z 和 a_Za_X 成正比例,故称这些力矩为与加速度平方成比例的力矩,或称二次项力矩。

式(8.20)力矩形式的误差模型可转化为

$$\begin{aligned}M_Y=&M_{Y0}+mL_{0Z}a_X-mL_{0X}a_Z+m^2C_{XZ}a_X^2\\&-m^2C_{ZX}a_z^2+m^2C_{YZ}a_Xa_Y-m^2C_{YX}a_Ya_Z\\&-m^2(C_{XX}-C_{ZZ})a_Xa_Z\end{aligned}\tag{8.21}$$

以角动量 H 除以力矩形式的误差模型式(8.21)等号两边各项,定义 M/H 为漂移角速度 ω,则可得以漂移形式表示的单自由度陀螺静态误差模型,即

$$\begin{aligned}\omega=&D_F+D_Xa_X+D_Za_Z+D_{XY}a_Xa_Y+D_{YZ}a_Ya_Z\\&+D_{XZ}a_Xa_Z+D_{XX}a_X^2+D_{ZZ}a_Z^2+\varepsilon\end{aligned}\tag{8.22}$$

其中,ω 为陀螺漂移角速度;D_F 为与加速度无关的漂移角速度;D_X、D_Y 和 D_Z 为沿输入轴、输出轴和自转轴的一次漂移系数;D_{ij} 为与加速度乘积成正比的二次项漂移系数。

漂移误差模型以输入轴(I)、输出轴(O)和自转轴(S)形式还可以表示为

$$\begin{aligned}\omega=&D_F+D_Ia_I+D_Sa_S+D_{IO}a_Ia_O+D_{OS}a_Oa_S\\&+D_{IS}a_Ia_S+D_{II}a_I^2+D_{SS}a_S^2+\varepsilon\end{aligned}\tag{8.23}$$

随着陀螺制造工艺和实验手段的不断改进,陀螺精度不断提高,其误差模型也在发展和完善中。在应用中通常根据需要和实验条件保留一些起主要作用的项,忽略某些次要项,进而简化测试过程,提高测试效率。当前多数制造和使用者往往只取前 4 项,即与加速度无关项和与加速度成比例的项就能够满足要求。本书主要研究液浮陀螺电机振动对漂移模型系数 D_F、D_I 和 D_S 的影响。对比式(8.21)可得漂移系数 D_F、D_I 和 D_S 的表达式,即

$$\begin{cases}D_F=\dfrac{M_{Y0}}{H}\\[2mm]D_I=\dfrac{mL_{0Z}}{H}\\[2mm]D_S=\dfrac{-mL_{0X}}{H}\end{cases}\tag{8.24}$$

8.2 电机(浮子)振动对陀螺性能影响研究

经验和理论分析都表明,陀螺电机(浮子)振动对陀螺性能有直接影响,在陀螺精度提高越来越困难的情况下,开展陀螺电机(浮子)振动及振动对陀螺性能的影

响关系研究是十分必要的,是改善和提高陀螺精度等性能指标的重要途径之一。

8.2.1　陀螺电机振动机理

陀螺电机振动主要有两种形式:一是与电机驱动磁场有关的振动;二是与陀螺电机机械结构有关的振动。

1. 与电机驱动磁场有关的振动

在图 8.3 中,$T_{驱}$ 为驱动磁场形成的驱动力矩;$T_{阻}$ 为阻力矩,由轴承摩擦和风阻力矩组成;ω 为电机转子转速;OSI 为陀螺坐标系。取与驱动磁场固联的坐标系来描述电机转子的转动,则可以得到如下方程,即

$$J\ddot{\alpha}+C_{转}\dot{\alpha}+K_{转}\alpha=T_{驱}-T_{阻} \tag{8.25}$$

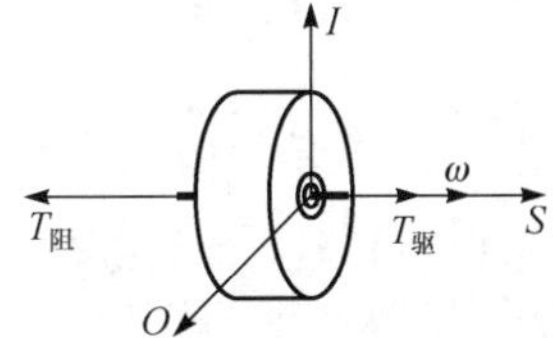

图 8.3　陀螺电机的驱动原理图

其中,J 是电机转子的转动惯量;α 是电机转子相对此坐标系的转角;$\dot{\alpha}$ 是电机转子的角速度;$\ddot{\alpha}$ 是电机转子的角加速度;$C_{转}$ 是电机转子相对于驱动磁场运动的阻尼系数;$K_{转}$ 是驱动磁场阻止电机转子相对其运动的弹簧刚度。

陀螺在运行中会经受多种加速度作用,必然引起轴承力矩变化,另由于电源波动会引起驱动力矩变化,以及轴承本身不平稳引起摩擦力矩变化都会造成 $T_{驱}-T_{阻}\neq0$。当 $T_{驱}-T_{阻}\neq0$ 时,式(8.25)就表征出电机转子相对于驱动磁场出现运动。一般来说,$T_{驱}-T_{阻}\neq0$ 有随机的性质,可以表示为

$$T_{驱}-T_{阻}=\begin{cases} f(t), & t_n\leqslant t\leqslant t_n+\Delta t \\ 0, & 其他 \end{cases} \tag{8.26}$$

研究表明,驱动磁场除了与电机转子转速有关外,其交变作用会使电机定子产生磁滞伸缩作用,其伸缩力的频率与驱动磁场相同,而大小与所使用的定子材料性质和电磁感应强度有关。与驱动有关的振动还有电机定子齿谐波引起电机转子及定子的抖动,电机工艺因素造成电机定子与转子之间气隙不均匀而导致驱动磁场拉力变换引起的振动。实验证明,驱动磁场造成电机振动中电机转子振荡需要进一步深入研究,其他振动与机械结构造成振动相比要小得多。

2. 与电机机械结构有关的振动

与电机机械结构有关的振动主要由以下部分组成。

(1) 电机转子不平衡造成的振动

高速旋转的陀螺电机转子，虽然经过静平衡、动平衡，但事实上仍会残余一定的不平衡质量。不平衡质量产生的离心力会导致陀螺电机质心位移，造成电机线振动和角振动，频率同电机转子转动频率，即

$$f_r=\frac{n}{60} \tag{8.27}$$

其中，f_r为电机转子转动频率；n 为转子转速。

(2) 滚珠轴承造成的振动

使用滚珠轴承的液浮陀螺电机，由滚珠轴承引起的振动在总振动值中占有相当大的比例。滚珠轴承引起的振动和噪声，涉及面广，问题复杂。

① 由内圈(或外圈)规则波纹引起的振动。当内圈(或外圈)滚道偏心时，相当于一个规则波纹，引起振动频率 f_r；当内圈(或外圈)滚道面有两个规则波纹，会导致频率 $2f_r$或 $4f_r$的振动。

② 轴承保持架引起的振动。保持架凹槽与滚珠之间间隙是滚珠轴承振动的重要来源之一，过大的间隙将使得保持架发生大的位移，而过小的间隙又可能造成滚珠刹住滑走，保持架质量不均、保持架不规则以及保持架缺陷同样产生振动。由这些原因引起保持架振动的频率等于保持架的转动频率 f_c，即

$$f_c=\frac{f_r}{2}\left(1\pm\frac{d_b\cos\beta}{d_o}\right) \tag{8.28}$$

其中，d_b为滚珠直径；d_o为滚珠座节圆直径；β 为接触角；“±”取决于轴承是内圈转动还是外圈转动，“+”适用于外圈转动，“−”适用于内圈转动。

③ 滚珠通过滚道引起的振动。当滚珠数目为 z 时，滚珠通过内圈(或外圈)滚道引起内圈(或外圈)滚道弹性形变，将引起 zf_c和 $2zf_c$频率的振动，在内圈(或外圈)有 n 个规则波纹时，它导致 nzf_c频率的振动。

④ 滚珠缺陷造成的振动。对于轴承来说，内外滚道和滚珠组成的结构可以用图 8.4 表示。将 8 个滚珠抽象为 8 个刚度，即 $K_1,K_2,\cdots,K_8$的弹簧，由于滚珠几何形状偏差和表面光滑度等问题，会使得 $K_1\neq K_2\neq K_3\neq\cdots\neq K_8$，当外环在加速度 a 作用下时，在图示方向就会出现惯性力作用。由于支撑外环的滚珠刚度变化，当外环旋转时必然出现外环相对内环加速度，这种运动可以用以下数学模型描述，即

$$M\ddot{x}+c\dot{x}+kx=Ma \tag{8.29}$$

其中，M 是外环(包括转子)的质量；a 是载体加速度；c 是阻尼系数；k 是 a 作用方向上轴承刚度；x 是外环沿 a 作用方向上的位移(相对内环)；$\dot{x}$ 是外环沿 a 作用方向上的速度；$\ddot{x}$ 是外环沿 a 作用方向上的加速度；a 是大小方向都不变的加速度；k 的变化依然会产生振动加速度。

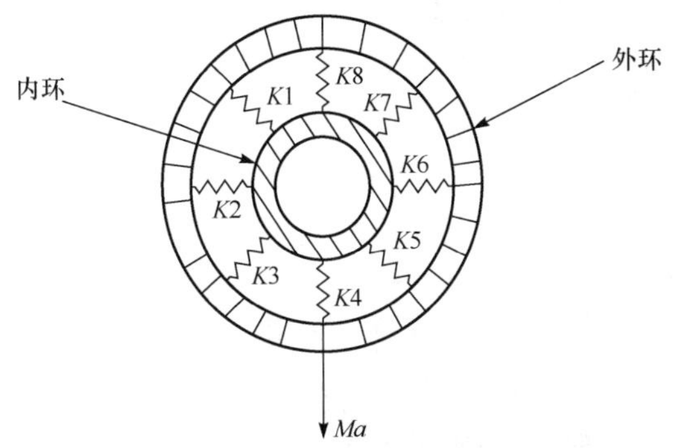

图 8.4　滚珠轴承力学模型

加速度变化频率多半与外环转速和滚珠的乘积相等,即

$$\omega_{振}=\omega n \tag{8.30}$$

其中,ω 是外环转速;n 是滚珠数量;$\omega_{振}$ 是振动频率。

⑤ 滚道畸变造成的振动,主要是指内外滚道几何形状误差所造成的振动。这些误差强迫外环角速度矢量方向发生变化,因而就造成惯性力矩对内环装夹载体的加速度作用。内外滚道几何形状误差可归纳为以下两种:

第一种,径向不圆度(椭圆、棱圆及更复杂的无规则形状)。

滚道径向不圆度(图 8.5)几何畸变会迫使滚珠旋转过程中的不均匀变形,滚珠在吸收能量(挤压)和释放能量(反弹)中,使一部分能量变成热能耗散了,但电机仍要把一部分能量以振动形式表现出来,就滚珠反弹对电机的作用可知电机上将出现二倍(椭圆)、三倍(棱圆)滚珠公转角频率与滚珠数目乘积的频率振动。

$$f_{滚道}=n\times z\times\frac{f_r}{2D}(1\pm d_b\cos\beta) \tag{8.31}$$

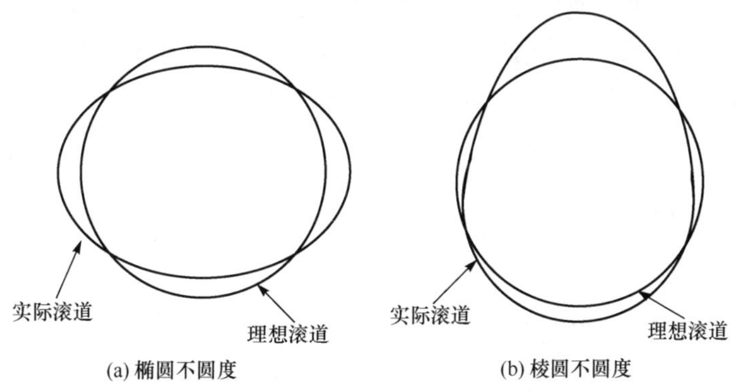

图 8.5　滚道径向不圆度示意图

其中，$f_{滚道}$为内外滚道几何形状畸变造成的电机振动频率；$n=2$ 时表示椭圆所引起的振动频率计算系数，$n=3$ 时表示棱圆所引起的振动频率计算系数；z 为滚珠数目；f_r为电机转子转动频率；d_b为滚珠直径；D 为保持架平均直径；β 为接触角。

第二种，轴向扭曲（一次、二次及更多的无规则形状）。

滚道轴向扭曲（图 8.6）引起的陀螺力矩作用在电机转子的支撑机构上，由于该力矩大小方向变化引起支撑机构的振动。从滚道加工技术达到的精度来看，滚道扭曲引起的振动不会太大，并且当相互配合的内外滚道并不都具有相应的扭曲时，轴承引起电机的振动将主要是由滚珠弹性变形引起。

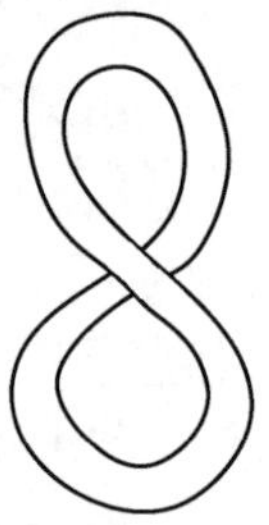

图 8.6　滚道轴向扭曲示意图

滚珠轴承的振动现象相当复杂，除了上述几点外，还存在滚珠振动，外圈惯性矩系统倾斜方向的固有振动，外圈质量系统轴向固有振动，外圈径向弯曲固有振动和外圈轴向弯曲固有振动等。这些振动频率都比较高，主要引起高频噪声。此外，上面虽然研究了电机振动机理，分析了电机振动来源，但对于整台电机的振动情况还不够详尽。陀螺电机的主要组成部件，如定子铁心、转子铁心、飞轮、旋轴和轴端盖等，在激振力的作用下都会发生振动。实验表明，电机运行与只通电不旋转所产生的振动能量相比要大 20 倍左右。这说明电机机械结构有关的振动要比磁场有关的振动大得多。陀螺浮子的振动也主要是由安装在浮子浮筒内电机振动所引发的。

8.2.2　振动对陀螺性能影响机理

前面研究了陀螺电机（浮子）振动机理，以下从机理上探讨陀螺电机（浮子）振动对陀螺性能的影响，以期建立二者之间的理论关系。前面基于动力学方程，推导出单自由度液浮陀螺的力矩误差模型和漂移误差模型，得到漂移系数 D_F、D_I、D_S 的表达式。由式（8.24）可知，D_F是对比力不敏感的静态漂移误差，主要是由软导线弹性约束、电磁元件的电磁反作用力矩以及工艺误差等因素引起，大小与方向在一段时间内可认为是不变化的。D_I是沿输入轴 I 的质量不平衡漂移系数，由式(8.24)可知 D_I与浮子组件质心沿自转轴 S 偏离支撑中心的距离成比例。D_S是沿自转轴 S 的质量不平衡漂移系数，由式(8.24)可知 D_S与浮子组件质心沿输入轴 I 偏离支撑中心的距离成比例。尽管上述模型从物理概念上描述了陀螺误差模型，但只能近似地反映陀螺漂移特性，实际应用中难以定量描述[2]。

液浮陀螺在工作过程中，陀螺电机高速旋转，虽然经过了静平衡和动平衡等工序处理，因电机轴承性能超差或者陀螺电机(浮子)自身不平衡都会引起陀螺电机(浮子)振动。在陀螺坐标系内，振动可分解为沿 X、Y、Z 三个方向，陀螺电机(浮子)振动会导致电机(浮子)质心偏移，从而对陀螺输出轴产生干扰力矩，如图 8.7 所示。

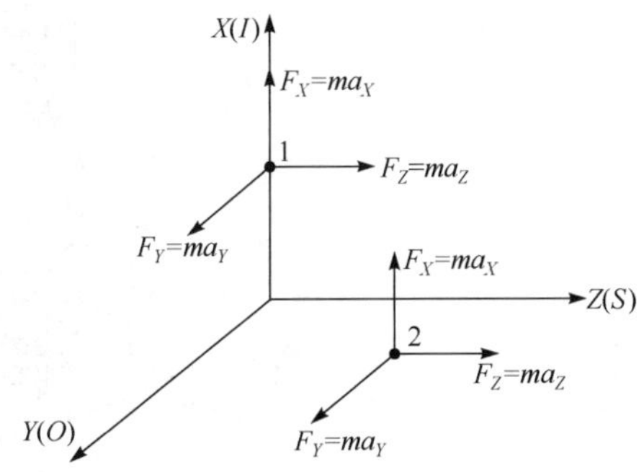

图 8.7　质心偏移导致力矩矢量图

假设某一时刻电机(浮子)质心因振动原因偏移至 1 或 2 点，此时沿 X、Y、Z 方向加速度分别为 a_X、a_Y、a_Z，则加速度 a_X、a_Y、a_Z所产生的偏移力为

$$\begin{cases} F_X = ma_X \\ F_Y = ma_Y \\ F_Z = ma_Z \end{cases} \tag{8.32}$$

从而可得力 F_X、F_Y、F_Z对输出轴所产生的干扰力矩 M'_X、M'_Y、M'_Z分别为

$$\begin{cases} M'_X = F_X L_X \\ M'_Y = F_Y L_Y \\ M'_Z = F_Z L_Z \end{cases} \tag{8.33}$$

其中，L_X、L_Y、L_Z为质心相对输出轴的偏移矢量。

由于力 F_Y作用线与输出轴平行，则恒有 $L_Y=0$。可见，无论质心偏移至 1 或 2 点，或空间内其他点，始终有 $M'_Y=0$，陀螺电机(浮子)振动对输出轴产生的干扰力

矩为

$$M'r = M'_X + M'_Y + M'_Z = M'_X + M'_Z \tag{8.34}$$

由此可得，陀螺电机(浮子)振动沿 X 和 Z 方向加速度所产生的干扰力矩会对输出轴产生干扰，联系力矩误差模型式(8.21)可以发现这两个方向的加速度对陀螺性能参数 D_F、D_I、D_S有直接影响。陀螺电机(浮子)振动沿 Y 方向的加速度对输出轴没有干扰力矩产生。

8.3 陀螺电机振动测试实验

8.3.1 实验目的及思路

测取能反映电机运行特性的振动信号，通过分析振动信号实现对电机振动特性的研究。电机振动测试实验思路如图 8.8 所示。

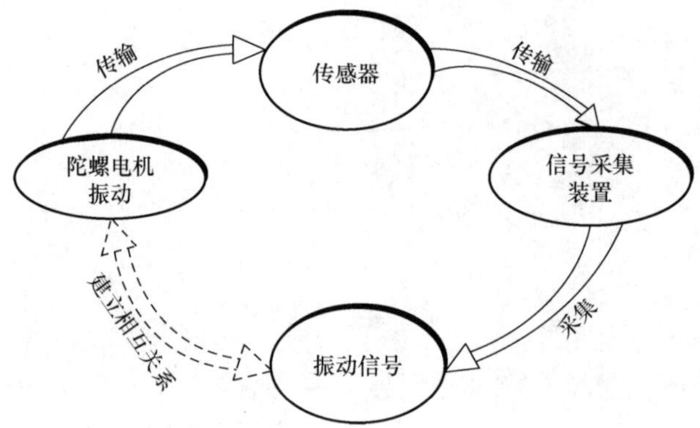

图 8.8 振动测试实验思路

8.3.2 实验方法

实验采用测振仪器测试并同步采集数据，为保证实验初始状态的一致性，采用一个框架(计量尺寸优)分别与 50 个陀螺电机(对应陀螺编号为 Q01～Q50)配合进行测试。装配要求电机轴压块压固电机轴的预紧力一致，装配以后的陀螺框架和电机从粘贴传感器相对的一端，沿轴线吊起进行测试实验。测试时在框架一端粘贴高精度三向(X、Y、Z)加速度传感器 BK4506 用于采集数据。实验装置如图 8.9所示，其中 X 轴沿陀螺电机径向，即液浮陀螺输入轴方向；Y 轴沿框架轴向，即液浮陀螺输出轴方向；Z 轴沿陀螺电机轴向，与陀螺固连坐标系(图 8.2)一致。

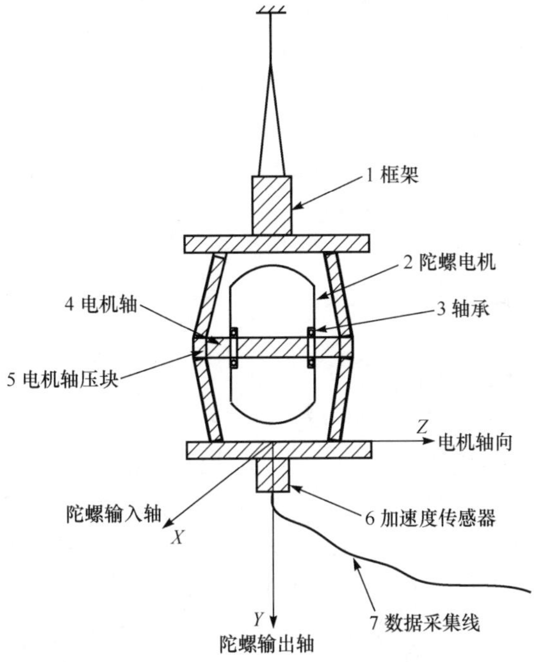

图 8.9　电机振动测试装置示意图

8.3.3　实验条件

在实验过程中，室内温度为(25±3)℃、湿度为 40%～60%，无风状态，并保持相对稳定。

8.3.4　实验设备

(1) 传感器

振动信号是陀螺电机振动信息的载体，而传感器是信号获取与转换的关键，其性能好坏直接影响到测量的可靠性[114]。另外，传感器种类繁多，传感器合理选择是实施测振实验的首要环节，只有传感器选用得当，才能采集到客观反映电机运行状态的振动信号。传感器选择与量标选取直接相关，文献[115]，[116]给出了测振量标选取原则，在测试建筑、桥梁、水坝、构件等变形破坏，以及 10Hz 以下低频振动时，会出现可观的位移，高速回转机械的振动，旋转精度要求较高，可选用位移作量标；评定机器设备振动强度，可选用速度作量标，这是由于振动速度与其能量成正比；进行高频振动测量和宽频带测量，冲击实验以及振动频谱分析时，往往选用加速度量标。

按照以上量标选取原则，选用 BK4506 作为测振传感器，BK4506 是丹麦 B&K

公司研制的一种小型三向加速度压电式传感器，适用于复杂结构的模态分析测试。例如，汽车车身和动力系统的测试或者火车、卫星以及飞机的模态分析。BK4506具有以下特点：

① 有多个安装表面，能够方便地安装在不同测试对象上。

② 结构紧凑，灵敏度质量比(灵敏度/质量)高，三个方向测振性能一致。

③ 直接供电技术，采用普通数据传输线即可。

④ 阻抗输出较低，可采用较长数据传输线。

⑤ 采用集成电路设计前置放大器，保证灵敏度动态范围超过 100mV/g。

⑥ 绝缘性能良好。

(2) 数据采集装置

振动物理量经传感器变换后获得的电量是连续变量，而计算机只能处理离散且按一定规则编码的数字信号，因此对模拟信息实现测量和采集时，必须首先把模拟信号转换为数字信号[114]。这些工作通常由数据采集装置完成，实验选用丹麦B&K公司的便携式数据采集装置 BK3560C。该装置是带电池/直流供电单元2827的便携式数据采集系统，适合于1个控制器模块和1个输入/输出模块的组合情况。控制模块处理与个人计算机的通信，而输入/输出模块进行测量输入并提供采样时钟。例如，一个 BK3560C 配 5 通道输入/1 通道输出控制模块 7537 和 12 通道输入模块 3038，能提供 17 路的输入通道。BK3560C 具有高于欧洲 EMC 电磁兼容性防护要求的性能参数。满足 ISO7637-1 和 7637-2 标准的要求。机械牢固性也很高，满足 MIL STD 810C 和 IEC 6006826 标准要求。

8.3.5 实验步骤

Step 1，从已加工的框架中选取一支各项参数指标优良的作为通用工装。

Step 2，用蜂蜡将高精度三向加速度传感器 BK4506 粘贴于框架底座上，用丝线与框架另一端相连接，确保框架吊起时保持竖直状态。

Step 3，用数字力矩扳手将待测陀螺电机安装在框架上，确保装配预紧力一致。

Step 4，将装配完毕的电机和框架竖直吊起。

Step 5，开启陀螺电机，运行 5min 达到稳定工作状态。

Step 6，开始振动测试，用数据采集装置采集加速度信号。

Step 7，关闭电机电源，等待陀螺电机自然停车后将之卸下。

Step 8，进行下一个电机的测试，重复 Step 3～Step 7。

8.3.6 实验数据采集

BK3560C 多通道频谱分析仪采样数据格式如图 8.10 所示，各方向采集 30s

时长的数据。对仪器采集数据进行初步分析,并以 Q05、Q09 和 Q25 号陀螺电机为例给出电机振动信号的典型时域和频域波形,如图 8.11 所示。

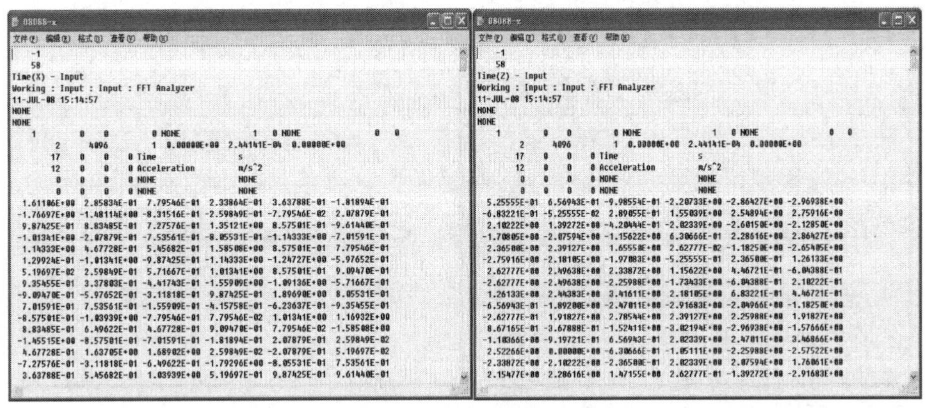

图 8.10　BK3560C 多通道频谱分析仪采集陀螺电机振动数据

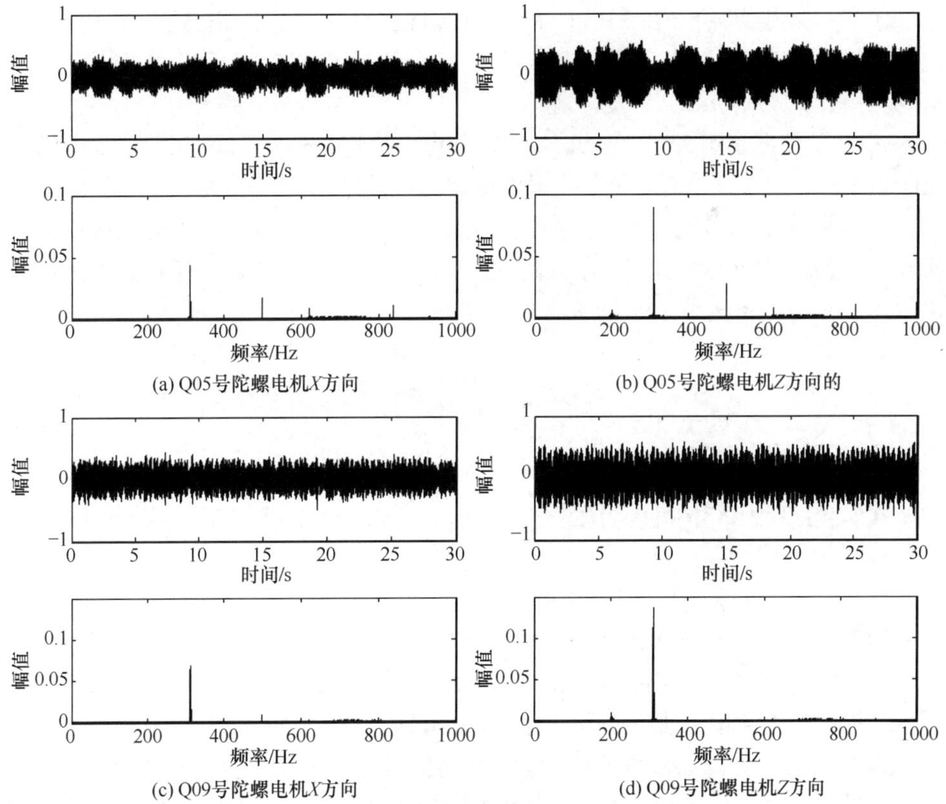

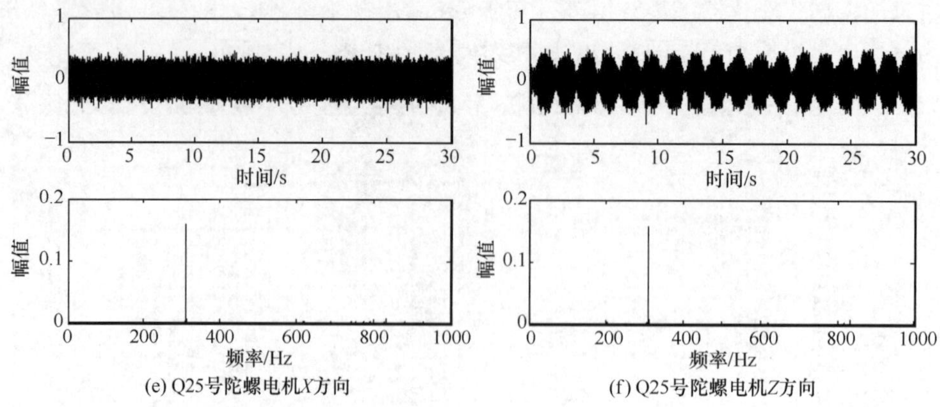

图 8.11　陀螺电机振动信号时频域分析

8.3.7　实验分析

分析可初步得出以下结论：

① 各电机振动信号在 310Hz 和 500Hz 普遍存在明显振幅，这与电机轴承和陀螺电机转速有关，研究表明 310Hz 对应轴承保持架的频率，500Hz 对应陀螺电机的频率(30 000r/min)。

② 实验数据表明大部分电机 Z 向在 200Hz 有明显振幅，如 Q05、Q08 号电机等，由于低频信号对液浮陀螺性能有明显的影响，该频段的振动机理亟待进一步研究。

③ 实验数据表明电机普遍的规律，振幅 Z 向 $>$ X 向 $>$ Y 向；研究认为 Z 向(电机轴向)大幅度振动除与电机轴承保持架、滚道、滚珠沿该向振动有关，与陀螺框架因机械加工造成各向刚度不同也有较大关系。

8.4　陀螺浮子振动测试实验

8.4.1　实验条件与方法

在实验过程中，室内温度为(25±3)℃、湿度为 40%～60%，无风状态，并保持相对稳定。

测量时在液浮陀螺浮子浮筒的壳体上粘贴高精度三向(X、Y、Z)加速度传感器 BK4506，为了保证液浮陀螺浮子的竖直状态和振动一致性，同时在壳体轴线对称位置粘贴与加速度传感器 BK4506 相同质量的配重模块。实验装置如图 8.12 所示，其中 Y 轴为框架轴向，即液浮陀螺输出轴方向；X 轴为陀螺电机径向，即液浮陀螺输入轴方向；Z 轴为陀螺电机轴向，与电机振动测试坐标系相对应。

实验测试了 Q01～Q36 共 36 个液浮陀螺浮子的振动特性，采用 BK3560C 多通道频谱分析仪采集 X 和 Z 两个方向的振动信号数据。

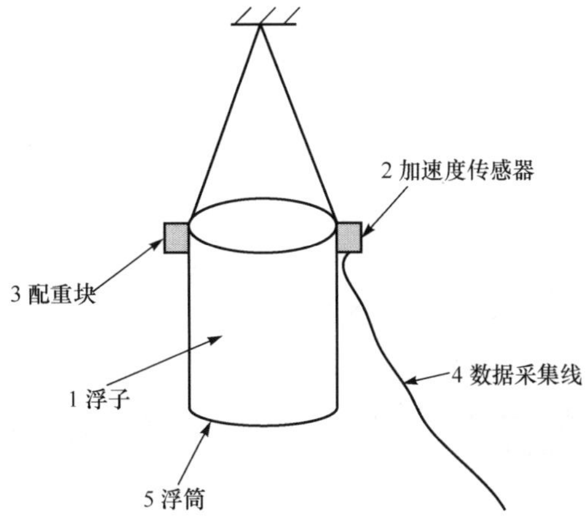

图 8.12　液浮陀螺浮子振动测试装置示意图

8.4.2　实验数据

以 Q05、Q09 和 Q25 号陀螺电机装配浮子为例给出了浮子振动信号的典型时域和频域波形,如图 8.13 所示。

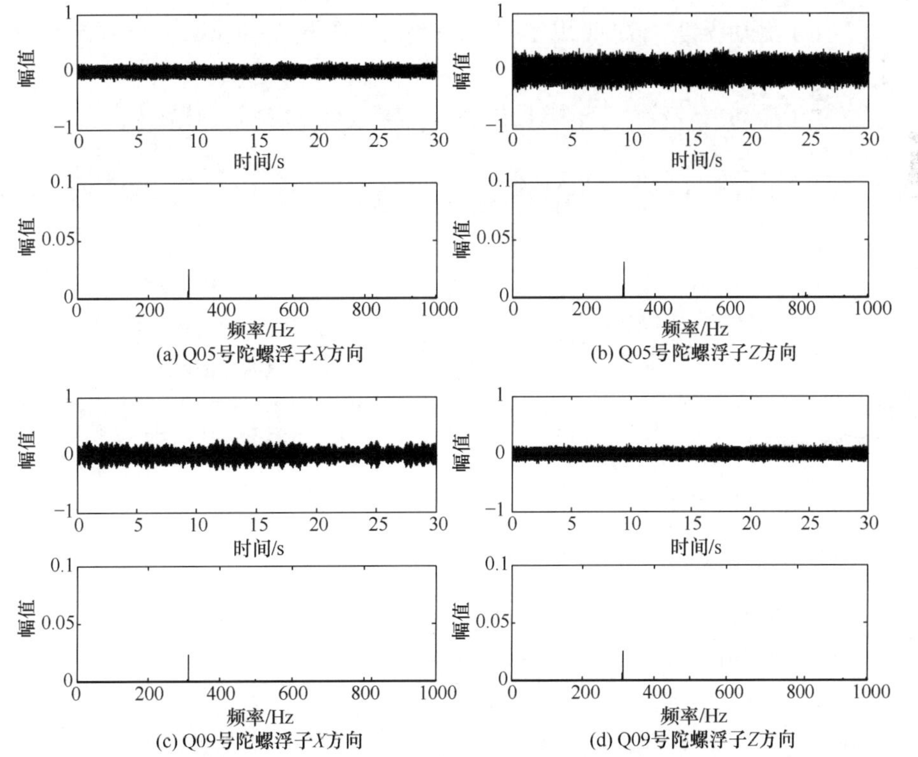

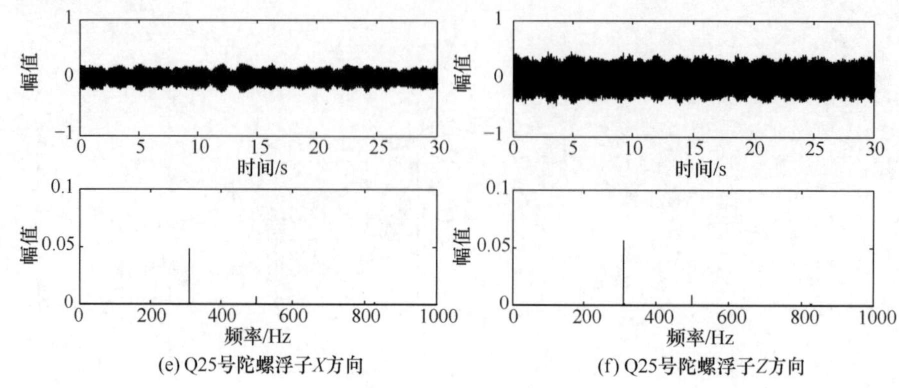

图 8.13 陀螺浮子振动信号时频域分析

8.4.3 实验分析

对测量数据分析发现：

① 浮子振动信号在 310Hz 和 500Hz 存在振幅，这与电机振动信号一致，符合振动机理分析结论。

② 浮子振动无明显周期规律，振幅存在 Z 向和 Y 向最大两类，X 向振幅最小。

③ 浮子振动信号较对应的电机振动信号幅值有一定程度的减小。

8.5 陀螺性能参数测量实验

8.5.1 实验目的

为了测取能够反映陀螺性能的指标参数作为电机(浮子)振动信号的对应输出，需要开展陀螺性能测试研究。陀螺作为高精度惯性仪器，很难用一二个参数说明它的性能水平，通常需要多个指标以保证它的正确使用。常用的性能指标和性能参数项目如下[113]：

(1) 精度性能指标

① 随机漂移速率。

② 阈值和分辨率。

③ 标度因数及其误差。

④ 输出非线性误差。

⑤ 零位输出。

(2) 电气性能参数

① 螺电机电源的相数、电压、频率、电流和功率。

② 信号器电源的电压、频率、阻抗和标度因数。

③ 力矩器的施矩电流、功率、阻抗和标度因数。

④ 温控电源的电流和功率。

(3) 机械性能参数

① 陀螺动量矩。

② 陀螺电机转动惯量。

③ 陀螺电机转速。

(4) 环境条件

① 环境压力范围。

② 环境温度范围。

③ 环境湿度范围。

④ 振动、冲击。

(5) 寿命和可靠性指标

① 工作寿命。

② 启动次数。

③ 平均故障间隔时间。

如同一般产品,陀螺仪在研制和生产过程中,需要进行不同的实验。主要可分为以下四类[113]:

① 验收实验,用于分选生产线上的仪器以确保它们满足正常使用时的性能水平。

② 标定实验,用于确定仪器主要性能参数数值。

③ 工程实验,用于评价仪器在系统使用时性能水平,也用于给出电气、机械、热力及磁的环境因素影响下的有关数据。

④ 研究与发展实验,用于研究仪器工作所依赖的物理现象中各有关参数间的关系与探索提高仪器性能水平的各种可能构造方案。

不同实验可用来解决不同的问题,本节主要对生产线上验收实验进行研究,按照验收指标对陀螺性能进行评判。

8.5.2 实验方法

按照研究和实验计划,对所跟踪电机(浮子)已组装的 22 块陀螺进行了性能参数测试,针对这 22 块成品陀螺及其对应电机和浮子展开实验研究,采用力矩反馈法进行测试。力矩反馈实验主要用于陀螺误差模型各项参数的估计,适用于陀螺短期漂移特性的检验。这种方法具有很大灵活性,易于改变陀螺相对重力场的位置,可分别确定各种因素变化时对陀螺精度产生的影响。其测试原理如图 8.14 所示。

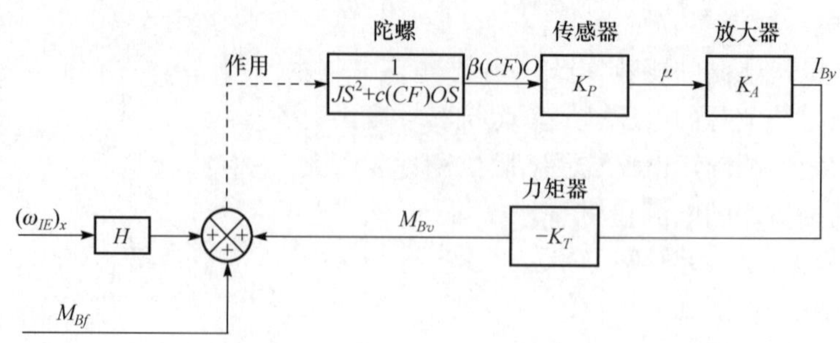

图 8.14　力矩反馈法测试原理图

图中 $\beta(CF)O$ 是陀螺浮子的工作偏差角(″)；K_P 是陀螺传感器的输出电压灵敏度(V/(°))；μ 是陀螺传感器的输出电压(V)；K_A 是放大器的放大倍数；I_{By} 是放大器的输出电流(mA)；K_T 是陀螺力矩器系数(N·m/mA)；M_{By} 是陀螺力矩器的输出力矩(N·m)

由图 8.14 可知，由于沿陀螺输出轴方向作用在陀螺浮子上的干扰力矩 M_{Bf}，以及绕陀螺输入轴的角速度 $(\omega_{IE})_x$ 引起的陀螺力矩 $M_g=(\omega_{IE})_xH$，使得陀螺浮子绕输出轴有转动角度 $\beta(CF)O$，其相应的陀螺传感器输出电压 μ 通过放大器变换成输出电流 I，使陀螺力矩器产生力矩 M_{By}，用来与沿着陀螺输出轴方向作用在陀螺浮子上的等效力矩 $[M_{Bf}+(\omega_{IE})_xH]$ 相平衡。关系式为

$$M_{By}=K_TI=(\omega_{IE})_xH \tag{8.35}$$

$$\omega_d=-M_{Bf}/H=-K_TI/H+(\omega_{IE})_x \tag{8.36}$$

实验过程中，陀螺的壳体固定在实验台台面上，绕陀螺输入轴的角速度就是地球角速度分量，由式(8.35)和式(8.36)知只要精确测量出陀螺力矩器的电流 I，以及陀螺漂移标定因数 $K_{gi}=(K_T/H)$ 和绕陀螺输入轴的地球角速度分量 $(\omega_{IE})_x$，就能精确地计算出陀螺的漂移率 ω_d 或相应的漂移系数。

根据上述的测量原理，主要完成了以下的测试实验内容：

(1) 固定位置 2h 随机漂移

将陀螺固定在实验台台面上，使其输出轴(OA)平行地垂线向上，陀螺电机轴(SA)指北，连续 2h 测试陀螺稳定工作状态的反馈电流以求取陀螺随机漂移。

(2) 固定位置 10min 随机漂移

将陀螺固定在实验台台面上，使其输出轴(OA)平行地垂线向上，陀螺电机轴(SA)指北，连续 10min 测试陀螺稳定工作状态的反馈电流以求取陀螺随机漂移。

(3) 漂移系数 D_F、D_I、D_S 的测试

陀螺应用情况不同，各项静态误差系数的影响程度也不同，有些系数的影响可忽略。例如，在弹道导弹的控制系统，只要求包含 4 项系数的误差模型，即

$$\omega_d=D_F+D_I(SF)_I+D_S(SF)_S+D_{IS}(SF)_I(SF)_S \tag{8.37}$$

实验简化了测试程序,只测试系数 D_F、D_I、D_S,采用如表 8.1 所列的 6 位置实验法。

表 8.1　6 位置实验法陀螺定向

陀螺定向	输出轴(OA)平行地垂线向上		输出轴(OA)垂直地垂线向北			
转台转角	1	2	3	4	5	6
	90°	270°	0°	90°	180°	270°
说明	转台在 0°位置时,陀螺的输入轴(IA)向东;90°时,IA 向南		转台在 0°位置时,陀螺的输入轴(IA)平行于地垂线并向上;90°时,IA 向东			

8.5.3　实验数据

按照上述的实验方法,采用双轴数显手动转台(主轴精度为±4″,俯仰精度为±6″)和自制的精密陀螺测试台,对已组装的 22 块陀螺(与 Q01～Q22 等编号陀螺电机相对应)进行了性能测试,分别采集了固定位置 2h 随机漂移、固定位置 10min 随机漂移。对 6 位置系数 D_F、D_I、D_S各采集 7 组数据,实验采集数据格式如表 8.2 所示,表中以 Q01、Q02、Q03 陀螺为例。

表 8.2　陀螺性能测试数据

陀螺编号	精度等级	$1\sigma D_F$	$1\sigma D_S$	$1\sigma D_I$
Q01	A	0.6	1.0	1.5
		0.7	1.3	1.7
		0.9	0.9	1.2
		0.8	0.9	1.6
		0.9	1.1	0.5
		0.6	0.7	1.1
		0.5	0.9	0.9
Q02	B	1.0	1.5	2.0
		0.8	0.7	2.2
		0.7	1.4	1.8
		0.8	0.8	0.8
		0.8	0.9	2.0
		1.0	1.1	1.1
		0.7	1.3	2.9

续表

陀螺编号	精度等级	$1\sigma D_F$	$1\sigma D_S$	$1\sigma D_I$
Q03	B	1.2	1.4	2.1
		1.0	0.9	3.3
		0.9	0.9	1.6
		0.5	1.1	1.3
		0.6	0.9	1.0
		0.6	1.2	1.4
		0.7	0.9	2.3

8.6 本章小结

本章分析了液浮陀螺的误差模型,研究了电机(浮子)振动对陀螺性能的影响,设计了振动测试和性能测试实验方案,采集了陀螺电机(浮子)振动信号和陀螺性能参数测量数据。针对陀螺电机和浮子的振动特性分别设计了陀螺电机和浮子振动测试实验方案,实现了振动测量和振动信号获取。设计了陀螺性能测试实验方案,根据理论与实际需要选取了具有关键意义的性能参数作为研究对象。

第 9 章　基于电机振动特征的液浮陀螺性能预测技术研究

9.1　陀螺电机振动信号特征提取

9.1.1　时域特征参数提取

在振动测试过程中由于干扰存在，采集信号会出现非线性、非平稳性和非光滑性等特性，使得采集数据偏离其真实数值，给后续分析带来误差甚至错误。只有对振动信号加工和预处理，才能从振动信号中得到所需要的信息。振动信号预处理常用的方法有消除多项式趋势项、平滑预处理和时域平均去噪等。

采用上述方法对获取振动信号进行预处理，可以有效去除信号干扰项和噪声，使处理后的信号更能反映真实运行状态。然而由于信号数据量大，难以直接作为后续研究映射模型的输入向量，仍需要从大量信号数据中提取最能反映信号特征的特征向量。特征提取是在不减少原始信号特征信息蕴含量的前提下，有效降低原始信号维数。信号特征提取是模式识别最关键的步骤，性能再优良的识别模型在差的特征面前也显得无能为力[118]。

在振动信号特征提取中，时域参数因为对运行状态足够敏感，对信号的幅值和频率不敏感，且多依赖于信号幅值概率密度函数而被广泛使用。因此，直接进行振动信号时域分析是最简单、最直接的方法，尤其是电机振动信号中明显存在谐波成分、周期成分或瞬时脉冲成分时会更有效[119]。以下是经常使用的振幅参数，即

均值　　$$X_{\text{mean}} = \frac{1}{n}\sum_{k=1}^{n} x_k$$

绝对均值　　$$X'_{\text{mean}} = \frac{1}{n}\sum_{k=1}^{n} |x_k|$$

最大值　　$$X_{\max} = \max(|x_k|)$$

均方根值　　$$X_{\text{rms}} = \sqrt{\frac{1}{n}\sum_{k=1}^{n} (x_k - X_{\text{mean}})^2}$$

歪度　　$$\alpha = \frac{1}{n}\sum_{k=1}^{n} x_k^3$$

峭度　　$$\beta = \frac{1}{n}\sum_{k=1}^{n} x_k^4$$

上述振幅参数是有量纲参数，不但与状态有关，还与运动参数，如转速、载荷等

有关。无量纲参数指标对信号幅值和频率变化均不敏感,只依赖振动信号的分布密度函数,因此无量纲参数指标也是一类较好的状态参数。常用的无量纲参数有

波形指标 $$S=\frac{X_{rms}}{X'_{mean}}$$

峰值指标 $$C=\frac{X_{max}}{X_{rms}}$$

脉冲指标 $$I=\frac{X_{max}}{X'_{mean}}$$

峭度指标 $$K=\frac{\beta}{X_{rms}^4}$$

计算电机振动信号 Z 方向时域特征参数,组合记为 $\boldsymbol{F}_{Zt}(j)$,其中 Z_t 表征 Z 方向的时域特征参数,j 表示电机编号。同理,可计算 X 方向的时域特征参数,记为 $\boldsymbol{F}_{Xt}(j)$。以 Q15、Q16、Q17 号陀螺电机为例,表 9.1 给出了按上述方法计算的时域特征参数。

表 9.1　电机振动信号时域特征向量

时域特征参数	$\boldsymbol{F}_{Zt}$(Q15)	$\boldsymbol{F}_{Zt}$(Q16)	$\boldsymbol{F}_{Zt}$(Q17)	$\boldsymbol{F}_{Xt}$(Q15)	$\boldsymbol{F}_{Xt}$(Q16)	$\boldsymbol{F}_{Xt}$(Q17)
X_{mean}	−0.0126	0.0118	0.0112	0.0224	−0.0144	−0.0156
X'_{mean}	1.4557	1.1537	1.4676	0.5206	0.3722	0.3910
X_{max}	4.3096	4.2044	4.6249	1.7634	1.4522	1.141
X_{rms}	1.6745	1.4366	1.7949	0.6105	0.4544	0.4724
α	−0.1161	−0.1124	0.1309	0.0009	−0.0105	−0.0133
β	14.842	10.9000	24.4476	0.3014	0.1041	0.1087
S	1.1503	1.2452	1.2231	1.1727	1.2207	1.2084
C	2.5736	2.9266	2.5767	2.8884	3.1962	2.4152
I	2.9605	3.6442	3.1514	3.3873	3.9016	2.9185
K	1.8877	2.5589	2.3554	2.1694	2.4427	2.1820

9.1.2　小波包时频域特征参数提取

在 9.1.1 节研究提取了电机振动信号的时域特征参数,但这还不足以反映振动信号所有特征,还需开展其他特征提取技术的研究。陀螺电机(浮子)振动信号分析表明,尽管不同电机(浮子)振动具有一些共同特点,但不同电机(浮子)振动信号相同频带信号能量存在较大差别。可见,信号各频率成分能量中包含丰富的影响陀螺性能参数的信息,运用小波包分析可以提取陀螺电机 Z 方向和 X 方向振动信号不同频率成分能量作为特征参数。

采用小波包将振动信号分解为不同频段，提取不同频带能量作为振动信号的特征参数。具体算法步骤如下：

Step 1，对采样电机振动信号，采用 db5 小波函数进行 6 层小波包分解。

文献[120]讨论了小波函数的性质及其对小波变换结果的影响，指出在采用小波变换进行信号分析和特征提取时，小波函数的影响是不容忽视的。文献[121]-[123]对不同应用领域小波基函数的选择问题进行了深入研究。在借鉴相关研究成果的基础上，针对分解对象实际，采用 db5 小波函数进行分解。

Step 2，求取第 6 层从低频到高频 16 个频率成分信号的小波包系数，分别记为 $x_{6,0}, x_{6,1}, x_{6,2}, \cdots, x_{6,15}$。

Step 3，计算 16 个频带信号能量，能量记为 $E_0, E_1, E_2, \cdots, E_{15}$，能量是描述信号特征的常用形式，即

$$E_j = \sum_{k=1}^{m} x_{6,j}(k)^2 \tag{9.1}$$

其中，m 表示重构小波包系数 $x_{6,j}$ 数据的长度。

Step 4，构造能量特征向量，$\boldsymbol{F}_w = [E_0, E_1, \cdots, E_{15}]$。

按照上述步骤可计算电机(浮子)振动信号 Z 方向和 X 方向小波包能量特征向量 F_{Zw} 和 F_{Xw}。表 9.2 以 Q15、Q16、Q17 号陀螺电机为例给出实际计算结果。

表 9.2　小波包提取电机振动信号特征向量

特征向量 / 对应频段/Hz	F_{Zw}(Q15)	F_{Zw}(Q16)	F_{Zw}(Q17)	F_{Xw}(Q15)	F_{Xw}(Q16)	F_{Xw}(Q17)
0～32	545.8140	109.6460	392.5670	84.5186	17.5636	8.0152
32～64	7.5861	4.3296	11.4569	1.3979	0.4695	0.2395
64～96	12.0908	8.5870	39.1946	1.9065	1.1198	0.1790
96～128	19.2809	9.7708	40.1771	3.6925	0.4287	0.3191
128～160	68.2842	65.9859	307.6783	6.0363	11.5233	3.5459
160～192	1309.4110	984.8746	1733.6607	132.8582	91.4134	89.6538
192～224	44.8047	19.0732	123.2658	8.3929	1.4778	1.2401
224～256	427.2217	288.3679	725.7788	45.7459	25.4113	34.4385
256～288	95.3972	43.7642	116.2593	12.7579	19.1309	4.2885
288～320	25.1395	10.5930	26.2878	4.3106	1.7259	1.2196
320～352	31.0378	7.4395	42.8125	5.8526	1.0353	1.6134
352～384	25.2992	5.2234	42.5388	3.2474	1.6142	1.3812
386～418	305.3956	103.5743	1225.6910	36.4714	30.3410	15.1871
416～448	6419.578	5092.453	8679.326	729.0803	480.2543	519.6799
448～480	51.3136	34.1675	195.642	6.3012	7.9379	4.8731
480～512	2146.4600	1779.9950	3046.3930	239.2341	180.0602	195.0368

9.1.3 EMD 特征参数提取

Cohen 曾给出信号时程平稳或非平稳一个广泛的定义，即如果在某种意义上一个信号不变化，那么它就是平稳的，除此之外它就是非平稳的，即若所研究信号一个或几个平均值随时间变化而变化，该过程为非平稳过程[124]。从这个意义上来讲，目前信号处理所研究的在自然或人工环境下采集的信号绝大多数为非平稳信号，这里测取的电机(浮子)振动信号也不例外。

短时傅里叶变换、Wigner-Ville 分布、小波变换等时频分析法可以对非平稳信号进行分析，但这些方法都是以 Fourier 变换为理论依据，不可避免会遭受 Fourier 分析非平稳、非线性信号的缺陷，如出现虚假频率。因此，只能粗略揭示信号的频率变化规律。正是在这一背景下，1998 年由 Huang 提出一种用于分析非平稳信号的数据处理方法——希尔伯特黄变换(Hilbert Huang transform, HHT)[125]。该方法首先通过 EMD 在时域上把原信号分解为具有单一成分固有模态函数(intrinsic mode function, IMF)，而后对具有单一成分数据进行 HHT 变换获取具有物理意义的瞬时频率谱。

对信号进行经验模态分解得到固有模态函数 IMF 是 HHT 时频域分析的前提，同时也为采用其他方法分析信号打下基础，下面简述 EMD 方法的基本原理和算法。要把信号经验模态分解为单分量固有模态函数 IMF，要首先定义 IMF，Huang 对 IMF 作了如下定义。IMF 必须满足以下两个条件[125]：

① 整个数据极值点和过零点的数目必须相等或至多相差一个。

② 在任意数据点，局部极大值包络和局部极小值包络的均值须为零，即信号关于时间轴局部对称。

在 IMF 定义的基础上，Huang 提出了将任意信号分解为 IMF 分量的 EMD 方法。与其他信号处理方法相比，EMD 方法是直观的、直接的以及自适应的，分解所用的基是基于并且源于原始信号的。该方法的实质是通过特征时间尺度来识别信号中所蕴涵的固有振动模态，然后对其进行分解。在这一过程中，特征时间尺度及 IMF 定义都具有一定的经验性和近似性。

EMD 方法分解信号基于以下假定：

① 被分解的信号至少有两个极值点，一个极大值和一个极小值。

② 局部特征时间尺度定义为信号中两临近极大值点或极小值点的时间间隔。

③ 如果信号中没有极值点但包含一些拐点，可以先对信号微分一次或几次，使极值点显露出来，最后可对分解得到的分量进行积分得到最终的结果。

对于信号 $x(t)$ 经验模态分解步骤如下：

Step 1，确定所有的局部极大值点，然后用三次样条线将所有局部极大值连接起来形成包络线 $x_{\max}(t)$。同样，找到信号所有极小值，拟合出下包络线 $x_{\min}(t)$，计

算上下包络线的平均值 $m_1(t)$，即

$$m_1(t)=\frac{x_{\max}(t)+x_{\min}(t)}{2} \tag{9.2}$$

Step 2，求取 $h_1(t)$，即

$$h_1(t)=x(t)-m_1(t) \tag{9.3}$$

Step 3，判别 $h_1(t)$是否满足 IMF 的两个必要条件，若满足，记 $c_1(t)=h_1(t)$，$c_1(t)$ 就是信号 $x(t)$的第一个 IMF 分量；若不满足，令 $x(t)=h(t)$，重复以上步骤得到

$$h_{11}(t)=h_1(t)-m_{11}(t) \tag{9.4}$$

其中，$m_{11}(t)$是 $h_1(t)$的上下包络线均值，若 $h_{11}(t)$不满足 IMF 必要条件，继续重复上述步骤 k 次进行筛选，得到 k 次筛选数据 $h_{1k}(t)$，即

$$h_{1k}(t)=h_{1(k-1)}(t)-m_{1(k-1)}(t) \tag{9.5}$$

Step 4，直到 $h_{1k}(t)$满足 IMF 条件，记 $c_1(t)=h_{1k}(t)$，$c_1(t)$即是信号 $x(t)$的第一个 IMF 分量。

应用中为了保证 IMF 分量在幅值和频率上有明确的物理意义，对筛分的迭代次数应有所限制，迭代次数过多有可能使得所有 IMF 分量成为一个具有常幅值的调频信号，仅仅保留了频率调制的特点，而无法说明幅值变化的物理现象。常用经验式(9.6)判断，即

$$\mathrm{SD}=\frac{\sum_{t=0}^{T}\left|h_{1(k-1)}(t)-h_{1k}(t)\right|^2}{\sum_{t=0}^{T}h_{1(k-1)}^2(t)} \tag{9.6}$$

其中，T 为信号序列的总时间长度；SD 称为筛分阈值，一般取 0.2～0.3。如果 SD 小于这个阈值，筛分过程结束。按上述方法得到原始信号第一个 IMF 分量 $c_1(t)$，该分量为原始信号中最高频的分量。从原始信号中分离出来以后，得到如下残余信号，即

$$r_1(t)=x(t)-c_1(t) \tag{9.7}$$

然后将 $r_1(t)$作为初始信号，对其进行上述筛分处理，可得到第二个 IMF 分量 $c_2(t)$，将 $r_1(t)$减去 $c_2(t)$后可得 $r_2(t)$；如此重复下去，就会得到一系列 IMF 分量，即

$$\begin{cases} r_1(t)=x(t)-c_1(t) \\ r_2(t)=r_1(t)-c_2(t) \\ \quad\vdots \\ r_n(t)=r_{n-1}(t)-c_n(t) \end{cases} \tag{9.8}$$

上述过程结束的标准为：

① 残余信号 $r_n(t)$的值非常低，低于预先设定值。

② 残余信号 $r_n(t)$为时间的单调函数。

这两个条件只要满足一条，EMD 过程就结束，原始信号就被分解成了数个 IMF 分量和一个残余信号 $r_n(t)$，可以表示为

$$x(t)=\sum_{i=1}^{n}c_i(t)+r_n(t) \tag{9.9}$$

EMD 应用过程中通常需要解决 EMD 边界处理、包络线或均值线拟合、筛选停止准则、模式混叠及虚假模式等关键问题。国内外科研工作者在上述几个关键问题上开展了大量的研究，提出了一些有价值的改进措施，改善了 EMD 分析效果，但上述关键问题仍然没有得到彻底解决，这给 EMD 方法的应用带来挑战。在这些研究基础上，我们分析认为 IMF 判别准则确定以后，包络线拟合是 EMD 筛分过程的关键。EMD 作为一种经验性算法，拟合信号上下包络线时，易出现过冲、欠冲及不完全包络等问题，会导致模式分解结果失真。针对这一问题，我们提出一种改进 EMD 方法，旨在有效改善过冲。

包络拟合方法研究受到许多研究者的重视，在不同领域取得较好的应用效果，但在实际应用过程中仍存在不足。我们以三次样条插值法为例另辟蹊径从极值点的选定入手对包络方法改善展开研究。

对于某些复杂信号，极值点存在比较特殊的情况，如图 9.1 所示。信号 $x(t)$ 的某些极小值点 $x_{\min}$（○箭头所指）在水平坐标轴上方，即 $x_{\min}>0$，这些极小值点定义为虚极小值点。同理，若极大值点 $x_{\max}$（☆箭头所指）在水平坐标轴下方，即 $x_{\max}<0$，定义为虚极大值点。

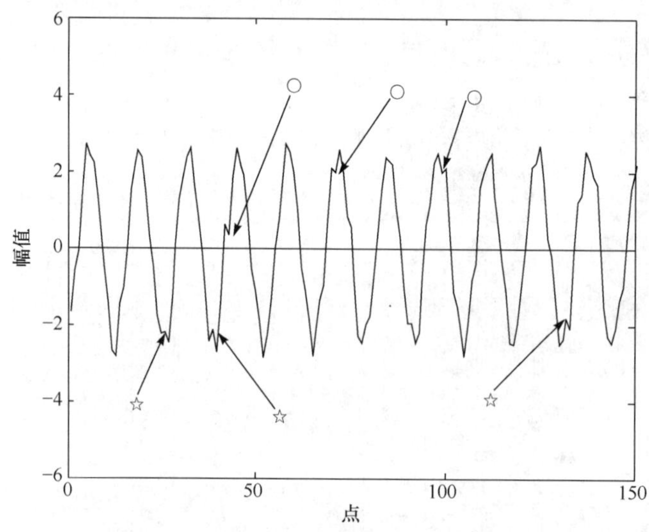

图 9.1 信号虚极值点示意图

在虚极值点存在的情形下，绘制的信号 $x(t)$ 的上包络线、下包络线和均值包络线如图 9.2 所示。可以看出，上下包络线存在明显的过冲现象，这会导致信号 EMD 筛选过程不平稳，变化程度剧烈。会影响分解得到平稳 IMF 分量，也可能导致伪 IMF 分量的出现。

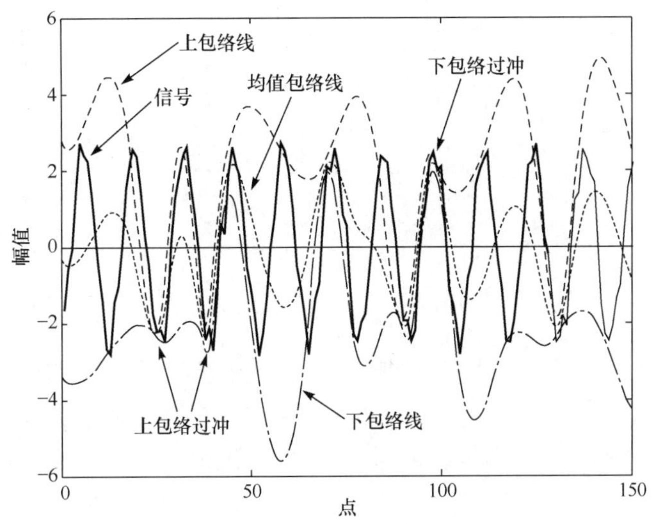

图 9.2　信号存在虚极值点的包络图

针对这一问题，从虚极值点入手提出一种改进 EMD 包络方法，具体方法是 EMD 过程中找出局部极值点中所有的虚极大(小)值点，给这些点赋值 0，其余极值点的值不变，即

$$\begin{cases} x'_{\min}(i)=x_{\min}(i), & x_{\min}(i)\leqslant 0 \\ x'_{\min}(i)=0, & x_{\min}(i)>0 \end{cases} \tag{9.10}$$

$$\begin{cases} x'_{\max}(j)=x_{\max}(j), & x_{\max}(j)\geqslant 0 \\ x'_{\max}(j)=0, & x_{\max}(j)<0 \end{cases} \tag{9.11}$$

然后对新赋值的极值点 $x'_{\min}(i)$ 和 $x'_{\max}(j)$ 进行三次样条插值拟合得出上、下包络线。采用新方法拟合的包络线如图 9.3 所示，可以看出图 9.3 较图 9.2 中的上、下包络和均值包络线的过冲现象明显减弱。

以实验测得的某 q 电机预处理后 Z 方向振动信号为例，采用改进 EMD 方法对其进行分解，提取特征向量。振动信号 EMD 特征提取方法如下：首先应用改进 EMD 方法对振动信号进行分解，得到 10 个 IMF 分量 $c_1,c_2,\cdots,c_{10}$；然后计算各 IMF 分量的能量，即

$$e_i=\sum_{l=1}^{n}\left|c_i(l)\right|^2 \tag{9.12}$$

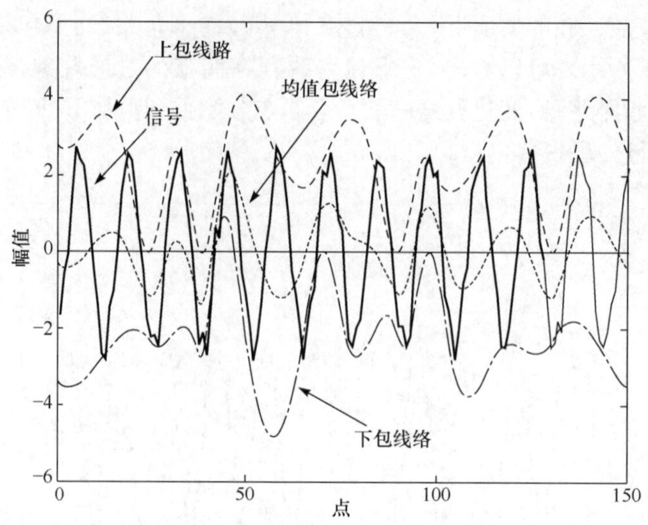

图 9.3 信号改进 EMD 包络图

其中，$i=1,2,\cdots,10$；$l=1,2,\cdots,n$；n 为信号采样点数。令 $\boldsymbol{F}_{ZE}(q)=[e_1,e_2,\cdots,e_{10}]$ 记为该信号的 EMD 特征向量。表 9.3 以 Q15、Q16、Q17 号陀螺电机为例给出计算结果。

表 9.3 EMD 方法提取电机振动信号特征向量

特征向量 / IMF	$\boldsymbol{F}_{ZE}$(Q15)	$\boldsymbol{F}_{ZE}$(Q16)	$\boldsymbol{F}_{ZE}$(Q17)	$\boldsymbol{F}_{XE}$(Q15)	$\boldsymbol{F}_{XE}$(Q16)	$\boldsymbol{F}_{XE}$(Q17)
IMF1	2107.879	3513.0566	9477.5045	387.5305	120.4974	640.5282
IMF2	9354.051	5481.9719	5363.4512	988.3838	701.3712	356.7607
IMF3	749.7457	246.1950	129.2237	306.3819	76.3982	35.6113
IMF4	79.9047	52.0093	31.0654	27.1518	7.7213	4.8241
IMF5	38.5186	17.5884	23.8574	8.6350	3.8210	2.2853
IMF6	19.9779	7.2764	29.4704	5.0221	2.9903	1.3774
IMF7	14.1546	9.9882	29.8476	3.3461	1.9110	0.5840
IMF8	11.7353	7.6513	17.600	1.8855	4.1976	0.6870
IMF9	2.5618	30.3392	6.5704	2.4711	17.9264	1.2999
IMF10	2.4898	0.9110	1.4898	2.3487	0.3402	3.3692

9.1.4 基于马氏距离的有效特征向量确定

采用上述理论和方法，分别提取了 22 个电机 Z 方向振动信号时域 10 维特征向量 F_{Zt}，16 维小波包能量特征向量 $\boldsymbol{F}_{Zw}$ 和 10 维 EMD 特征向量 $\boldsymbol{F}_{ZE}$。X 方向与 Z 方向相同。最后将一个电机所对应的 Z 方向和 X 方向特征向量组合，得到电机振动信号的初始特征向量 $\boldsymbol{F}$,如图 9.4 所示。

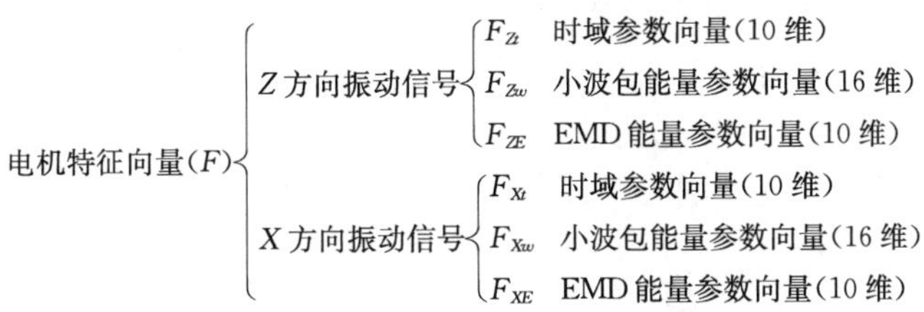

图 9.4　电机振动信号初始特征向量构成图

可见提取的电机振动信号初始特征向量 $\boldsymbol{F}$ 为 72 维向量,有 72 个特征参数。虽然有效降低了原始信号的维数,但将 72 个特征参数作为模型输入,计算仍然很复杂、难度很大,还需要研究如何从 72 个特征参数中优选出最具代表性的一些参数,来降低后续工作的难度。

特征参数选择的目标是依据所提供的样本信息,从集合中选择一个特征子集,使该子集对应的特征向量样本满足某种目标函数[126]。目标函数通常有两种:

① 采用分类结果作为目标函数,优点是针对性强,能得到更高的识别率。

② 采用距离函数作为目标函数,优点是通用性强,运算速度快。

距离是抽象的数学概念,可用于描述对象之间的差异程度。直观上距离应该满足以下要求:

① 对象 X_i 和 X_j 之间的距离是与 X_i 和 X_j 相关的数学表达式,即 X_i 和 X_j 的函数。

② 任何两个对象之间距离大于等于 0,且仅当 X_i 和 X_j 相同时距离为 0。

③ X_i 和 X_j 之间距离等于 X_j 和 X_i 之间距离。

如果对象 X_i 和 X_j 的函数 $d_{ij}=d(X_i,X_j)$ 满足 $d_{ij}\geqslant 0$,对一切 X_i,X_j 当且仅当 $X_i=X_j$ 时有 $d_{ij}=0$;$d_{ij}=d_{ji}$;对于 X_i,X_j,X_k,满足三角不等式 $d_{ij}\leqslant d_{ik}+d_{kj}$,则定义 d_{ij} 为 X_i 和 X_j 之间的距离。

常用的距离有欧氏距离和马氏距离等,也可以根据实际问题自定义距离。文献[127]采用基因的 Bhattacharyya 距离来区分无关基因和有关基因。文献[128]提出一种基于马氏距离的线性判别分析分类算法,选取判别函数为马氏距离。文献[129]提出了一种采用样本到某一类的马氏距离来提取可能成为支持向量的数据的方法。

基于距离的思想借鉴上述文献研究思路,将振动信号某一特征参数在不同样本(陀螺电机振动信号)中的数值组合为向量,称为特征参数向量,作为一个对象,所有特征参数的向量矩阵作为对象总体。当总体中某一对象距离总体较远时,总体的特性不能有效表征该个体对象的特性,该对象即为总体中的一个特征对象。相反,若某一对象距离总体较近,可认为总体的特性能有效表征这个对象的特性,采用总体可表征该类对象个体,可选取距总体距离较远的部分个体和总体均值来表征总体，这样能够有效降低特征的维数。

采用马氏距离计算个体对象到总体的距离值。马氏距离是由印度统计学家Mahalanobis于1936年提出的，表示数据的协方差距离，与欧式距离不同的是马氏距离考虑到各种特性之间的联系并且与测量单位无关。设总体G的均值为u，协方差阵为V，X_i、X_j为总体G的样本，则有

$$D_{ij}=d(X_i,X_j)=\sqrt{(X_i-X_j)'V^{-1}(X_i-X_j)} \tag{9.13}$$

D_{ij}为对象X_i和X_j之间的马氏距离。

$$D_{iu}=d(X_i,G)=\sqrt{(X_i-u)'V^{-1}(X_i-u)} \tag{9.14}$$

D_{iu}为对象X_i和总体之间的马氏距离。

将提取所有电机振动信号的72个特征参数向量作为对象总体G，特征参数矩阵中每一特征参数向量作为研究对象$X_i(i=1,2,\cdots,72)$。分别计算各对象X_i到总体G的马氏距离，计算距离大的对象是远离总体G的特征参数，认为是起到关键作用的有关特征参数；计算距离小的对象是靠近总体G的特征参数，可用总体参数代表之，为无关特征参数。依据计算特征参数向量距离总体马氏距离的大小，将特征参数分为有关特征参数和无关特征参数两类。设S_I为有关特征参数集合，S_N为无关特征参数集合，则有关特征参数和无关特征参数定义为

$$g\in\begin{cases}S_I, & D(g)>\theta\\ S_N, & D(g)\leqslant\theta\end{cases} \tag{9.15}$$

其中，g为某一特征参数；$D(g)$为特征参数g到对象总体的马氏距离；θ为指定的阈值。

按照式(9.14)分别计算各特征参数向量距离总体的马氏距离，作出特征参数马氏距离分布直方图如图9.5所示。表9.4给出了不同距离范围内特征参数个数的分布情况。

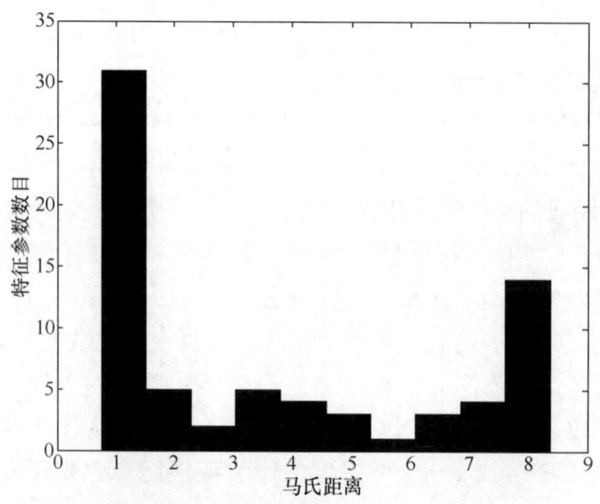

图9.5　特征参数向量距总体马氏距离分布直方图

表 9.4　特征参数向量距总体马氏距离分布情况

马氏距离	特征参数个数	所占比例/%
0～1	29	40.28
1～7	25	34.72
7～8	18	25

由图 9.5 和表 9.4 可知，40.28%特征参数向量距离总体的马氏距离小于 1，这些特征参数向量距总体距离较小，34.72%特征参数向量距离总体的马氏距离在 1～7 之间，25%特征参数向量距离总体的马氏距离大于 7，这些特征参数向量距总体距离较大。通过反复实验验证，取 $\theta=7$，在 72 个特征参数中，18 个为有关特征参数，其余 54 个为无关特征参数。研究最终选取马氏距离大于 7 的 18 个有关特征参数和总体 G 的均值作为电机振动信号的有效特征参数，为进一步研究提供基础。提取的单个电机振动信号的有效特征向量 $\boldsymbol{F}_{有效}$ 如表 9.5 所示。

表 9.5　电机振动信号有效特征向量组成情况表

序号	类别	特征参数	备注
1	Z 方向	β	峭度
2		C	峰值指标
3		0～32(Hz)	小波包频段
4		32～64(Hz)	小波包频段
5		128～160(Hz)	小波包频段
6		160～192(Hz)	小波包频段
7		224～256(Hz)	小波包频段
8		256～288(Hz)	小波包频段
9		386～418(Hz)	小波包频段
10		IMF1	EMD 固有模态函数
11		IMF2	EMD 固有模态函数
12		IMF3	EMD 固有模态函数
13		IMF9	EMD 固有模态函数
14	X 方向	0～32(Hz)	小波包频段
15		416～448(Hz)	小波包频段
16		IMF1	EMD 固有模态函数
17		IMF2	EMD 固有模态函数
18		IMF3	EMD 固有模态函数
19	总体	G	

9.2 基于优化 BP 神经网络的陀螺性能预测方法

在 9.1 节中实现了电机振动信号有效特征向量的提取，下面研究振动信号有效特征向量和陀螺性能参数之间的映射关系，确定映射模型，也就是确定图 9.6 中函数关系式，性能参数$=\Phi$(振动信号有效特征向量)。

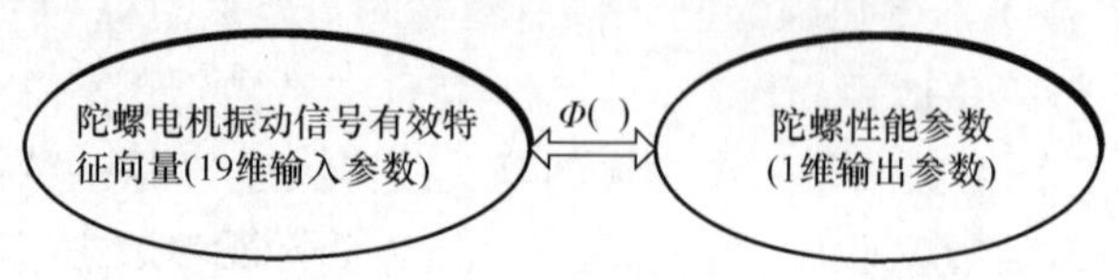

图 9.6　映射关系图

由液浮陀螺漂移误差模型可见液浮陀螺性能影响因素十分复杂，难以从影响机理入手直接建立电机振动信号有效特征向量和液浮陀螺性能参数之间的数学模型，而在现有理论基础和技术条件下可以依据相关样本数据建立数学模型。鉴于 BP 神经网络模型不涉及系统工作原理，能实现高度非线性复杂映射，且基于样本数据具有很强的学习能力和泛化能力，研究采用 BP 神经网络模型来逼近电机振动信号有效特征向量和液浮陀螺性能参数之间的映射函数 Φ。针对 BP 神经网络模型在应用中存在的不足，深入研究 BP 神经网络模型的优化方法，通过优化权重和阈值初始化方法，优选神经网络模型的结构参数，以及优化神经网络模型训练后的权重和阈值，最终确定函数 Φ 的表达式。研究路线如图 9.7 所示。

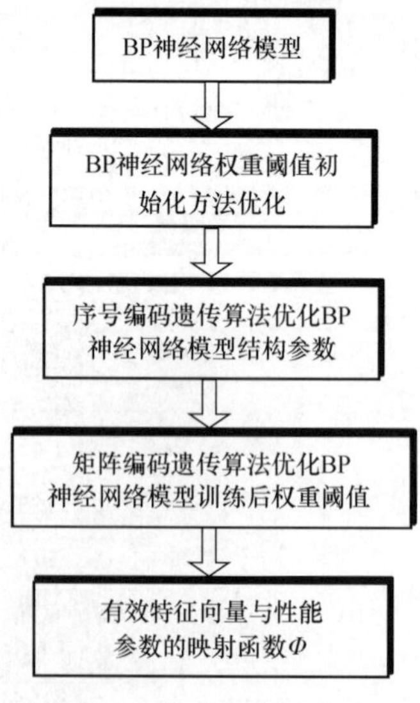

图 9.7　研究路线图

9.2.1　BP神经网络陀螺性能预测方法

神经网络全称是人工神经网络，是在现代神经生物学研究基础上发展起来的一种模拟人脑信息处理机制的网络系统。它不但具有处理数据的一般计算能力，还具有处理知识的思维、学习和记忆能力[130,131]。自20世纪80年代中期以来，许多国家都掀起了人工神经网络的研究热潮，形成近代非线性科学和计算智能研究的主要内容之一。目前，人工神经网络由于具有大规模并行处理、容错、自组织和自适应能力以及联想功能，已成为解决许多科学领域实际问题的有力工具，对突破现有科学技术的瓶颈，深入探索非线性复杂系统起到了重大作用。

1. BP神经网络模型

采用误差反向传播算法的多层前馈人工神经网络称为BP神经网络(BP neural network, BPNN)。BP算法是一种前馈网络学习算法，前馈网络是一种最基本的神经网络形式，由于没有反馈环节，所以前馈网络是稳定的。在网络学习训练的过程中，首先将输入向量和其对应的目标向量输入网络，计算期望输出和实际输出的误差，而后网络按减小期望输出和实际输出误差的方向，从输出层经中间层向输入层逐步修改网络初始化产生权重和阈值。如此反复训练直到网络的希望输出和实际输出误差趋向给定极小值即完成网络学习和训练。BP神经网络由于结构简单、可塑性强，特别是它的数学意义明确、步骤分明的学习算法更使其得到广泛应用。BP神经网络主要用于：

① 函数逼近，用输入向量和相应的输出向量训练一个网络逼近一个函数。

② 模式识别，用一个特定的输出向量将它与输入向量联系起来。

③ 数据压缩，减少输出向量维数以便于传输或存储。

BP神经网络通常由多个网络层构成，包括一个输入层、若干个中间层和一个输出层。其特点是各层神经元仅与相邻层神经元之间有连接；各层内神经元之间没有任何连接；各层神经元之间也没有反馈连接。典型3层BP神经网络模型结构如图5.3所示。据文献[132]证明，一个三层的BP神经网络可以完成任意的n维到m维的映射。这里采用含有一个隐藏层的三层BP神经网络。由图9.8可知，三层BP神经网络的输出向量a^2表达式为

$$a^2=f^2(lw^{2,1}X(f^1(iw^{1,1})\times p)+b^1))+b^2 \tag{9.16}$$

其中，p为输入向量；f^1和f^2分别为隐藏层和输出层的传递函数；s^1和s^2分别为隐藏层和输出层的神经元个数；iw为输入层与隐藏层之间的权重；lw为隐藏层与输出层之间的权重；b^1和b^2分别为隐藏层和输出层的阈值。

基于式(9.16)，BP神经网络模型能完成n维空间向量到m维空间的近似映射[133]。若使用BP神经网络模型取代图9.6中数学模型Φ，使用BP神经网络模

型实现输入参数与输出参数之间的非线性映射，得到的映射关系如图 9.9 所示。

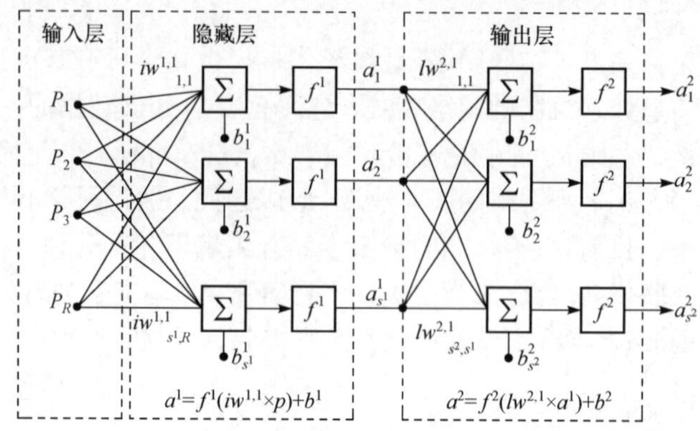

图 9.8 典型三层神经网络模型结构

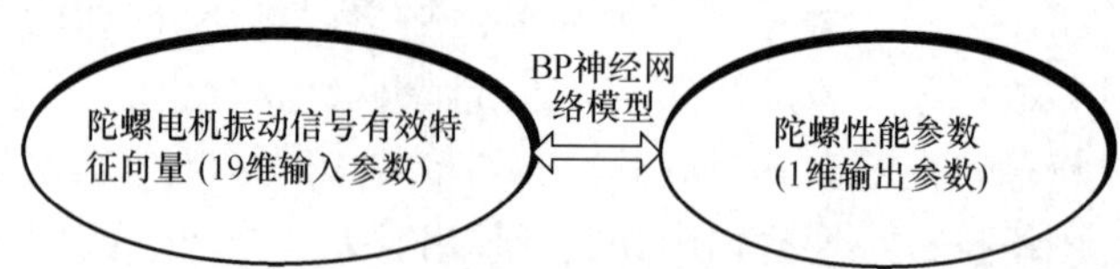

图 9.9 基于 BP 神经网络的映射关系图

2. 陀螺性能 BP 神经网络预测模型

前面研究了振动信号特征提取技术，提取了电机振动信号有效特征向量($\boldsymbol{F}_{有效}$)，也通过实验获取了对应液浮陀螺关键性能参数 D_I。下面研究内容之一就是建立二者之间的映射关系，即确定函数关系式 $D_I=\Phi(\boldsymbol{F}_{有效})$，采用 BP 神经网络模型来逼近函数 Φ，建立映射关系。通过实验研究，提取了 22 个陀螺电机振动信号有效特征向量及其装配成品陀螺的性能数据，如表 9.6 所示。

表 9.6 电机样本数据

序号	陀螺电机编号	有效特征向量	性能参数	陀螺品级	样本类别
1	Q01	$\boldsymbol{F}_{有效}$(Q01)	3.0	B	
2	Q02	$\boldsymbol{F}_{有效}$(Q02)	1.4	A	
3	Q03	$\boldsymbol{F}_{有效}$(Q03)	1.5	A	
4	Q04	$\boldsymbol{F}_{有效}$(Q04)	1.7	A	
5	Q05	$\boldsymbol{F}_{有效}$(Q05)	2.7	B	
6	Q06	$\boldsymbol{F}_{有效}$(Q06)	1.2	A	

续表

序号	陀螺电机编号	有效特征向量	性能参数	陀螺品级	样本类别
7	Q07	$\boldsymbol{F}_{有效}$(Q07)	2.8	B	
8	Q08	$\boldsymbol{F}_{有效}$(Q08)	2.9	B	
9	Q09	$\boldsymbol{F}_{有效}$(Q09)	2.8	B	训练样本
10	Q10	$\boldsymbol{F}_{有效}$(Q10)	1.5	A	
11	Q11	$\boldsymbol{F}_{有效}$(Q11)	1.6	A	
12	Q12	$\boldsymbol{F}_{有效}$(Q12)	1.7	A	
13	Q13	$\boldsymbol{F}_{有效}$(Q13)	2.9	B	
14	Q14	$\boldsymbol{F}_{有效}$(Q14)	3.3	B	
15	Q15	$\boldsymbol{F}_{有效}$(Q15)	3.3	B	
16	Q16	$\boldsymbol{F}_{有效}$(Q16)	1.6	A	
17	Q17	$\boldsymbol{F}_{有效}$(Q17)	1.7	A	
18	Q18	$\boldsymbol{F}_{有效}$(Q18)	1.4	A	
19	Q19	$\boldsymbol{F}_{有效}$(Q19)	2.8	B	
20	Q20	$\boldsymbol{F}_{有效}$(Q20)	3.4	B	测试样本
21	Q21	$\boldsymbol{F}_{有效}$(Q21)	1.3	A	
22	Q22	$\boldsymbol{F}_{有效}$(Q22)	2.9	B	

表 9.6 中样本分为训练样本(共 17 组数据)和测试样本(共 5 组数据),训练样本用来对 BP 神经网络模型进行训练以得到模型,并验证模型的学习能力。测试样本用来对训练获取模型进行测试,验证模型的泛化能力。实际应用中学习能力和泛化能力是模型最重要的性能指标,学习能力表征对已知训练学习样本的逼近能力,泛化能力表征模型对未知输入的预测能力。

BP 神经网络模型结构参数是影响模型应用效果的关键因素。该方面研究也得到了广泛的重视。文献[134]-[137]等开展了 BP 神经网络模型结构参数确定的相关研究,并将研究结果应用于不同实际问题中,取得较好的效果。总结和吸取这些研究经验,采用 19 输入、单输出的三层 BP 神经网络模型,选取隐藏层节点数为 50,输入层到隐藏层传递函数类型为 tansig()函数,隐藏层到输出层传递函数类型为 purelin()函数,采用量化共轭梯度法 trainscg()训练神经网络。进行 6 次实验,取 6 组数据平均值作为最终预测结果,如表 9.7 和图 9.10 所示。

表 9.7　BP 神经网络模型预测结果

陀螺序号	实测数据		模型预测结果		品级预测准确率/%	预测平均相对误差/%
	性能参数	陀螺品级	性能参数	陀螺品级		
Q18	1.4	A	2.8329	B	80	35.65
Q19	2.8	B	2.0575	B		
Q20	3.4	B	2.8269	B		
Q21	1.3	A	1.5441	A		
Q22	2.9	B	3.2983	B		

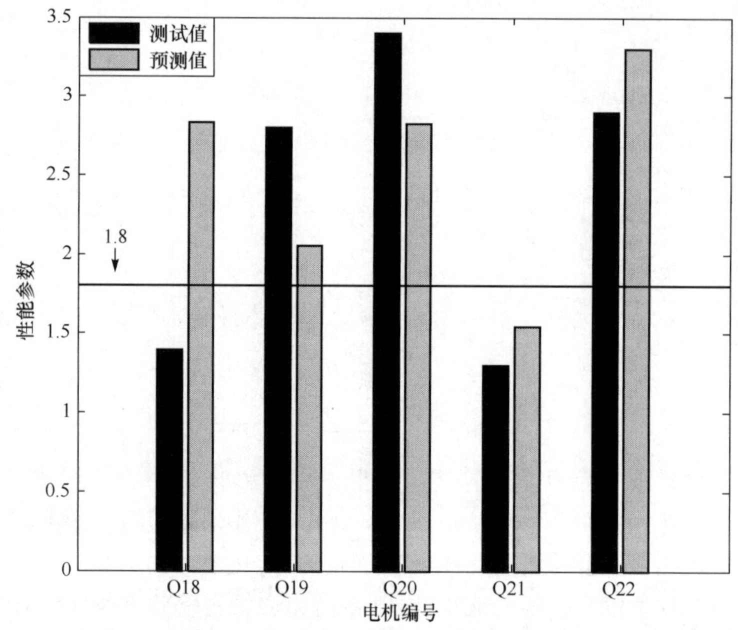

图 9.10　BP 神经网络预测结果柱形图

由图 9.10 和表 9.7 可知，BP 神经网络模型对性能参数的预测平均相对误差高达 35.65%，分类准确率为 80%。可见基于电机振动信号的 BP 神经网络预测模型，在陀螺性能参数预测中能取得一定效果，但结果不够理想，分类准确率在可接受范围，但相对误差较高，需要对 BP 神经网络模型开展优化研究，以提高模型的预测性能。

3. BP 神经网络模型局限性及改进思路

虽然 BP 神经网络的理论依据坚实，物理概念清楚，推导过程严谨，所得公式对称，通用性强，但是以误差平方为目标函数的 BP 算法，不可避免存在以下缺陷[138]。

① 易陷入局部极值。由于采用非线性梯度优化算法，BP 算法可使网络收敛到一个解，但不能保证是全局最优解，可能陷入局部极值或易形成局部极值而得不到整体最优。

② 初始化权重和阈值对 BP 神经网络模型影响明显。BP 神经网络初始化权重和阈值通常为随机数，这是影响网络训练能否达到可接受误差的重要因素之一。

③ 网络结构难以确定（包括隐藏层节点数、传递函数、训练函数等）。在使用 BP 神经网络模型时，遇到的最大问题就是网络最佳结构难以确定。目前，确定 BP 神经网络模型隐藏层数以及隐藏层节点数的方法没有充分的理论依据，而传递函数、训练函数等参数的选择，更是大多靠人为经验和反复实验来确定。

④ 网络泛化能力得不到保证。BP 神经网络模型的结构复杂性、训练样本的数量和质量、网络的初始化权值、学习时间、目标函数的复杂性、对目标函数的先验知识等，这些因素都对神经网络的泛化能力有一定影响，既有定量的，也有定性的，影响情况错综复杂，通常会导致 BP 神经网络的泛化能力较弱。

上面几点是 BP 神经网络最引人注目的问题，很有研究价值。为此，许多研究者提出了改进算法[134, 138]，主要围绕以下几个方面进行：

① 改进学习率参数调节方法，如学习率大小随误差梯度而变化。

② 改变作用函数，如把 sigmoid 函数修正成分段函数。

③ 权值修正方法，如动量项法、牛顿法。

④ 改变误差函数。

各种改进算法对提高 BP 算法收敛和克服局部极值有一定的进步意义，但也有局限性，有的改进方法效果不是很明显，也有的方法非常复杂不易实现。因此，本书从研究问题的实际出发，针对 BP 神经网络的缺陷，基于遗传算法的优化思想对模型进行三次优化改进，包括以下三个步骤：

Step 1，针对权重和阈值随机初始化的缺陷，提出全新的权重和阈值初始化方法，以降低其关联性对模型性能的影响。

Step 2，关于最佳网络结构参数确定的问题，基于遗传算法强大的组合优化能力，提出采用序号编码遗传算法选择最优结构参数，减小实验、经验等“试凑”方法应用中人员的工作量以及降低人为工作的不确定性，确保能够得到最优组合。

Step 3，基于遗传算法优化进化能力，提出新颖矩阵编码遗传算法，实现对训练后 BP 神经网络模型权重和阈值的优化。

9.2.2　权重和阈值优化的 BP 神经网络陀螺性能预测方法

由上节相关内容可知，BP 神经网络模型的预测结果还存在比较明显的误差。

这与神经网络的局限性有关，权重和阈值初始化算法是影响 BP 神经网络性能的主要原因之一。下面对权重和阈值对 BP 神经网络模型的影响入手开展模型优化研究。

BP 神经网络模型初始化权重和阈值是基于 Nguyen-Widrow 算法随机产生的，称为原始初始化算法，即

$$w=0.7\times s^{1/r}\times \text{randanr}(s,r) \tag{9.17}$$

$$d=w\times y+0.7\times s^{1/r}\times \text{linspace}(-1,1,s)\times \text{sign}(w(:,1)) \tag{9.18}$$

其中，s 为该层神经元个数；r 为输入向量的维数；y 为与输入向量最大值和最小值相关的参数；randanr()、linspace()和 sign()为随机生成函数、线性分布函数和正负号函数；w 和 d 再经过简单的矩阵运算即为该层权重和阈值初始值。

由式(9.17)和式(9.18)可知由该算法生成的初始权重和阈值有较大相关性，会影响 BP 神经网络模型的训练速度和预测性能。鉴于此，提出三种二次初始化方法，以改善原初始化方法的不足。

方法 1，在原始初始化以后，将隐藏层和输出层的阈值 b^1，b^2 置 0。

方法 2，在方法一的基础上，将隐藏层到输出层的权重参数 lw 全部置 1。

方法 3，在方法一的基础上，采用 randanr()函数随机产生隐藏层到输出层的权重 lw。

为了验证提出算法的有效性，采用表 9.6 中样本数据进行实验。此处改进 BP 神经网络模型与上文模型结构相同，亦为 19 输入、单输出的三层 BP 网络，选取隐藏层节点数为 50，输入层到隐藏层传递函数类型为 tansig()函数，隐藏层到输出层传递函数类型为 purelin()函数，采用量化共轭梯度法 trainscg()训练神经网络。实验分别采用原始初始化方法、方法 1、方法 2 和方法 3 对 BP 神经网络进行初始化，分析预测结果以判别各种方法的优劣。为了确保实验条件的一致性，实验在同一计算机相同的软件环境下运行。具体结果如表 9.8 和图 9.11～图 9.13 所示。

表 9.8　BP 神经网络模型与优化权重阈值 BP 神经网络模型预测结果对比

初始化方法	陀螺编号	实测数据		模型预测结果		品级预测准确率/%	预测平均相对误差/%
		性能参数	陀螺品级	性能参数	陀螺品级		
原始方法	Q18	14	A	2.8329	B	80	35.65
	Q19	2.8	B	2.0575	B		
	Q20	3.4	B	2.8269	B		
	Q21	1.3	A	1.5441	A		
	Q22	2.9	B	3.2983	B		

续表

初始化方法	陀螺编号	实测数据		模型预测结果		品级预测准确率/%	预测平均相对误差/%
		性能参数	陀螺品级	性能参数	陀螺品级		
方法 1	Q18	1.4	A	2.8698	B	80	34.84
	Q19	2.8	B	1.8211	B		
	Q20	3.4	B	2.8747	B		
	Q21	1.3	A	1.4879	A		
	Q22	2.9	B	3.0260	B		
方法 2	Q18	1.4	A	2.6110	B	80	32.36
	Q19	2.8	B	2.2559	B		
	Q20	3.4	B	2.8740	B		
	Q21	1.3	A	1.4350	A		
	Q22	2.9	B	3.7701	B		
方法 3	Q18	1.4	A	2.8690	B	80	29.83
	Q19	2.8	B	2.2424	B		
	Q20	3.4	B	2.7746	B		
	Q21	1.3	A	1.5377	A		
	Q22	2.9	B	3.0260	B		

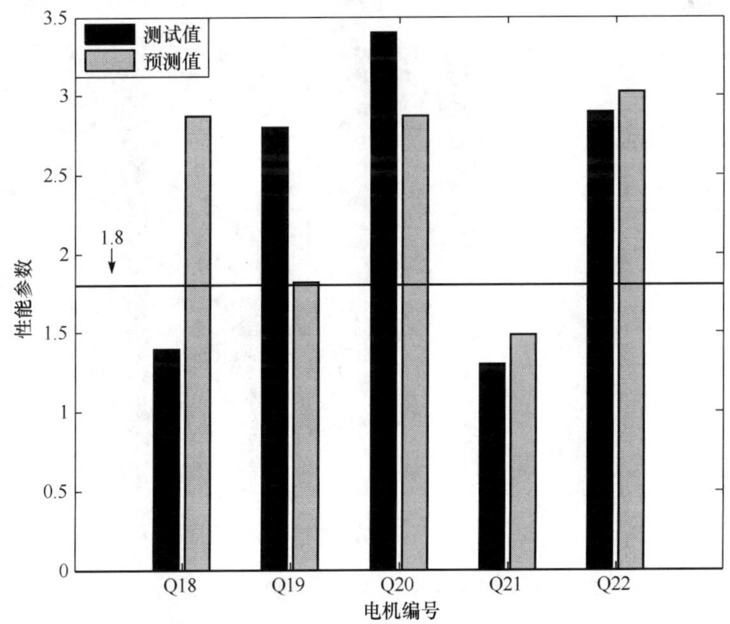

图 9.11　初始化方法 1 预测结果柱形图

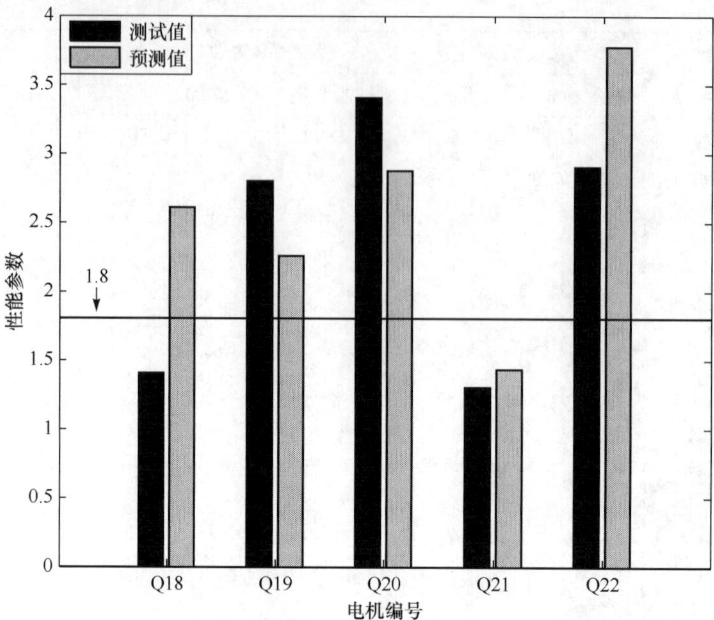

图 9.12 初始化方法 2 预测结果柱形图

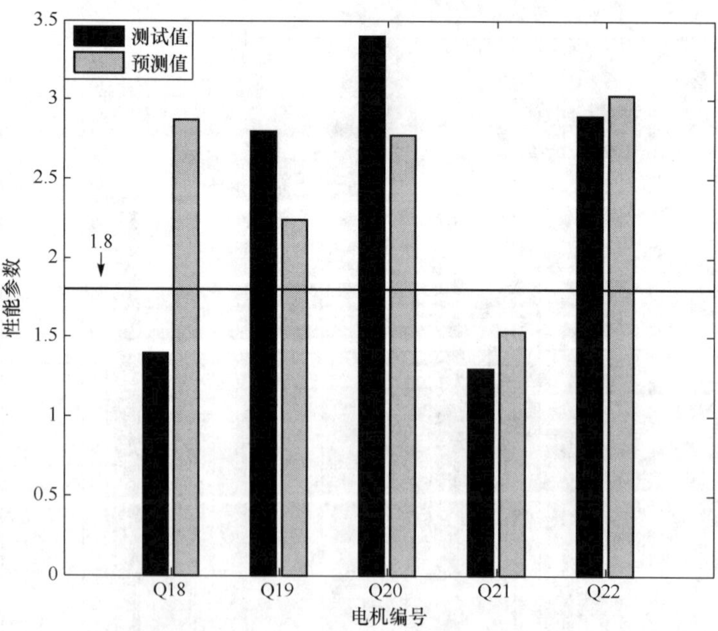

图 9.13 初始化方法 3 预测结果柱形图

由表 9.8 和图 9.11～图 9.13 可得，初始化方法 1、方法 2 和方法 3 对 5 个预测样本陀螺性能参数预测平均相对误差有了一定程度降低，分别降低至 34.84%、32.36%和 29.83%，稍稍提高了预测精度。从实验结果可以看出，方法 3 效果最优，该方法作为神经网络权重和阈值的初始化方法，能有效地减小权重和阈值的相关性，在不增大模型训练学习过程中权重和阈值调整难度的前提下，能提高神经网络模型的预测精度。从结果可以看出改进初始化方法后 BP 神经网络模型预测相对误差仍较大，仅采用优化初始化方法得到的模型不能满足应用需求，还需进一步改进。9.2.2 节和 9.2.3 节从 BP 神经网络结构参数优化着手，拟采用遗传算法优选 BP 神经网络模型结构参数以进一步改进模型。

9.2.3　序号编码遗传算法优化的 BP 神经网络陀螺性能预测方法

9.2.1 节研究了权重和阈值初始化方法对 BP 神经网络模型预测性能的影响。在此基础上提出了一种提高模型预测性能的初始化方法。理论和实际应用表明，除去权重和阈值初始化对 BP 神经网络模型性能有显著影响外，神经网络模型的结构参数对其性能也影响明显。结构参数主要包括网络的层数、各层的神经元数目、输入层—隐藏层传递函数、隐藏层—输出层传递函数以及神经网络学习训练函数等。

神经网络输入层神经元和输出层神经元个数取决于输入特征向量和输出特征向量的维数。隐藏层是神经网络具有非线性映射能力的关键，而隐藏层神经元的个数对神经网络性能影响很大。对于 BP 神经网络，理论上应存在一个最佳隐藏层神经元个数 n^*，当实际隐藏层神经元个数 $n<n^*$时，会使得网络的记忆和归纳能力下降，降低网络的性能；当实际隐藏层神经元个数 $n>n^*$时，对提高神经网络的性能也没有太大好处，随着节点数的增加，网络的权值矩阵也增加，训练量加大，网络对携带噪声样本数据的鲁棒性就比较差。目前对隐藏层节点数的选取尚无统一标准，一般是根据经验或通过训练学习后，考虑网络的学习次数和识别率综合比较后选定。

此外，传递函数和网络模型训练函数也是影响模型性能的关键结构参数。常用的传递函数和训练函数分别如表 9.9 和表 9.10 所示。在实际应用中函数的选取无理论依据，缺乏相应标准，多依靠经验进行选择。

表 9.9　传递函数类型

序号	传递函数类型	函数
1	双曲正切 S 型函数	tansig()
2	对数 S 型函数	logsig()
3	线性函数	purelin()

表 9.10 训练函数类型

序号	训练函数名称	函数名称
1	动量梯度下降法	traingdm()
2	自适应 lr 梯度下降法	traingda()
3	动量和自适应 lr 梯度下降法	traingdx()
4	量化共轭梯度法	trainscg()
5	拟牛顿算法	trainbfg()
6	Levenberg-Marquardt 训练法	trainlm()

如何选择最优结构参数组合是 BP 神经网络应用中面临的难题之一,正因为如此,相关领域的研究已得到足够重视,但查阅大量文献,发现相关研究多为单结构参数的寻优,是在设定其他结构参数的前提下。实际上结构参数组合是相互关联、相互影响、相互作用的,在参数寻优的过程中不能孤立对某一参数进行优化而忽略其他结构参数的变化。本节基于遗传算法组合寻优能力,提出了基于序号编码遗传算法(serial number coding genetic algorithm,SNCGA)的 BP 神经网络结构参数优化技术。该技术能够实现对 BP 神经网络结构参数组(隐藏层节点个数、传递函数、训练函数等)的寻优,有效改善当前 BP 神经网模型在应用中结构参数选择困难的局面。

1. 遗传算法简介

遗传算法(genetic algorithm,GA)是美国 Michigan 大学的 Holland 于 1975 年提出的。遗传算法是模拟遗传选择和自然淘汰生物进化规则的计算模型,是一种基于达尔文进化论的数学模型。它通过对生物进化过程中繁殖、杂交和变异等自然规律的模拟,在优胜劣汰、适者生存的原则下,使问题的最优解得以产生和生存,从而实现对问题的优化。Holland 开发出了一种既可描述交换,也可描述突变的编码技术,他提出用简单的位串形式编码表示各种复杂的结构,并用简单的变换来改进这种结构。Holland 还证明了遗传算法可以在搜索空间中收敛到全局最优解,开拓了遗传算法的应用领域。

遗传算法是从表示问题可能解的一个种群开始。种群是由经过基因编码的一定数目的个体组成。每个个体实际上是染色体实体,染色体作为遗传的主要载体,它决定了个体的外在表现。初代种群产生之后,按照适者生存、优胜劣汰的原则,逐代演化产生出越来越好的个体即是问题的解。进化过程中,根据问题域中个体适应度的大小挑选个体,并借助遗传算子进行组合交叉和变异,产生出代表新解集的种群。这个过程使得种群像自然进化一样,后代种群比前代更加适应于环境,末代种群中的最优个体经过解码,可以作为问题最优解。遗传算法的主要构造过程如图 9.14 所示。

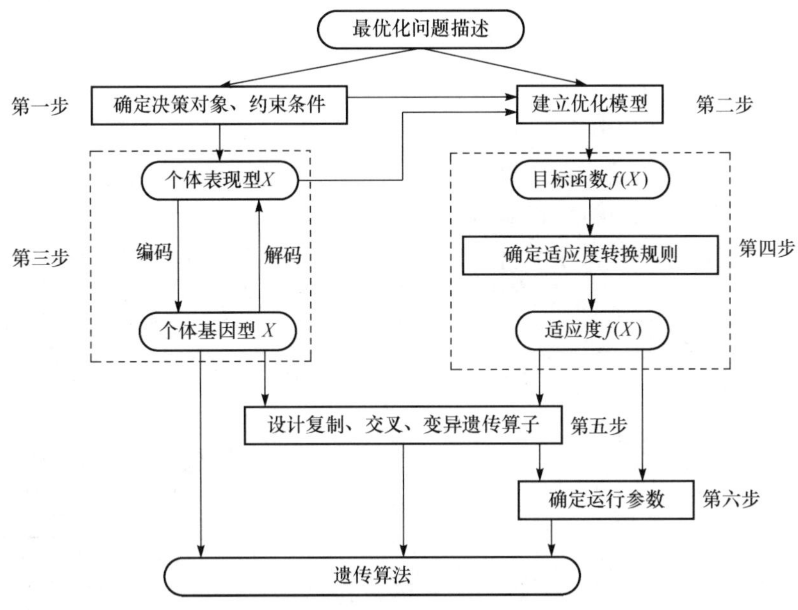

图 9.14　遗传算法构造过程示意图

遗传算法在解决实际问题时，可行解的编码方法、遗传算子的设计和适应度函数的构建是关键问题。对于不同的优化问题需要使用不同的编码方法和不同的遗传算子，因此对所求解问题的理解程度是遗传算法应用成功与否的关键环节。

编码是应用遗传算法时要解决的首要问题，是设计遗传算法最关键的步骤。所谓编码即是把问题的可能解从其空间转换到遗传算法所能处理的搜索空间。由于遗传算法的广泛应用，迄今为止人们已经提出多种编码方法，总的来说，这些编码方法可分为[139-143]二进制编码方法、浮点数编码方法和序号编码方法。这几种编码方法所侧重应用领域各不相同，二进制编码（又称二值编码）和浮点编码（又称实数编码）多应用于求解复杂工程优化问题，求解组合优化问题则一般采取序号编码方式。

如何不拘泥于现有的编码方法，针对具体问题设计合理的编码方法是遗传算法的一个重要研究方向。只要能设计出针对实际求解问题的合理编码方法，问题的求解就会变得水到渠成，反之若编码方法不能紧密结合实际问题，不但会把求解问题变得复杂，而且也会影响算法求解的效果。

2. 优化方案

神经网络结构参数组合指的是 BP 神经网络模型的隐藏层神经元个数、输入层到隐藏层传递函数、隐藏层到输出层传递函数和训练函数 4 个参数的组合，神经网络结构参数组合的优化就是采用优选技术选择上述 4 个参数的最优组合。明确了优化目标，设计如下的优化方案：把优化参数组合编码为遗传运算的初始种群，再把种群中各个个体解码后代入神经网络模型，计算其适应度；按照适应度判定准则，如果有满足准则的个体存在，则该个体就为所求取的最优参数组合，若不满足则参数组合编码为种群个体，然后按照基本遗传算法思想进行复制、交叉、变异等遗传操作，得到子代新种群，而后解码得到参数组合代入神经网络，重复上述过程。采用序号编码遗传算法来实现，优化流程如图 9.15 所示，图中虚线框描述内容是一致的。

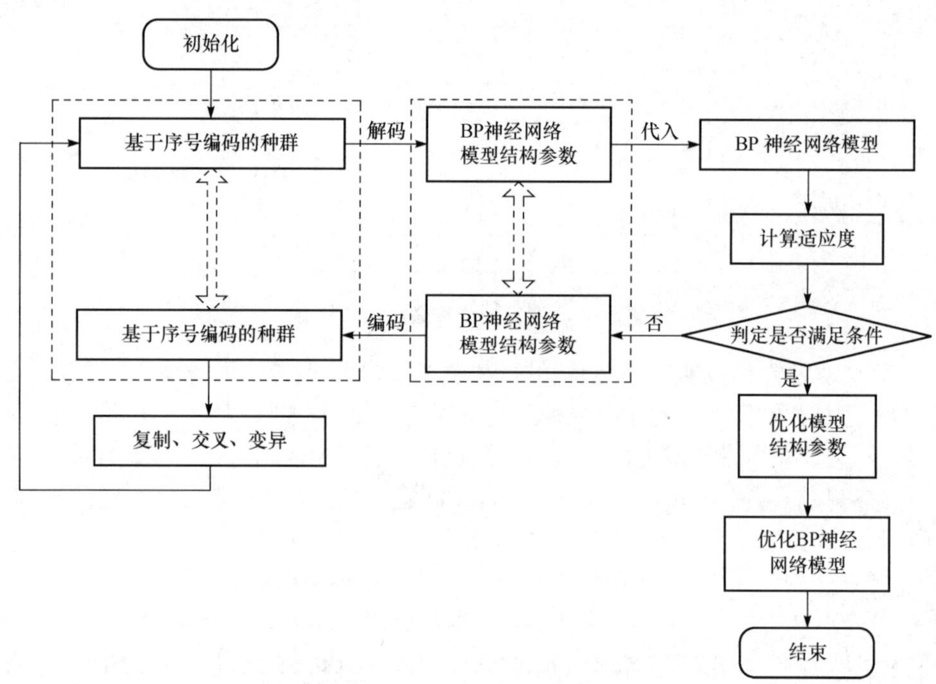

图 9.15 SNCGA 优化 BP 神经网络结构参数流程图

(1) 编码方法设计

接下来面临的关键问题是编码方法的设计，对于该组合优化问题，各对象可用序号来表示。采用序号编码法(serial number coding，SNC)进行编码设计，遗传算法采取序号编码比非序号编码更方便、更直观，设计的序号编码染色体示意图如图 9.16 所示。称采用序号编码的遗传算法为序号编码遗传算法。

在图 9.16 中，c_1 为正整数，其数值表示隐藏层神经元个数；$c_2 \in (1,2,3)$，其数值标识输入层到隐藏层传递函数类型，具体如下：1 表示 tansig() 函数，2 表示 logsig()函数，3 表示 purelin() 函数；$c_3 \in (1,2,3)$，其数值标识隐藏层到输出层传

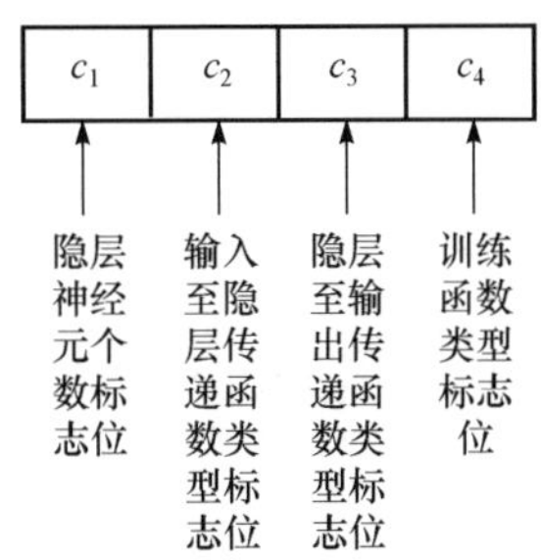

图 9.16　SNCGA 染色体示意图

递函数类型，具体值对应函数如同 c_2；$c_4 \in (1,2,3,4,5,6)$，其数值标识训练函数类型，具体如下：1 表示 traindm() 函数，2 表示 traingda() 函数，3 表示 traingdx() 函数，4 表示 trainscg() 函数，5 表示 trainbfg() 函数，6 表示 trainlm() 函数。

(2) 适应性函数设计

适应性函数设计是遗传算法另一关键环节。为了保证遗传算法优化的 BP 神经网络模型学习能力和泛化能力俱佳，适应性函数为

$$\text{Fit}=\frac{1}{E_{\text{train}}+E_{\text{test}}} \tag{9.19}$$

其中，E_{train} 为训练样本预测相对误差；E_{test} 为测试样本预测相对误差；$E_{\text{train}}+E_{\text{test}}$ 为预测综合相对误差。

综合误差越小函数适应度就越大，说明个体具有很好的适应性；反之误差越大函数适应度就越小，说明个体适应性较差，在进化过程中容易被淘汰。具体计算方法是对种群每一个个体解码得到参数组合之后，代入神经网络模型采用既定的样本数据进行训练，得到训练模型，然后把既定测试样本输入神经网络得到对应输出，分别计算训练样本输出误差平均值和测试样本输出误差平均值，两者相加的倒数作为遗传运算过程中的适应度。

(3) 选择算子设计

在遗传算法中选择就是优胜劣汰，目的是把优胜的个体直接遗传到下一代或通过配对交叉产生新的个体再遗传到下一代。遗传操作建立在群体中个体适应度评估的基础上。目前常用的选择算子及特点[144]如表 9.11 所示。

表 9.11　常用选择算子

序号	算子名称	特点	研究者
1	轮盘赌选择	选择误差较大	DeJong，Brindle
2	无放回式随机采样	降低选择误差，操作不便	DeJong，Brindle
3	确定采样	选择误差更小，操作简易	Brindle

续表

序号	算子名称	特点	研究者
4	柔性分段式	防止基因缺失但需要选择有关参数	Yun
5	自适应柔性分段式	群体自适应变化，提高搜索效率	Yun
6	无放回式余数随机采样	群体自适应变化，提高搜索效率	DeJong，Brindle
7	均匀排序	与适应度的大小差异程序正负无关	Back
8	稳态选择	保留父代中的一些高适应度的串	Syswerda
9	随机比赛		Brindle
10	选择评价		Whitley
11	最优串选择	全局收敛，提高搜索效率	DeJong，Back
12	最优串保留	保证全局收敛	Yun

在吸收相关研究成果的基础上，本节提出一种新的选择策略——最优保存，最差取代，即通过计算某代种群个体的适应度值，将适应度最大的个体作为该代种群最优个体保存下来。具体方法是令最优个体作为下一代种群第一个个体，实际操作运算中，交叉、变异等操作可能会改变所有子代染色体导致适应度退化，为了防止此类现象的发生，确保最优个体的遗传，算法的交叉、变异运算不对种群第一个染色体实施，即最优保存策略。运算中还将各代种群中适应度最差的个体用最优染色体取代，即最差取代策略。该方法保存最优染色体避免退化现象的发生，剔出最差染色体也加快了进化速度。

(4) 交叉算子设计

交叉运算是在选择算子选中的个体中，对两个不同染色体相同位置上的基因进行交换，从而产生新的染色体，它在遗传算法中起着核心作用。交叉算子又称重组算子，染色体重组分两个步骤：首先进行随机配对，然后再执行交叉操作。交叉操作采用双点交叉的方法，即在个体编码串中设置两个交叉点，将序号编码基因串中第 1 个编码位作为第 1 个交叉点；第 2 个交叉点在后 3 个编码位上随机产生，然后对两个交叉点之间编码位上的基因进行交换。

序号编码遗传算法两点交叉运算实例如下：第 k 代种群两个个体基因串 $X_A(k)=[20\ 2\ 1\ 2]$，表示隐藏层神经元个数为 20，传递函数分别为 logsig()和 tansig()，训练函数为 traingda()的参数组合；$X_B(k)=[10\ 1\ 3\ 1]$，表示隐藏层神经元个数为 10，传递函数分别为 tansig()和 purelin()，训练函数为 traingdm()的参数组合。假定第 2 个编码位作为第 1 个交叉点，随机选择第 2 个交叉点为第 3 编码位，经过双点交叉得 $k+1$ 代两个个体基因串 $X_A(k+1)$和 $X_B(k+1)$具体如图 9.17 所示。交叉后 $k+1$ 代两个个体基因串 $X_A(k+1)=[10\ 2\ 3\ 2]$表示隐层神经元的个数为 10，传递函数分别为 tansig()和 purelin()，训练函数为 traingda()的参数组合，$X_B(k+1)=[20\ 1\ 1\ 1]$表示隐层神经元个数为 20，传递函数分别为 logsig()和 tansig()，训练函数为 traingdm()的参数组合。

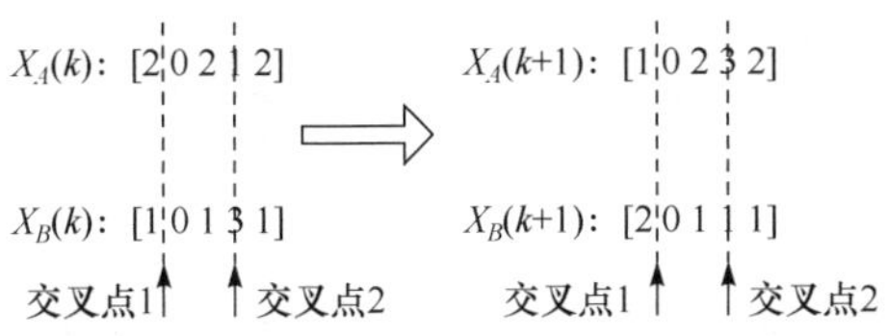

图 9.17　两点交叉运算示意图

(5) 变异算子设计

变异算子增强了遗传算法找寻全局最优解的能力，以一定的概率随机改变字符串某个位置上的值。对第 1 编码位采用随机变异法，产生一个随机数 $f_{\rm rand}$($f_{\rm rand}\in[0,1]$)，如果大于变异概率，则基因位的值随机改变为一正整数；如果小于等于变异概率，基因位的值不变。对第 2～4 编码位采用放大变异法，产生一个随机数 $f_{\rm rand}$，如果大于变异概率，则随机选择一个基因位，令其值加 1，当基因位的值已为最大时若发生变异，约定变异后值为 1；如果小于变异概率，各基因位的值不变。

3. 优化步骤

Step 1，初始化，产生遗传种群，种群中每个个体表示一个结构参数组合。

Step 2，采用序号解码法，解码种群中各个体，得到相应结构参数组合，按照参数组合设计神经网络模型，得到个数与种群个数相等的神经网络模型。

Step 3，采用训练样本数据训练 Step 2 建立的所有模型。

Step 4，将测试样本数据带入训练模型并计算所有个体适应度，参照判定准则进行判定，满足则结束，不满足则转入 Step 5。

Step 5，采用序号编码法，把结构参数编码为遗传个体。

Step 6，对 Step 5 种群进行复制运算，采用最优保存、最差取代的原则。

Step 7，对种群进行交叉和变异运算，得到新一代种群，转入 Step 2。

4. 优化模型预测结果

将设计的序号编码遗传算法应用于 BP 神经网络模型结构参数优化中。相关遗传参数选择如下，种群个数 20、交叉概率 0.5、变异概率 0.2、种群进化代数 20。在 MATLAB 软件平台上进行实验，结果如表 9.12 和图 9.18 所示。

表 9.12　SNCGA-BPNN 预测结果

进化代数	代内最优个体				预测值					$E_{\rm test}$/%
					Q18	Q19	Q20	Q21	Q22	
1	48	3	1	4	3.0260	2.6118	3.0250	1.4662	3.0260	30.20
2	48	3	1	4	3.0260	2.6118	3.0250	1.4662	3.0260	30.20

续表

进化代数	代内最优个体				预测值					$E_{test}/\%$
					Q18	Q19	Q20	Q21	Q22	
3	45	2	1	1	2.9973	2.7918	2.8282	1.4979	3.0260	30.15
4	45	2	1	1	2.9973	2.7918	2.8282	1.4979	3.0260	30.15
5	45	2	1	1	2.9973	2.7918	2.8282	1.4979	3.0260	30.15
6	19	2	3	4	1.7400	2.0893	1.5362	1.7157	3.2855	29.95
7	19	2	3	4	1.7400	2.0893	1.5362	1.7157	3.2855	29.95
8	20	1	3	1	2.2617	2.1250	1.6748	1.3995	2.9416	29.10
9	45	2	1	1	1.6564	1.4797	2.0641	1.7658	3.0260	28.99
10	31	1	3	3	2.0556	2.0549	2.1028	1.6315	3.0905	28.73
11	17	1	3	1	1.9339	2.0889	2.3935	1.7441	3.3138	28.31
12	26	2	1	4	2.2763	2.6154	2.342	1.6552	3.0253	26.39
13	46	2	1	3	1.8394	2.9057	1.4814	1.5893	3.0260	23.64
14	46	2	1	3	1.8394	2.9057	1.4814	1.5893	3.0260	23.64
15	21	3	1	1	1.4649	3.0260	1.4649	1.6234	3.0260	19.77
16	32	2	1	1	1.4880	2.0212	2.6449	1.6633	3.0260	17.72
17	48	3	1	2	1.4649	1.7003	3.2000	1.6549	3.0260	16.29
18	48	3	1	2	1.4649	1.7003	3.2000	1.6549	3.0260	16.29
19	48	3	1	2	1.4649	1.7003	3.2000	1.6549	3.0260	16.29
20	48	3	1	2	1.4649	1.7003	3.2000	1.6549	3.0260	16.29

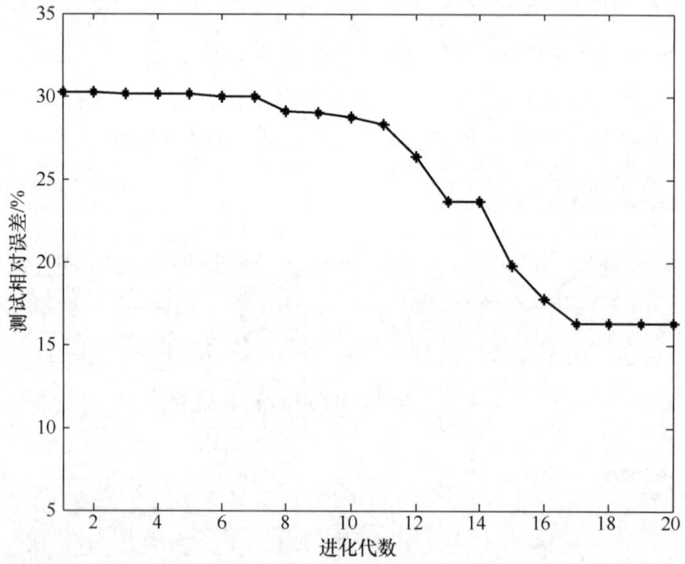

图 9.18　测试相对误差随进化过程变化趋势

实验结果分析如下：

① 从表 9.12 可以看出，SNCGA-BPNN 对 5 组测试样本的最优预测值为 1.4649、1.7003、3.2000、1.6549、3.0260，平均相对误差仅为 16.29%，预测相对误差明显降低。

② 由图 9.18 可知，在遗传 17 代内测试样本预测相对误差由 30.2%减小至 16.29%，并趋于稳定，可见遗传运算在 17 代就能收敛，能够寻找到最优结构参数组合。

③ 表 9.12 中染色体通过解码可以得到相应的网络模型结构参数，其中第 17 代最优染色体为最终优化得到的结构参数组合。对其进行解码得到相应的网络结构参数，隐藏层神经元个数为 48，输入层到隐藏层传递函数类型为 purelin()函数，隐藏层到输出层传递函数类型为 tansig()函数，训练函数类型为 traingda()函数。

9.2.4　矩阵编码遗传算法优化的 BP 神经网络陀螺性能预测方法

将 9.2.2 节提出的权重阈值初始化方法 3 和遗传算法优化得到的结构参数同时应用于 BP 神经网络，得到陀螺性能参数预测的二次改进模型。式(9.16)就是振动有效特征向量和性能参数映射模型 Φ 的函数式，确定输入和输出向量，权重 iw、lw 和阈值 b^1、b^2 的维数由 SNCGA 优化结构参数中隐藏层神经元的个数确定，其值是采用 BP 算法对初始权重和阈值参数调整后所得到的，f^1 和 f^2 为 SNCGA 优化结构参数中的传递函数。

二次改进模型虽然采用方法 3 初始化权重和阈值参数，但方法 3 中 BP 神经网络权重和阈值仍然是随机生成的，会导致 BP 神经网络模型在实际应用中存在以下缺陷：不同实验序次的模型，因初始网络模型权重和阈值的不同会影响神经网络模型学习和训练；因初始权重和阈值是随机化生成的，会影响神经网络模型训练结果，对相同输入，输出有较大差异。由表 9.12 可以看出，虽然采用权重阈值优化初始化方法和优化结构参数，网络模型的预测误差仍较大。实际上此时影响逼近函数的关键因素是 iw 和阈值 lw 等参数，为了解决这一问题，可以利用遗传算法全局优化性能，提出采用矩阵编码遗传算法(matrix coding genetic algorithm, MCGA)对训练后的权重和阈值进行优化处理，以得到一组最优权重和阈值，作为模型表达式的最终权重和阈值，称之为三次优化模型。

1. 优化方案

多次对采用优化初始化方法和优化结构参数的 BP 神经网络模型进行训练，得到相应模型并提取其训练后的权重和阈值，将权重和阈值编码成遗传算法的初始种群，以式(9.19)作为适应性函数，兼顾模型的学习能力和泛化能力，再进行选择、交叉和变异等遗传操作，得到优化的权重和阈值，代之入式(9.16)即得到最终优化的逼近函数式。在该方案的优化过程中,不需要进行神经网络的学习训练过程,只采用遗传思想对权重和阈值进行调整,是基于样本的过程。这能够节约大量进化时间,提高优化速度。图 9.19 给出了遗传算法优化神经网络权重和阈值方案。

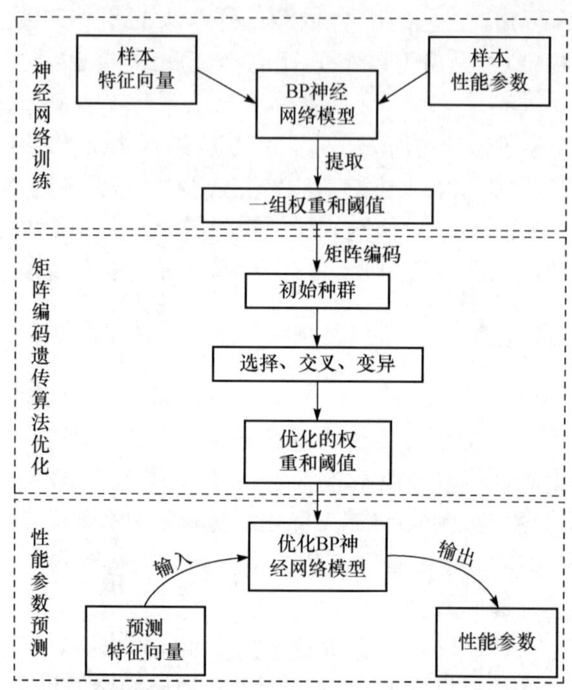

图 9.19　MCGA 优化神经网络权重和阈值方案

文献[145]在用遗传算法优化神经网络权重矩阵时,采用把权重矩阵按一定顺序展开作为个体的编码方法。这种编码方法破坏了初始染色体的结构,在一定程度上影响寻优的精度,也增加了后续选择、交叉、变异等运算的复杂程度和难度。针对这一问题,提出矩阵编码方法(matrix coding,MC),该方法将矩阵作为群体个体进行遗传运算,能够降低遗传算法运算的难度,提高寻优性能。

2. 矩阵编码遗传算法

(1) 矩阵编码方法

矩阵编码方法是将矩阵整体作为遗传子代个体,不需要将矩阵展开成一串元素,能确保子代个体基因的完整性。矩阵编码遗传算法适用于求解矩阵变量的函数。

若矩阵 A_i 为 $m\times n$ 阶矩阵,遗传子代第 k 代种群 P_k 个体的数目为 s,$P_k=\{A_1,$

$A_2,\cdots,A_s\}$表示该种群，其中 $A_i=\begin{bmatrix} a_{11}^i & a_{12}^i & \cdots & a_{1n}^i \\ a_{21}^i & a_{22}^i & \cdots & a_{2n}^i \\ \vdots & \vdots & & \vdots \\ a_{m1}^i & a_{m2}^i & \cdots & a_{mn}^i \end{bmatrix}$，表示 k 代种群中第 i（$i=1,2,\cdots,s$）个个体，称为矩阵染色体，a_{uv}^i（$u=1,2,\cdots,m$；$v=1,2,\cdots,n$）称为矩阵染色体的基因元素。

（2）选择算子

计算种群中矩阵染色体的适应度值，按照“最优保存、最差取代”的原则进行选择，是存优去劣的过程。

例如，计算第 k 代种群 P_k 各染色体$\{A_1,A_2,\cdots,A_i,\cdots,A_j,\cdots,A_s\}$的适应值，若个体 A_i 的适应度最优，个体 A_j 的适应度最差，则用 A_i 取代 A_1 和 A_j，选择运算后种群 P_k 为$\{A_i,A_2,\cdots,A_i,\cdots,A_i,\cdots,A_s\}$。在有些情况下，可以用适应度最优的个体取代最差的多个个体。

（3）交叉算子

按一定概率 P_c 交换两个矩阵染色体中对应位置的行（或列）基因元素的过程，交换的行（或列）是随机选取的。

例如，第 k 代种群 P_k 两个矩阵染色体 $A_i=\begin{bmatrix} a_{11}^i & a_{12}^i & \cdots & a_{1n}^i \\ a_{21}^i & a_{22}^i & \cdots & a_{2n}^i \\ \vdots & \vdots & & \vdots \\ a_{m1}^i & a_{m2}^i & \cdots & a_{mn}^i \end{bmatrix}$ 和 $A_j=\begin{bmatrix} a_{11}^j & a_{12}^j & \cdots & a_{1n}^j \\ a_{21}^j & a_{22}^j & \cdots & a_{2n}^j \\ \vdots & \vdots & & \vdots \\ a_{m1}^j & a_{m2}^j & \cdots & a_{mn}^j \end{bmatrix}$，以第二行行交换为例，则交叉运算后矩阵染色体 $A_i=\begin{bmatrix} a_{11}^i & a_{12}^i & \cdots & a_{1n}^i \\ a_{21}^j & a_{22}^j & \cdots & a_{2n}^j \\ \vdots & \vdots & & \vdots \\ a_{m1}^i & a_{m2}^i & \cdots & a_{mn}^i \end{bmatrix}$，$A_j=\begin{bmatrix} a_{11}^j & a_{12}^j & \cdots & a_{1n}^j \\ a_{21}^i & a_{22}^i & \cdots & a_{2n}^i \\ \vdots & \vdots & & \vdots \\ a_{m1}^j & a_{m2}^j & \cdots & a_{mn}^j \end{bmatrix}$。

（4）变异算子

按一定的概率 P_m 使一个矩阵染色体中的某个（些）位置上的基因元素取其他值的过程，被改变的基因元素是随机选取的。

例如,第 k 代种群 P_k 一个矩阵染色体 $A_i=\begin{bmatrix} a_{11}^i & a_{12}^i & \cdots & a_{1n}^i \\ a_{21}^i & a_{22}^i & \cdots & a_{2n}^i \\ \vdots & \vdots & & \vdots \\ a_{m1}^i & a_{m2}^i & \cdots & a_{mn}^i \end{bmatrix}$ 经过单点变异运算后所得的矩阵染色体 $A_i=\begin{bmatrix} a_{11}^i & a_{12}^i & \cdots & a_{1n}^i \\ a_{21}^i & a & \cdots & a_{2n}^i \\ \vdots & \vdots & & \vdots \\ a_{m1}^i & a_{m2}^i & \cdots & a_{mn}^i \end{bmatrix}$,其中,$a$ 为按一定规则变化后基因元素值。在有些情况下,也可以对矩阵染色体的一行(列)进行变异运算。

3. 优化步骤

矩阵编码遗传算法优化 BP 神经网络训练后权重和阈值具体步骤如下:

Step 1,对二次改进 BP 神经网络模型进行多次训练,每次训练 BP 神经网络,会得到一组训练权重和阈值,通过多次训练得到多组权重和阈值。

Step 2,采用矩阵编码法将上述每一组权重和阈值编码为种群的一个个体,即得到训练权重和阈值所对应的初始种群。

Step 3,以式(9.19)作为适应性函数,计算种群中个体的适应度。

Step 4,对照判定准则进行判定,满足则结束,不满足转入 Step 5。

Step 5,对种群进行复制运算,采用最优保存、最差取代的原则。

Step 6,进行交叉和变异等遗传操作,得到新一代种群,转入 Step 3。

4. 优化模型预测结果

以表 9.6 提取的样本数据为例,采用矩阵编码遗传算法优化 BP 神经网络模型(matrix coding genetic algorithm-BP neural network,MCGA-BPNN)进行实验。对二次改进 BP 神经网络模型进行 20 次训练,得出 20 组 BP 算法调整后的权重和阈值,然后采用矩阵编码法将 20 组调整后的权重和阈值编码为初始种群进行遗传优化。设定遗传代数为 60 代,交叉概率 0.5,变异概率 0.2,遗传优化实验结果如表 9.13 和图 9.20 所示。

表 9.13 MCGA-BPNN 预测结果

进化代数	预测样本预测值					E_{test} /%	E_{train} /%	$E_{train}+E_{test}$ /%
	Q18	Q19	Q20	Q21	Q22			
1	1.8300	2.6684	2.8353	1.8466	3.0260	19.68	12.12	31.80
2	1.8300	2.6684	2.8353	1.8466	3.0260	19.68	12.12	31.80

续表

进化代数	预测样本预测值					E_{test} /%	E_{train} /%	$E_{train}+E_{test}$ /%
	Q18	Q19	Q20	Q21	Q22			
3	1.8300	2.6684	2.8353	1.8466	3.0260	19.68	12.12	31.80
4	1.8300	2.6684	2.8353	1.8466	3.0260	19.68	12.12	31.80
5	1.8272	2.6689	2.8415	1.8494	3.0260	19.65	12.15	31.80
6	1.8272	2.6689	2.8415	1.8494	3.0260	19.65	12.15	31.80
7	1.8272	2.6689	2.8415	1.8494	3.0260	19.65	12.15	31.80
8	1.8272	2.6689	2.8415	1.8494	3.0260	19.65	12.15	31.80
9	1.7945	2.6463	2.7897	1.8384	3.0260	19.47	12.27	31.75
10	1.7945	2.6463	2.7897	1.8384	3.0260	19.47	12.27	31.75
11	1.7945	2.6463	2.7897	1.8384	3.0260	19.47	12.27	31.75
12	1.7945	2.6463	2.7897	1.8384	3.0260	19.47	12.27	31.75
13	1.5511	2.6954	2.0226	1.6587	3.0260	17.40	13.03	30.43
14	1.5771	2.7523	2.7614	1.7482	3.0260	14.39	15.19	29.58
15	1.5771	2.7523	2.7614	1.7482	3.0260	14.39	15.19	29.58
16	1.5638	2.7623	2.7291	1.683	3.0260	13.32	14.91	28.22
17	1.5638	2.7623	2.7291	1.683	3.0260	13.32	14.91	28.22
18	1.5638	2.7623	2.7291	1.683	3.0260	13.32	14.91	28.22
19	1.5607	2.7485	2.6818	1.6569	3.0260	13.25	14.49	27.74
20	1.5615	2.7597	2.7560	1.6562	3.0260	12.73	14.95	27.68
21	1.5615	2.7597	2.7560	1.6562	3.0260	12.73	14.95	27.68
22	1.5615	2.7597	2.7560	1.6562	3.0260	12.73	14.95	27.68
23	1.5616	2.7383	2.7542	1.6563	3.0260	12.90	14.63	27.53
24	1.5616	2.7383	2.7542	1.6563	3.0260	12.90	14.63	27.53
25	1.5298	2.7120	2.6170	1.6143	3.0260	12.79	13.59	26.38
26	1.5298	2.7120	2.6170	1.6143	3.0260	12.79	13.59	26.38
27	1.5806	2.7312	2.5218	1.5960	3.0260	13.66	12.01	25.67
28	1.5644	2.7142	2.5933	1.5860	3.0260	12.98	12.10	25.08
29	1.5660	2.7454	2.5778	1.5643	3.0260	12.53	12.31	24.84
30	1.5660	2.7454	2.5778	1.5643	3.0260	12.53	12.31	24.84
31	1.5660	2.7454	2.5778	1.5643	3.0260	12.53	12.31	24.84
32	1.5660	2.7454	2.5778	1.5643	3.0260	12.53	12.31	24.84
33	1.5660	2.7454	2.5778	1.5643	3.0260	12.53	12.31	24.84
34	1.5660	2.7454	2.5778	1.5643	3.0260	12.53	12.31	24.84
35	1.5766	2.7529	2.6313	1.5510	3.0260	12.11	12.43	24.54
36	1.5766	2.7529	2.6313	1.5510	3.0260	12.11	12.43	24.54

续表

进化代数	预测样本预测值					E_{test} /%	E_{train} /%	$E_{train}+E_{test}$ /%
	Q18	Q19	Q20	Q21	Q22			
37	1.5661	2.7235	2.6839	1.5471	3.0260	11.80	12.60	24.40
38	1.5661	2.7235	2.6839	1.5471	3.0260	11.80	12.60	24.40
39	1.5661	2.7235	2.6839	1.5471	3.0260	11.80	12.60	24.40
40	1.5179	2.7896	2.8123	1.5251	3.0260	9.55	13.30	22.84
41	1.5179	2.7896	2.8123	1.5251	3.0260	9.55	13.30	22.84
42	1.5179	2.7896	2.8123	1.5251	3.0260	9.55	13.30	22.84
43	1.5179	2.7896	2.8123	1.5251	3.0260	9.55	13.30	22.84
44	1.5179	2.7896	2.8123	1.5251	3.0260	9.55	13.30	22.84
45	1.5179	2.7896	2.8123	1.5251	3.0260	9.55	13.30	22.84
46	1.5179	2.7896	2.8123	1.5251	3.0260	9.55	13.30	22.84
47	1.5179	2.7896	2.8123	1.5251	3.0260	9.55	13.30	22.84
48	1.5180	2.7942	2.8308	1.5267	3.0260	9.43	13.40	22.83
49	1.5180	2.7942	2.8308	1.5267	3.0260	9.43	13.40	22.83
50	1.5180	2.7942	2.8308	1.5267	3.0260	9.43	13.40	22.83
51	1.5180	2.7942	2.8308	1.5267	3.0260	9.43	13.40	22.83
52	1.5180	2.7942	2.8308	1.5267	3.0260	9.43	13.40	22.83
53	1.5180	2.7942	2.8308	1.5267	3.0260	9.43	13.40	22.83
54	1.5180	2.7942	2.8308	1.5267	3.0260	9.43	13.40	22.83
55	1.5180	2.7942	2.8308	1.5267	3.0260	9.43	13.40	22.83
56	1.5180	2.7942	2.8308	1.5267	3.0260	9.43	13.40	22.83
57	1.5180	2.7942	2.8308	1.5267	3.0260	9.43	13.40	22.83
58	1.5180	2.7942	2.8308	1.5267	3.0260	9.43	13.40	22.83
59	1.5180	2.7942	2.8308	1.5267	3.0260	9.43	13.40	22.83
60	1.5180	2.7942	2.8308	1.5267	3.0260	9.43	13.40	22.83

实验结果分析：

① 由表 9.13 可以看出，经过 60 代进化后，三次优化模型对 5 组测试样本的预测值为 1.5180、2.7942、2.8308、1.5267、3.0260；平均相对误差减小至 9.43%，同时预测分类正确率也达到 100%。可见三次改进 BP 神经网络模型的预测性能大幅度提高。

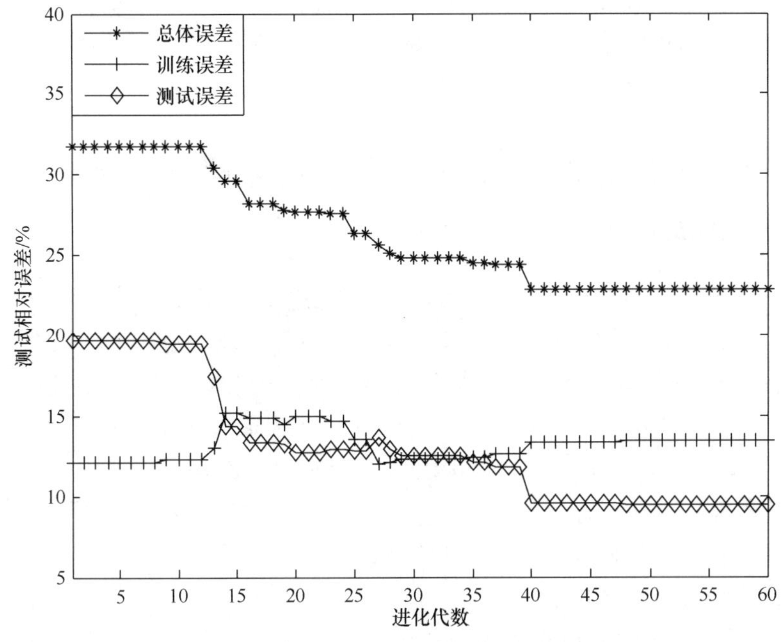

图 9.20　测试相对误差随进化过程变化趋势

② 从图 9.20 可以看出，在进化过程中综合相对误差由 31.8%减小至 22.83%，表明模型的综合性能有了提升。伴随综合误差的减小，训练样本预测相对误差有一定增加，而测试样本的预测相对误差稳步减小，且在 40 代以后达到平稳状态。

③ 三次优化得到的权重 iw、lw 和阈值 b^1、b^2，代入已确定传递函数 f^1 和 f^2 的式(9.16)中就得到了模型表达式 Φ，可用于进行基于振动特征的陀螺性能预测。

9.2.5　BP 神经网络预测陀螺性能总结

① 将 BP 神经网络应用于基于电机振动信号有效特征向量的陀螺性能预测中，实验结果表明 BP 神经网络在此应用中误差较大，难以满足实际需求。

② 提出三种权重和阈值初始化方法，改善权重和阈值初始值关联性强的问题，仿真结果表明方法 1 和方法 3 均能提高 BP 神经网络模型的预测精度。

③ 为了解决 BP 神经网络模型在应用中参数选取困难的问题，提出采用序号编码遗传算法方法对模型的 4 个关键结构参数(隐藏层神经元个数、输入层到隐藏层传递函数、隐藏层到输出层传递函数和训练函数)组合进行同步优化。优化结果表明在有限进化代数内序号编码遗传算法能够实现结构参数组合的优选。

④ 在以上二次优化的基础上提出基于矩阵编码遗传算法的 BP 神经网络训练

后权重和阈值优化方法,得三次改进 BP 神经网络模型。实验表明三次改进 BP 神经网络模型能够很好建立振动信号有效特征向量和液浮陀螺性能参数之间的映射关系,采用该模型能够实现对陀螺性能参数进行预测的目的。

9.3 基于优化支持向量分类机的陀螺性能预测方法

9.3.1 支持向量分类机概述

在 9.2 节采用 BP 神经网络进行陀螺性能预测,取得较好的应用效果。由于没有一种理论能说明神经网络的训练过程是否收敛以及收敛的速度取决于什么条件,并且神经网络依赖于大样本情况下统计特性,可见神经网络理论上存在缺陷,导致其在实际应用中可信度不高。在这种形势下为了保证模型的可靠性,亟须一种理论基础完善的模型来解决上述问题。支持向量机就是一种基于统计学习理论的新的机器学习方法,较好地解决了小样本、非线性、局部极值等问题。下面研究支持向量机在基于电机振动特征陀螺性能预测中的应用,并与 9.2 节 BP 神经网络模型预测结果进行比对分析。

支持向量机是由 Vapnik 及其领导的 Bell 实验室研究小组开发的一种新的机器学习技术,由于其出色的学习性能,该技术已经成为当前国际机器学习界的研究热点[146]。支持向量机按用途可分为支持向量分类机(support vector classification,SVC)和支持向量回归机两种,下面研究所涉及的是支持向量分类机。

支持向量机的基本理论是从二分类问题中提出的,考虑训练样本集$\{(x_i,y_i),i=1,2,\cdots,l\}$,其中$x_i\in R^n$是输入模式的第$i$个例子,$y_i\in\{+1,-1\}$是两类分类问题对应的目标输出。支持向量分类机的目标是构造一个决策函数(分类超平面),将测试数据尽可能正确分类。最优分类超平面的构造又分为线性可分和线性不可分两种情况,根据决策函数的类型,支持向量分类机可分为线性和非线性两类。

定义　称集合$H=\{x|<\omega\cdot x>=b\}$为$R^n$中的一个超平面,其中$\omega$是$R^n$中非零向量,为该超平面的法向量,$b$是该超平面常数项,$\langle\omega\cdot x\rangle$表示$\omega$与$x$的内积。

支持向量机最初是在线性可分情况下提出的,基本思想可用二维分类情况说明。如图 9.21 所示,○点和△点分别代表两类样本,H为分类线,H_1与H_2分别为平行于H的直线,且过离分类线H最近的样本,H_1与H_2之间的距离称为分类间隔。最优分类线就是要求分类线不但能将两类正确分开(训练错误率为 0),而且使分类间隔最大。

推广到高维空间,最优分类线就成为最优分类面。为统一起见,对于一维空间中的点,二维空间中的直线,三维空间中的平面,以及高维空间中的超平面,一律称为超平面。

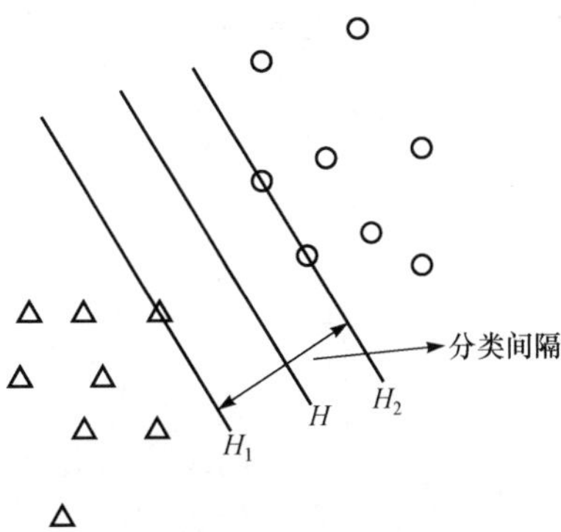

图 9.21　最优分类线示意图

1. 线性支持向量分类机

设线性可分训练样本集为 $T=\{(x_1,y_1),(x_2,y_2),\cdots,(x_m,y_m)\}$，其中 $x_i\in R^n$，$y_i\in\{1,-1\}$为类别标号。样本集可分表明，存在着超平面，即

$$\langle w\cdot x\rangle+b=0 \tag{9.20}$$

使得训练样本中两类输入分别位于该超平面的两侧，则两类样本边界上与超平面距离就是最大分类间隔，即

$$\begin{cases}H_1:\langle x\cdot \omega_0\rangle+b_0=-\rho/2\\ H_2:\langle x\cdot \omega_0\rangle+b_0=-\rho/2\end{cases} \tag{9.21}$$

对上述边界平面方程进行归一化处理得

$$\begin{cases}H_1:\langle x\cdot \omega\rangle+b=1\\ H_2:\langle x\cdot \omega\rangle+b=-1\end{cases} \tag{9.22}$$

此时，超平面分类图如图 9.22 所示，分类间隔 Margin($H1$,$H2$)等于过平面 H_1的点 x_1与过平面 H_2的点 x_2之间距离在超平面法线方向上的投影，即

$$\text{Margin}(H_1,H_2)=(x_1-x_2)\times\frac{\omega}{||\omega||} \tag{9.23}$$

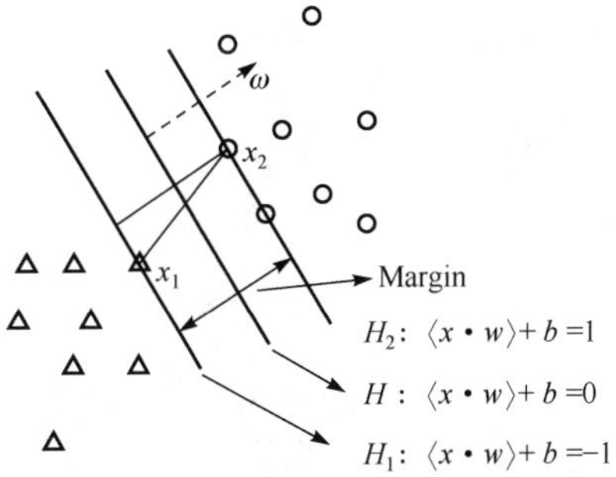

图 9.22　最优分类面示意图

点 x_1 和 x_2 在平面 H_1 和 H_2 上，此时分类间隔等于 $2/\|\omega\|$，使间隔最大化等价于最小化 $\|\omega\|/2$，这可通过最小化 $\|\omega\|/2$ 实现。由图 9.22 可知，存在如下约束，即

$$\begin{cases}\langle x_i \cdot \omega\rangle + b \geqslant 1, & y_i = 1\\ \langle x_i \cdot \omega\rangle + b \leqslant -1, & y_i = -1\end{cases} \tag{9.24}$$

求解最优超平面问题就可以表示为

$$\begin{cases}\min\limits_{\omega,b} \dfrac{1}{2}\|\omega\|^2\\ \text{s. t.} \quad y_i(\langle x_i \cdot \omega\rangle + b) \geqslant 1\end{cases} \tag{9.25}$$

采用 Lagrange 乘子法解决此约束最优问题，建立 Lagrange 函数，即

$$L(\omega,b,a) = \frac{1}{2}\|\omega\|^2 - \sum_{i=1}^{i} a_i[y_i(\langle x_i,\omega\rangle + b) - 1] \tag{9.26}$$

其中，$a_i \geqslant 0$；$a=(a_1,a_2,\cdots,a_m)$ 为 Lagrange 乘子。

根据 Wolfe 对偶定义，先求 Lagrange 函数关于 w,b 的极小值。由极值条件得到

$$\frac{\partial L(\omega,b,a)}{\partial \omega} = \omega - \sum_{i=1}^{l} a_i y_i x_i = 0 \Rightarrow \omega = \sum_{i=1}^{i} a_i y_i x_i \tag{9.27}$$

$$\frac{\partial L(\omega,b,a)}{\partial b} = \sum_{i=1}^{l} a_i y_i = 0 \tag{9.28}$$

把式(9.27)代入 Lagrange 函数式(9.26)，并利用式(9.28)得到

$$\begin{aligned}&\frac{1}{2}\|\omega\|^2 - \sum_{i=1}^{l} a_i[y_i(\langle x_i,\omega\rangle + b) - 1]\\ &= \frac{1}{2}\sum_{i=1}^{l} a_i y_i x_i^T \sum_{i=1}^{l} a_i y_i x_i - \sum_{i=1}^{l} a_i y_i x_i^T \sum_{i=1}^{l} a_i y_i x_i - b\sum_{i=1}^{l} a_i y_i + \sum_{i=1}^{l} a_i\\ &= \sum_{i=1}^{l} a_i - \frac{1}{2}\sum_{i=1}^{l} a_i y_i x_i^T \sum_{i=1}^{l} a_i y_i x_i\\ &= \sum_{i=1}^{l} a_i - \frac{1}{2}\sum_{i=1}^{l} y_i y_j a_i a_j x_i^T x_j\end{aligned} \tag{9.29}$$

得到二次规划的对偶问题，即

$$W(a) = \sum_{i=1}^{l} a_i - \frac{1}{2}\sum_{i=1}^{l} y_i y_j a_i a_j x_i^T x_j \tag{9.30}$$

约束条件为

$$\text{s. t.} \quad a_i \geqslant 0, \quad \sum_{i=1}^{l} a_i y_i = 0 \tag{9.31}$$

由原始问题和对偶问题解之间的关系知，若 a^* 为对偶问题(9.30)的最优

解，则

$$\omega^* = \sum_{i=1}^{l} a_i^* y_i x_i \tag{9.32}$$

$$b^* = \frac{1}{2}[\langle x_i(+1), \omega^* \rangle + \langle x_i(-1), \omega^* \rangle] \tag{9.33}$$

得到最优分类超平面

$$\langle x, \omega^* \rangle + b^* = 0 \tag{9.34}$$

由式(9.32)和式(9.33)知，原始问题(9.20)的解(ω^*, b^*)只依赖于训练集 T 中对应非零ω^*的那些样本点(x_i, y_i)，这些点是在间隔边界上的样本点，称为支持向量(support vector，SV)。但是在实际应用中，多数情况下并不能满足线性可分性，例如，训练样本受到外界噪声的影响时。对于线性不可分的情况，可以在条件中增加松弛因子$\xi \geqslant 0$，将约束条件修正为：

$$y_i(\langle x_i, \omega \rangle + b) \geqslant 1 - \xi_i, \quad \xi_i \geqslant 0 \tag{9.35}$$

此时目标函数变为

$$\min_{\omega, b} \frac{1}{2} \| \omega \|^2 + C \sum_{i=1}^{I} \xi_i \tag{9.36}$$

其中，C 为错误惩罚因子，控制对错误的惩罚程度。

线性可分支持向量机就转化为在 $y_i(\langle x_i, \omega \rangle + b) \geqslant 1 - \xi_i, \xi_i \geqslant 0$ 的约束下最小化目标函数式(9.36)。称该模型为软间隔线性可分支持向量机，其最优解为下述 Lagrange 函数的极值点，即

$$L(\omega, b, a) = \frac{1}{2} \| \omega \|^2 + C \sum_{i=1}^{l} \xi_i - \sum_{i=1}^{l} a_i [y_i(\langle x_i, \omega \rangle + b) - 1 + \xi_i] - \sum_{i=1}^{l} \beta_i \xi_i \tag{9.37}$$

软间隔线性可分支持向量机的对偶优化问题可表述为求 $W(a)$的最大值，即

$$W(a) = \sum_{i=1}^{l} a_i - \frac{1}{2} \sum_{i=1}^{l} y_i y_j a_i a_j \langle x_i, y_j \rangle \tag{9.38}$$

$$\text{s.t.} \quad \sum_{i=1}^{l} a_i y_i = 0, \quad C \geqslant a_i \geqslant 0 \tag{9.39}$$

线性不可分情况和线性可分情况的差别就在于可分模式中的约束条件，$a_i \geqslant 0$ 在不可分模式中换为更为严格的条件 $0 \leqslant a_i \leqslant C$。线性可分最优化问题可以视作线性不可分最优化问题中的一种特殊形式。

2. 非线性支持向量分类机

要解决一个非线性问题如图 9.23(a)所示，可以将它通过非线性变换转化为另一个空间中的线性问题如图 9.23(b)，在变换空间内求得最优或广义最优分类面。

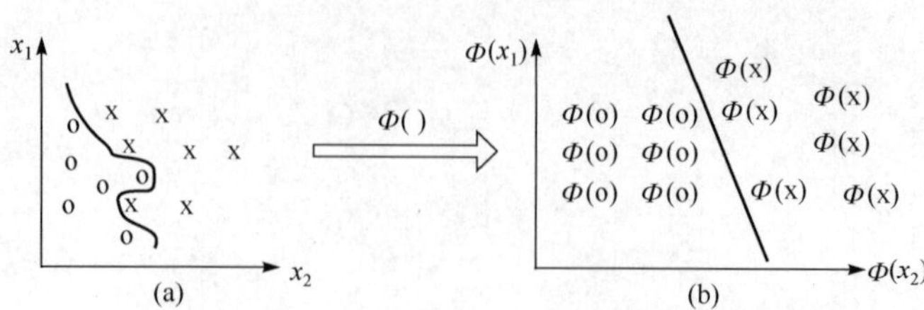

图 9.23　非线性问题转化线性问题示意图

通过非线性映射 $\Phi:\begin{matrix} R^n \rightarrow H \\ x \rightarrow \Phi(x) \end{matrix}$ 将输入变量映射到高维空间中。根据泛函有关理论，只要一种核函数 $K\langle x_i, x_j\rangle, (i,j=1,2,\cdots,l)$ 满足 Mercer 条件，就对应上述变换空间中的内积，即

$$K(x,y)=\langle\Phi(x),\Phi(y)\rangle \tag{9.40}$$

软间隔非线性支持向量机的原始问题转化为

$$\begin{aligned} &\min_{\omega,b} \frac{1}{2}\parallel\omega\parallel^2 + C\sum_{i=1}^{l}\xi_i \\ &\text{s.t.}\quad y_i(\langle\Phi(x_i),\omega\rangle+b)+\xi_i \geqslant 1,\quad \xi_i \geqslant 0 \end{aligned} \tag{9.41}$$

其对偶问题为

$$\begin{aligned} &\min_{a}\quad \frac{1}{2}\sum_{i=1}^{l} y_i y_j a_i a_j K\langle x_i, x_j\rangle - \sum_{i=1}^{l} a_i \\ &\text{s.t.}\quad \sum_{i=1}^{l} a_i y_i = 0 \\ &\qquad 0 \leqslant a_i \leqslant C \end{aligned} \tag{9.42}$$

基本思想可以概括为首先通过用内积核函数定义的非线性变换将输入空间变换到一个高维空间，然后在这个空间中求最优线性分类面。

3. 支持向量分类机性能影响因素

SVM 作为一种新型的学习机器，还存在需要完善的地方。例如，SVM 还没有建立统一的核函数选用标准，没有提出模型参数选取的系统理论。核函数参数 r、错误惩罚因子 C 等参数选择缺乏相应理论基础和实践方法。SVM 应用研究表明，核函数选择、核函数参数以及错误惩罚因子的选择是影响 SVM 学习能力和泛化能力最关键的问题，也是设计 SVM 学习机器时首要面临的问题。

(1) 核函数

通过核函数技术，特征空间中内积运算可以用原空间的核函数计算，利用核函数可以把低维空间的非线性问题转换为高维空间的线性问题[147]。核函数是线性问题和非线性问题之间的桥梁，使得在线性学习领域所取得的成果可以推广到非线性学习领域，使非线性学习问题在概念上和计算方法上等同于线性学习问题。

核函数是输入空间到高维特征空间映射的内积，不同核函数表明输入空间到高维空间的映射不同，产生的支持向量和分类超平面也不同，实际上核函数的选择决定了特征空间的结构。目前，常用的核函数主要有线性核函数、多项式核函数、径向基核函数(RBF)和 sigmoid 核函数等。具体如表 9.14 所示。

表 9.14　SVM 常用核函数

核函数序号	名称	表达式
1	线性核函数	$K(u,v)=(u,v)$
2	多项式核函数	$K(u,v)=(r(u\cdot v)+\mathrm{coef0})^d$
3	RBF 核函数	$K(u,v)=\exp(-r\|u-v\|^2)$
4	sigmoid 核函数	$K(u,v)=\tanh(r(u\cdot v)+\mathrm{coef0})$

注：表中 r 为核函数参数。

对于线形核函数，实际的非线性情况大大限制了其使用。对于多项式核函数，当特征空间维数很高时，d 值必然很大，使得计算量增大，甚至对某些情况不能得到正确结果。径向基核函数 SVM 与传统 RBF 方法的区别是每个径向基函数中心对应一个支持向量，径向基函数的中心位置以及中心数目、网络的权值是在训练过程中自动确定的，而传统的 RBF 网络对这些参数的确定依赖于经验知识[148]。选用 sigmoid 核函数时，SVM 就是一个两层感知器神经网络，网络的权值和隐藏层节点数是由算法自动确定的，但算法不存在困扰神经网络方法的局部极值点问题。

文献[147]分析认为 RBF 核函数通过参数的选择，适用于任意分布的样本，也就是说 RBF 核函数是一个普适的核函数。同时，研究认为 RBF 核函数虽然是支持向量机中应用最广泛的一种核函数，但并非在所有情况下都是最优核函数。下面以 UCI 数据库中 WINE 分类数据为例对上述观点进行论证，并说明核函数选择在应用中的重要性。随机选取 500 组数据作为训练样本，300 组数据作为测试样本，在 MATLAB 软件平台上，采用林智仁教授开发的 Libsvm 软件包来训练 SVM 模型并用于预测。训练模型对 300 组测试样本的预测结果如表 9.15 所示。

表 9.15　核函数对 SVM 预测性能的影响

序号	核函数类型	错误惩罚因子	核函数参数	预测准确率/%
1	线性核函数	10	—	100
2	多项式核函数	10	5	100
3	RBF 核函数	10	5	96.67
4	sigmoid 核函数	10	5	33.33

可见在选用相同核函数参数和错误惩罚因子的前提下，RBF 核函数分类性能(96.67%)较线性核函数(100%)、多项式核函数(100%)都差。实验表明不同核函数的 SVM 预测分类准确率差别很大(最高达 100%、最低仅 33%)，可以看出核函数选择的重要性。虽然目前如何选择核函数已得到重视并开展了大量的研究，但仍是支持向量机应用中的一个难题。

(2) 核函数参数

核函数选择以后，SVM 性能的优劣很大程度受核函数参数 r 的影响。因为确定了核函数就确定了映射函数和特征空间，核函数参数 r 的改变实际上就是改变映射函数，从而改变样本特征空间的复杂程度。特征子空间的维数决定了能在此空间构造线性分类面的最大 VC 维，也就是决定了线性分类面能达到的最小经验误差。同时，每个特征子空间对应唯一的推广能力最好的分类面，如果特征子空间维数很高，得到最优分类面就较复杂，经验风险小但置信范围大；反之亦然。此时得到的 SVM 推广能力会较差。若 r 取值不当，SVM 就无法达到预期的效果，只有选择合适的核函数参数 r，将数据投影到合适的特征空间，才能得到推广能力好的 SVM 分类器。

(3) 错误惩罚因子

错误惩罚因子 C 实现了错分样本比例和算法复杂程度之间的折中，在确定的特征子空间中调节学习机器置信范围和经验风险的比例，使得学习机器的推广能力最好。它的选取一般由具体问题而定，在特定的特征子空间中，C 的取值小表示对经验误差的惩罚小，学习机器的复杂度低而经验风险值较大。如果 C 取∞则所有的约束条件都必须满足，即训练样本必须准确分类。实际上每个特征子空间至少存在一个合适的 C 使得 SVM 分类器性能最优。

错误惩罚因子 C 及其核函数参数 r 的选取是 SVM 应用的一个关键问题。文献[149]以垃圾邮件分类数据为例进行实验，验证以上两个参数的选择对 SVM 性能的影响。实验结果表明，在选择相同核函数(RBF 核函数)的前提下，因核函数参数、错误惩罚因子选择不同，预测准确率为 48.55%～66%。分析认为上述两个参数选择的不当使得预测准确率波动范围较大，并且在较低水平上波动，难以满足分类需求。

核函数选择、核函数参数及错误惩罚因子的确定在很大程度上影响 SVM 的性能，只有选择合适的模型参数，SVM 的优越性才能更好地发挥出来。基于以上分析和讨论，我们试图实现同时对支持向量机核函数、核函数参数和惩罚因子参数组合的选择寻优，以提高参数选择效率和速度，进而提高 SVM 学习能力和泛化能力。由于遗传算法具有全局组合寻优能力，可以在很短时间内搜索到全局最优点，被广泛用于解决优化问题，故仍选取遗传算法对支持向量机参数组合(核函数类型、核函数参数和惩罚因子)进行优化。

9.3.2　复合编码遗传算法优化支持向量机预测模型

关于核函数选择、核函数参数以及错误惩罚因子确定的相关研究已得到广泛的重视[150,151]。总结分析文献中方法,可发现研究主要分为两类:如何选择核函数使 SVM 性能最优,包括针对具体问题构造新的核函数;选定核函数以后,如何确定核函数参数以及错误惩罚因子的数值。鲜有同时确定上述三个参数的相关文献,鉴于此,这里提出一种基于复合编码遗传算法(composite coding genetic algorithm, CCGA)的 SVM 模型参数优化方法,同时实现对上述三个参数的优化选择。

1. 优化方案

优化方案设计是把优化目标组合编码为遗传运算的种群,把种群中各个个体解码后代入 SVM 模型,计算其适应度。按照适应度判定准则,如果有满足准则的个体存在,该个体就是所求取的最优参数组合,若不满足则参数组合编码为种群个体,然后,按照基本遗传算法思想进行复制、交叉、变异等遗传操作,得到子代新种群,而后解码得到参数组合代入 SVM,重复上述过程。优化流程如图 9.24 所示,图中虚线框描述内容是一致的。

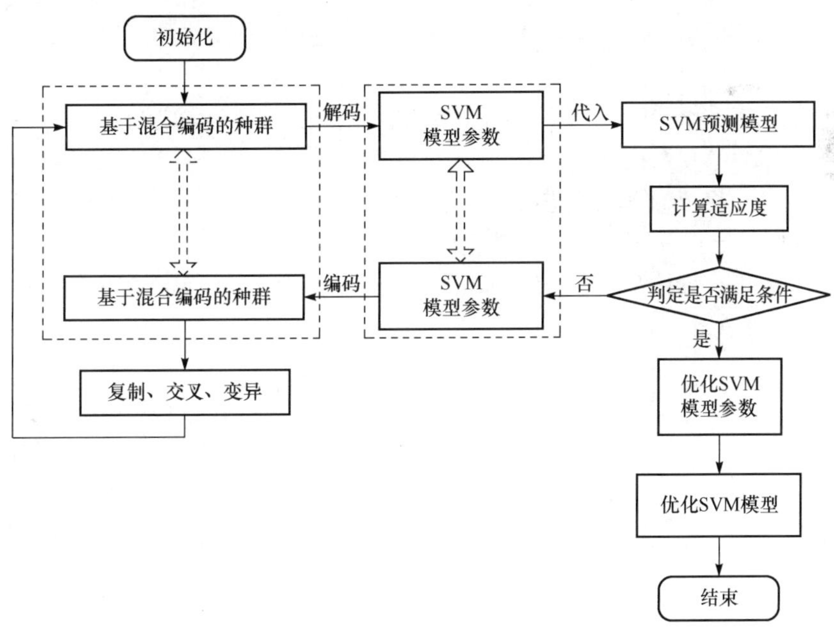

图 9.24　复合编码遗传算法优化 SVM 参数流程图

优化过程所涉及的关键技术包括:

① 编码。在应用中核函数的选择按其对应的序号(1,2,3,4),如表 9.15 所示。编码为基因串的第一位。核函数参数 r 和惩罚因子 C 在取值范围进行二进制编码,分别编码为 l_1 位和 l_2 位的二进制数字串。组合序号编码 1 位和二进制编码 l_1+l_2 位就得到复合编码(composite coding,CC)个体多位基因串。个体基因串如图 9.25 所示。

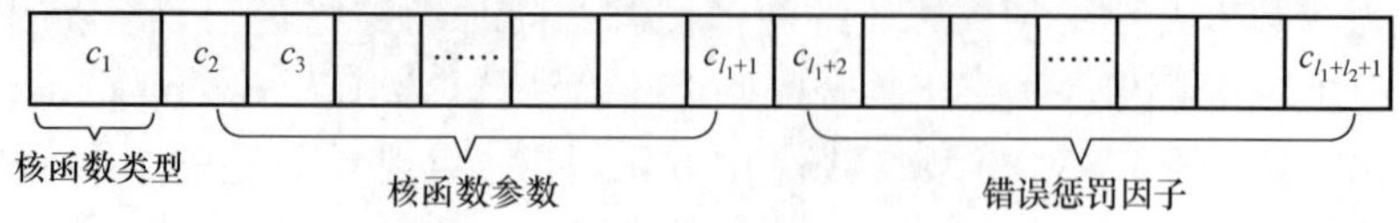

图 9.25 复合编码基因串示意图

② 适应度函数。算法目标是优化 SVM 性能,使模型获得最优学习能力与泛化能力,将训练样本分为 2 份,1 份作为训练样本,预测分类准确率表示为 R_{train},能够表征机器的学习能力;另 1 份作为测试样本,预测分类准确率 R_{test},表征机器的泛化能力。将两个分类准确率的和作为适应度评价函数,如式(9.43)所示。该方法能够有效避免机器过学习现象(学习能力过高而泛化能力较差的现象)的产生。

$$\text{Fit}=R_{\text{train}}+R_{\text{test}} \tag{9.43}$$

③ 选择算子。为了确保进化向最优染色体进行,仍选用最优保存、最差取代原则。

④ 交叉算子。对复合编码个体基因串采用两点交叉的方法。将基因串中序号编码位作为第 1 个交叉点,而后在二进制编码部分随机产生 1 个交叉点,再对两个交叉点之间相应的基因段进行交换。下面以一个交叉运算实例对操作方法进行说明,假设 $l_1+l_2=7$,k 代两个个体基因串 $X_A(k)=[2\ 1\ 0\ 0\ 1\ 0\ 1\ 1]$和 $X_B(k)=[3\ 1\ 1\ 0\ 1\ 0\ 0\ 1]$,经过双点交叉得 $k+1$ 代两个个体基因串 $X_A(k+1)$和 $X_B(k+1)$,如图 9.26 所示。

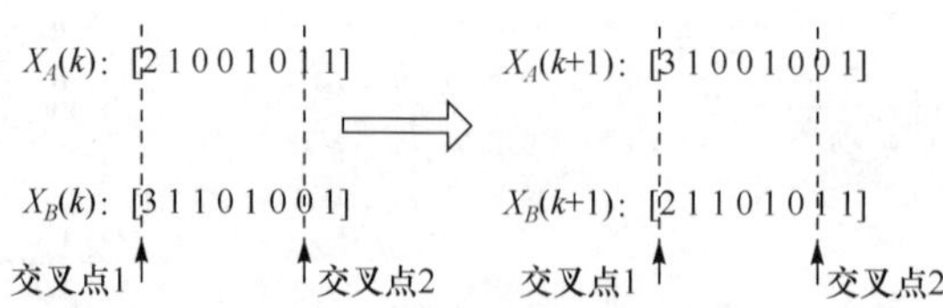

图 9.26 两点交叉运算示意图

⑤ 变异算子。对二进制编码部分,产生一个随机数 f_{rand}($f_{\text{rand}}\in[0,\ 1]$),如果大于变异概率,随机选取二进制编码某一基因位,使得该基因位的值由 0 变为 1,或由 1 变为 0,否则不变异。对序号编码位采用放大变异法,产生一个随机数

f_{rand}，如果大于变异概率，则基因位的值加 1，否则基因位的值不变。序号基因位可取值有 1、2、3、4，当为 1、2、3 时若发生变异，变异后基因位的值为 2、3、4，当基因位的值为 4 时若发生变异，约定变异后值为 1；如果随机数 f_{rand} 小于等于变异概率，不发生变异。

2. 优化步骤

Step 1，初始化种群，按设计编码方法随机生成初始种群。

Step 2，将种群中各个体基因串解码为相应核函数编号、核函数参数和错误惩罚因子，将这些参数作为结构参数构建 SVM 模型，以训练数据和测试数据对其进行训练和测试。

Step 3，按照适应度计算函数式(9.43)，计算每个个体的适应度值。

Step 4，判断是否满足终止条件，如果满足终止条件，退出循环，遗传优化结束，输出优化结果，否则转到 Step 5。

Step 5，执行选择算子，按照最优保存、最差取代的原则。

Step 6，执行交叉算子和变异算子，生成新一代群体的个体，返回 Step 2 继续执行。

3. CCGA-SVM 预测分类实例

实验采用 UCI 数据库中红酒质量品级判别样本数据，选择两个类别(5 级、6 级)共 700 个样本进行实验，其中 400 个作为训练样本，两个类别各 200 个样本，其余 300 个作为测试样本，5 级 200 个样本，6 级 100 个样本。使用 Libsvm 工具包训练 SVM 模型。为了凸显遗传算法优化方法的优越性，首先人为选取 8 组 SVM 参数进行模型训练，而后采用复合编码遗传算法优化 SVM 模型(CCGA-SVM)进行实验。遗传算法的交叉概率取值 0.5，变异概率取值 0.2，种群数为 30，最大进化代数 40，经过 40 代进化优化的 SVM 模型预测结果如表 9.16 所示。图 9.27 给出进化过程中综合预测准确率的变化趋势。

表 9.16　SVM 与 CCGA-SVM 对 UCI-WINE 数据库预测结果

模型类别	SVM 参数			训练预测准确率/%	测试预测准确率/%	综合预测准确率/%
	核函数类别	核函数参数	错误惩罚因子			
经验选择	1	—	1	62.5	86.67	149.17
	1	—	10	72.5	83.33	155.83

续表

模型类别	SVM参数			训练预测准确率/%	测试预测准确率/%	综合预测准确率/%
	核函数类别	核函数参数	错误惩罚因子			
经验选择	2	1	1	82.5	80	162.5
	2	1	10	95	90	185
	2	10	1	100	56.67	156.67
	3	1	1	72.5	86.67	159.17
	3	1	10	95	86.67	181.67
	3	10	1	100	70	170
	4	1	1	60	83.33	143.33
	4	1	10	57.5	73.33	130.83
	4	10	1	52.5	33.33	85.83
遗传算法优化	3	791	7.375	100	90	190

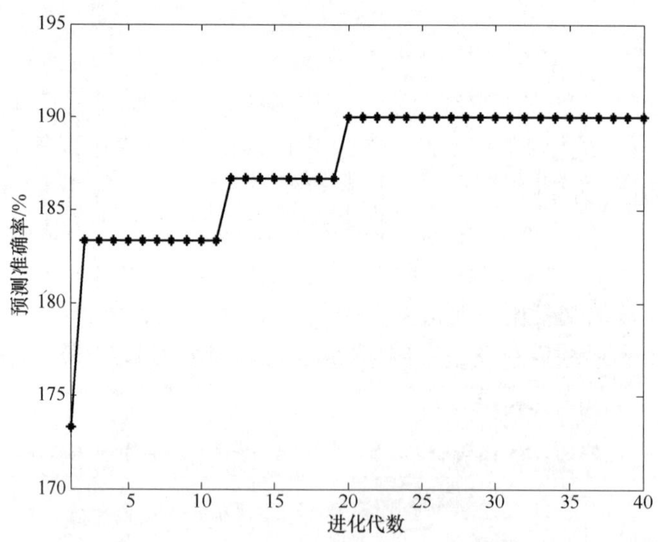

图 9.27　预测准确率随遗传代数变化图

结论分析：

① 从表 9.16 可以看出，采用遗传算法优化参数的 SVM 模型的预测结果无论是训练样本预测准确率还是测试样本预测准确率，都优于标准支持向量机，可认为优化支持向量机的性能从整体上要优于标准支持向量机。

② 由图 9.27 可得，在进化至第 2、11、20 代时综合预测准确率有明显提升，并在 21 代处达到全局最优，此时优选的参数组合是最优的 SVM 模型参数。

总之，复合编码遗传算法能够同时实现对核函数类型、核函数参数及错误惩罚因子的确定，这不仅能够使模型达到整体最优，提高模型的性能，还能有效地缩短模型参数寻优时间。

4. 优化模型预测结果

若仅考虑陀螺品级分类，本节研究对象为典型的二分类问题，SVM 作为一种具有完备理论基础的学习模型，可以用来对陀螺性能进行预测，作为 9.2 节研究的有力补充。以表 9.6 中样本数据为例采用 CCGA-SVM 进行性能分类预测，17 组数据作为训练样本，5 组数据作为测试样本。为了凸现提出 CCGA-SVM 的优越性能，首先基于经验选取一组 SVM 参数，核函数依次选择线性函数、多项式函数、RBF 函数和 sigmoid 函数，错误惩罚因子 C 定为 1，核函数参数 r 定为 1，采用 Libsvm 工具包在 MATLAB 平台上的运行结果如表 9.17 所示。

表 9.17　采用经验选择参数 SVM(E-SVM)数据处理结果

实验序号	SVM 参数			训练预测准确率/%	测试预测准确率/%	综合预测准确率/%
	核函数类别	核函数参数	错误惩罚因子			
1	1	1	—	88.24	60	148.24
2	2	1	1	94.12	60	154.12
3	3	1	1	70.59	40	110.59
4	4	1	1	64.71	60	124.71

由表 9.17 可以看出，依据经验选取的 4 组 SVM 参数，所训练出的 SVM 模型，对训练样本预测准确率最高为 94.12%，最低为 64.71%；对测试样本预测准确率最高为 60%，最低为 40%；综合准确率最高为 154.12%，最低为 110.59%。依据经验选取参数组合训练得到的 SVM 模型的学习能力和泛化能力均远没有达到要求，模型不能作为有效分类预测模型。

然后采用 CCGA-SVM 进行预测。运算过程中，遗传代数为 10，种群个数为 20 个，交叉概率为 0.5，变异概率为 0.2。实验结果如表 9.18 所示。图 9.28 给出进化过程中，训练样本预测准确率、测试样本预测准确率和综合预测准确率随进化过程变化趋势。表 9.19 给出了 CCGA-SVM 对测试样本的预测分类结果。

表 9.18 复合编码遗传算法优化 SVM 过程中的预测准确率

进化代数	SVM 参数			训练预测准确率/%	测试预测准确率/%	综合预测准确率/%
	核函数类别	核函数参数	错误惩罚因子			
1	3	250	33.875	100	40	140
2	3	250	33.875	100	40	140
3	1	—	1.875	100	60	160
4	1	—	1.875	100	60	160
5	1	—	1.875	100	60	160
6	2	242	1.875	100	80	180
7	2	242	1.875	100	80	180
8	2	242	1.875	100	80	180
9	2	242	1.875	100	80	180
10	2	242	1.875	100	80	180

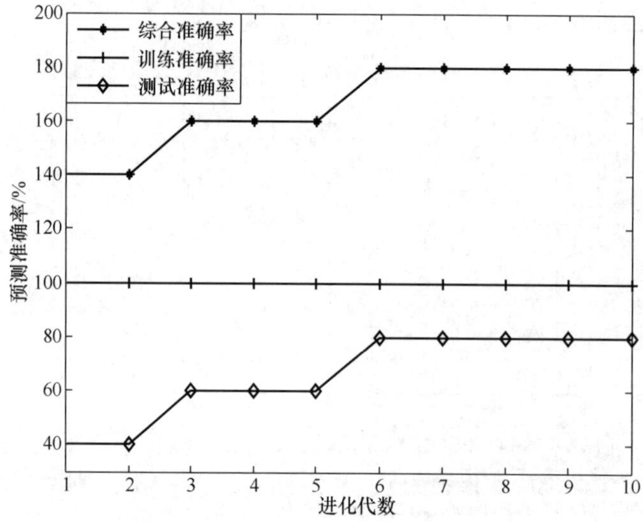

图 9.28 陀螺性能预测准确率随遗传代数变化图

表 9.19 陀螺性能预测结果

陀螺电机编号	实测陀螺品级	CCGA-SVM 预测结果	预测准确率/%
Q18	A	A	80
Q19	B	A	
Q20	B	B	
Q21	A	A	
Q22	B	B	

实验结果分析：

① 从表 9.18 可以看出，CCGA-SVM 分类模型随遗传优化过程训练样本预测准确率保持在 100%水平，表明模型学习能力达到最优；测试样本的预测准确率由 40%提高至 80%，表明模型泛化能力有了大幅度提升。

② 由图 9.28 准确率变化趋势可以看出，遗传进化至第 6 代时，相应参数对应模型的学习能力和泛化能力达到最大值并趋于稳定，可见遗传运算能够很快达到收敛状态。

③ 表 9.18 中第 6 代染色体为最终优化得到的结构参数组合编码，即核函数选择多项式函数，核函数参数 r 为 242，错误惩罚因子 C 为 1.875 时，模型的学习能力和泛化能力俱佳。表 9.19 给出了优化模型的预测结果。

④ 训练得到的模型可作为分类模型，用于进行基于振动特征的液浮陀螺性能判别。

9.4　两种预测方法对比分析

鉴于神经网络在处理小样本数据时理论基础不够完善，可能存在预测结果可信度不高的问题。在 9.2 节研究基于 BP 神经网络陀螺性能预测方法的基础上，本节又研究了基于完备小样本学习理论 SVM 分类模型的陀螺性能预测方法，两种方法各有优缺点。

优化神经网络预测方法优点是能够对陀螺性能参数值进行预测，预测精度相对较高，不足是因为理论不尽完善，可信度可能不高。适用于理论研究和工程实践中进行详细数据分析。

CCGA-SVM 预测方法优点是针对小样本数据，理论基础完备，预测结果比较直观；不足是仅对陀螺品级分类进行预测，没有对性能参数值做出预测。适用于简单分类和实际质量检验判定。

因此，可以根据实际需求，在应用中将优化 BP 神经网络模型和 CCGA-SVM 模型相结合，若两者预测结果一致，则认为预测具有高可信度，满足要求的电机可进行下一工序的加工，不满足要求的可剔出生产线；若两者结果不一致，应谨慎对待，采用其他方法作进一步分析。如此，既能保证将不合格组件剔出生产线，避免生产资源浪费，又能避免合格品被错误剔除造成新的浪费。总之，采用两种预测模型相结合的方法，能够提高预测结果的可信度，增强研究成果的实用性。

9.5　本章小结

本章采用时域分析法、小波包技术和 EMD 技术提取振动信号初始特征参数，研究了有效特征参数的选择，采用马氏距离法从提取的 72 个初始特征参数中，优选出 18 个典型特征参数和特征参数总体一起，作为陀螺电机振动信号有效特征参数。

将 BP 神经网络应用于电机振动信号有效特征向量和陀螺性能参数之间映射模型的建立，分析 BP 神经网络模型在实际应用中的缺陷，针对不足提出模型三次优化方法。具体有提出三种权重和阈值初始化方法改善权重和阈值初始化存在关联性强的问题；提出基于序号编码遗传算法的神经网络结构参数优化技术，解决模型应用中参数选取困难的现实问题；在前两次优化技术的基础上，提出基于矩阵编码遗传算法的训练后权重和阈值优化方法，得到最终映射模型。

建立了基于振动信号有效特征向量的支持向量机陀螺性能预测模型，针对 SVM 在实际应用中参数难以选择的问题，提出基于复合编码遗传算法的 SVM 参数组合优化技术。实验结果表明，新方法能够很好地确定最优性能参数组合，确保得到性能最优的 SVM 分类模型，可作为神经网络预测模型的补充。

最后，分析对比了 BP 神经网络预测方法和 SVM 预测方法的优势、缺点和适用范围，阐明两种方法在工程实际中如何配合使用。

第 10 章　基于浮子振动特征的液浮陀螺性能预测技术研究

10.1　浮子振动信号特征向量

本章对 9.1 节提到的 22 个陀螺电机装配成的浮子进行研究。借鉴 9.1 节研究成果，对浮子振动信号进行消除趋势项、五点三次平滑和时域平均去噪等预处理，而后分别提取浮子振动信号 Z 方向时域 10 维特征向量 $\boldsymbol{F}_{Zt}^{*}$，16 维小波包能量特征向量 $\boldsymbol{F}_{Zw}^{*}$ 和 10 维 EMD 能量特征向量 $\boldsymbol{F}_{ZE}^{*}$，以及浮子振动信号 X 方向特征向量。将浮子 Z 方向和 X 方向特征向量组合即得到浮子初始特征向量 $\boldsymbol{F}^{*}$，如图 10.1 所示。

浮子振动信号特征向量（F^{*}）
- 浮子 Z 方向振动信号
  - F_{Zt}^{*}，　时域参数向量（10 维）
  - F_{Zw}^{*}，　小波包能量参数向量（16 维）
  - F_{ZE}^{*}，　EMD 能量参数向量（10 维）
- 浮子 X 方向振动信号
  - F_{Xt}^{*}，　时域参数向量（10 维）
  - F_{Xw}^{*}，　小波包能量参数向量（16 维）
  - F_{XE}^{*}，　EMD 能量参数向量（10 维）

图 10.1　浮子振动信号初始特征向量构成图

按式(9.14)分别计算各特征参数向量距特征参数总体的马氏距离，作出马氏距离分布直方图，如图 10.2 所示。表 10.1 则给出了不同距离范围内特征参数个数的分布情况。

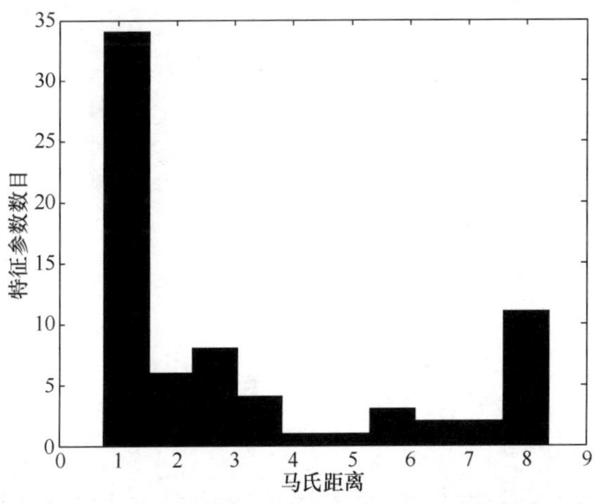

图 10.2　浮子振动信号特征参数向量距总体马氏距离分布直方图

表 10.1 浮子振动信号特征参数向量距总体马氏距离分布情况

马氏距离	特征参数个数	所占比例/%
0～1	34	47.22
1～5	19	26.39
5～8	19	26.39

由图 10.2 和表 10.1 可知，47.22%特征参数向量距离总体的马氏距离小于 1，这些特征参数向量距总体距离较小，26.39%特征参数向量距离总体的马氏距离在 1～5，其余 26.39%特征参数向量距离总体的马氏距离大于 5，这些特征参数向量距总体距离较大。通过实验反复验证，取阈值 $\theta=5$，在 72 个特征参数中，有 19 个为有关特征参数，其余 53 个为无关特征参数。最终选取距离大于 5 的 19 个有关特征参数和总体 G 作为浮子振动信号的有效特征参数。提取的单个陀螺浮子振动信号的有效特征向量 $\boldsymbol{F}^{*}_{有效}$ 组成如表 10.2 所示。

表 10.2 浮子有效特征向量组成情况表

序号	类别	特征参数	备注
1	Z 方向	β	时域
2		0～32(Hz)	小波包频段
3		256～288(Hz)	小波包频段
4		288～320(Hz)	小波包频段
5		416～448(Hz)	小波包频段
6		IMF1	EMD 固有模态函数
7		IMF2	EMD 固有模态函数
8		IMF3	EMD 固有模态函数
9		IMF10	EMD 固有模态函数
10	X 方向	β	时域
11		0～32(Hz)	小波包频段
12		256～288(Hz)	小波包频段
13		386～418(Hz)	小波包频段
14		416～448(Hz)	小波包频段
15		480～512(Hz)	小波包频段
16		IMF1	EMD 固有模态函数
17		IMF2	EMD 固有模态函数
18		IMF3	EMD 固有模态函数
19		IMF4	EMD 固有模态函数
20	总体	G	

10.2　基于三次优化 BP 神经网络模型的预测结果

如表 10.3 所示将陀螺浮子振动信号有效特征向量及其装配成品陀螺的性能数据分为训练样本和测试样本进行神经网络模型训练和验证。按 9.2 节研究的方法和优化流程，应用 BP 神经网络来建立映射模型，采用提出的优化方法对权重和阈值初始化方法进行了优化，优选出最优结构参数，并采用矩阵编码遗传算法优化训练后 BP 神经网络的权重和阈值参数，得到三次优化模型的预测结果，如表 10.4 所示。

表 10.3　浮子数据样本

序号	陀螺浮子编号	有效特征向量	性能参数	陀螺品级	样本类别
1	Q01	$\boldsymbol{F}^{*}_{\text{有效}}$(Q01)	3.0	B	
2	Q02	$\boldsymbol{F}^{*}_{\text{有效}}$(Q02)	1.4	A	
3	Q03	$\boldsymbol{F}^{*}_{\text{有效}}$(Q03)	1.5	A	
4	Q04	$\boldsymbol{F}^{*}_{\text{有效}}$(Q04)	1.7	A	
5	Q05	$\boldsymbol{F}^{*}_{\text{有效}}$(Q05)	2.7	B	
6	Q06	$\boldsymbol{F}^{*}_{\text{有效}}$(Q06)	1.2	A	
7	Q07	$\boldsymbol{F}^{*}_{\text{有效}}$(Q07)	2.8	B	
8	Q08	$\boldsymbol{F}^{*}_{\text{有效}}$(Q08)	2.9	B	
9	Q09	$\boldsymbol{F}^{*}_{\text{有效}}$(Q09)	2.8	B	训练样本
10	Q10	$\boldsymbol{F}^{*}_{\text{有效}}$(Q10)	1.5	A	
11	Q11	$\boldsymbol{F}^{*}_{\text{有效}}$(Q11)	1.6	A	
12	Q12	$\boldsymbol{F}^{*}_{\text{有效}}$(Q12)	1.7	A	
13	Q13	$\boldsymbol{F}^{*}_{\text{有效}}$(Q13)	2.9	B	
14	Q14	$\boldsymbol{F}^{*}_{\text{有效}}$(Q14)	3.3	B	
15	Q15	$\boldsymbol{F}^{*}_{\text{有效}}$(Q15)	3.3	B	
16	Q16	$\boldsymbol{F}^{*}_{\text{有效}}$(Q16)	1.6	A	
17	Q17	$\boldsymbol{F}^{*}_{\text{有效}}$(Q17)	1.7	A	
18	Q18	$\boldsymbol{F}^{*}_{\text{有效}}$(Q18)	1.4	A	
19	Q19	$\boldsymbol{F}^{*}_{\text{有效}}$(Q19)	2.8	B	
20	Q20	$\boldsymbol{F}^{*}_{\text{有效}}$(Q20)	3.4	B	测试样本
21	Q21	$\boldsymbol{F}^{*}_{\text{有效}}$(Q21)	1.3	A	
22	Q22	$\boldsymbol{F}^{*}_{\text{有效}}$(Q22)	2.9	B	

表 10.4　采用三次优化 BP 神经网络的浮子数据预测结果

序号	陀螺浮子编号	性能参数	样本类别	预测结果	平均相对误差/%
1	Q01	3.0	训练样本	3.0003	5.88
2	Q02	1.4		1.4691	
3	Q03	1.5		1.4649	
4	Q04	1.7		1.7494	
5	Q05	2.7		3.0026	
6	Q06	1.2		1.4728	
7	Q07	2.8		2.7941	
8	Q08	2.9		3.0222	
9	Q09	2.8		2.6696	
10	Q10	1.5		1.4649	
11	Q11	1.6		1.6076	
12	Q12	1.7		1.6758	
13	Q13	2.9		2.9688	
14	Q14	3.3		3.0206	
15	Q15	3.3		3.0021	
16	Q16	1.6		1.7308	
17	Q17	1.7		1.4649	
18	Q18	1.4	测试样本	1.4729	16.18
19	Q19	2.8		1.4650	
20	Q20	3.4		3.0259	
21	Q21	1.3		1.4649	
22	Q22	2.9		3.0260	

由表 10.4 可以看出，三次优化 BP 神经网络模型对训练样本的预测误差为 5.88%，对测试样本的预测误差为 16.18%，达到较高的预测精度，训练样本预测分类准确率达到 100%，测试样本预测分类准确率也达到 80%。对比基于电机振动信号的预测结果可以看出，基于浮子振动信号的预测结果多数与其保持一致，也存在个别陀螺预测结果相对较差的现象，如 Q19 陀螺。

10.3　基于 CCGA-SVM 的预测结果

借鉴 9.3 节的研究成果，采用 CCGA-SVM 模型建立基于陀螺浮子振动特征的陀螺性能预测分类模型。遗传运算过程中，遗传代数为 10，种群个数为 20 个，复制策略基于最优保存、最差取代的原则，交叉概率为 0.5，变异概率为 0.2。优化模型预测结果如表 10.5 所示。

表 10.5　采用 CCGA-SVM 的浮子数据预测结果

序号	陀螺浮子编号	性能参数	陀螺品级	样本类别	预测分类	准确率/%
1	Q01	3.0	B	训练样本	B	100
2	Q02	1.4	A		A	
3	Q03	1.5	A		A	
4	Q04	1.7	A		A	
5	Q05	2.7	B		B	
6	Q06	1.2	A		A	
7	Q07	2.8	B		B	
8	Q08	2.9	B		B	
9	Q09	2.8	B		B	
10	Q10	1.5	A		A	
11	Q11	1.6	A		A	
12	Q12	1.7	A		A	
13	Q13	2.9	B		B	
14	Q14	3.3	B		B	
15	Q15	3.3	B		B	
16	Q16	1.6	A		A	
17	Q17	1.7	A		A	
18	Q18	1.4	A	测试样本	A	80
19	Q19	2.8	B		A	
20	Q20	3.4	B		B	
21	Q21	1.3	A		A	
22	Q22	2.9	B		B	

由表 10.5 可知，CCGA-SVM 优化模型的对训练样本的预测分类准确率为 100%，对测试样本的预测分类准确率为 80%。对比基于电机振动信号的预测结果(表 9.19)可以看出基于浮子振动特征的预测结果与其保持一致。

10.4　基于电机和浮子振动特征的预测结果对比

对基于电机振动和基于浮子振动的特征提取方法及两种优化预测方法的预测结果进行比较。

(1) 提取特征对比

提取的电机、浮子振动信号有效特征向量的维数不同,分别为 19 维和 20 维。有效特征向量的组成参数也有较大程度的不同。

(2) 三次优化 BP 神经网络模型的预测结果对比

基于电机振动特征的 5 组测试样本的预测平均相对误差为 9.43%,预测分类准确率为 100%。基于浮子振动特征的测试样本预测平均相对误差为 16.18%,预测分类准确率为 80%。对比基于电机振动特征的预测结果可以看出,基于浮子振动信号的预测结果多数与其保持一致,个别陀螺预测结果相对较差。

(3) CCGA-SVM 的预测结果对比

基于电机振动特征与基于浮子振动特征的 5 组测试样本预测分类准确率均为 80%,预测结果保持一致。

通过对比基于电机振动特征的陀螺性能预测结果和基于浮子振动特征的陀螺性能预测结果,可见在实际生产过程中,将研究方法用于基于电机振动特征的性能预测即可。因为电机工序在浮子之前,尽可能早地在生产过程中发现不可加工组件,能够最大限度节约资源,避免浪费。

10.5 本章小结

本章将第 9 章中的振动信号特征提取方法、优化 BP 神经网络和优化 SVM 两种陀螺性能预测方法分别应用于基于浮子振动信号的特征向量提取和陀螺性能预测,并将预测结果与基于电机振动特征的预测结果进行对比,表明研究思路的可行性和方法的正确性,可用于液浮陀螺生产的工程实际中。

参 考 文 献

[1] 邓正隆. 惯性技术[M]. 哈尔滨：哈尔滨工业大学出版社，2006.

[2] 许江宁，卞鸿巍，刘强，等. 陀螺原理及应用[M]. 北京：国防工业出版社，2009.

[3] 卜石，刘娜. 利用AWE分析三浮陀螺浮子结构温度场[J]. 弹箭与制导学报，2005，25(4)：966-968.

[4] 瓦尔特·里格利. 陀螺仪理论设计及实验技术[M]. 北京：国防工业出版社，1978.

[5] 高林枝. 液浮陀螺的应力分析与设计改进[D]. 西安：西北工业大学硕士学位论文，2006.

[6] Pierce R S, Rosen D. A method for integrating form errors into geometric tolerance analysis [J]. Journal of Mechanical Design, 2008, 130(1): 1-10.

[7] 董瑞强. 航空铝合金残余应力引起构件变形的数值模拟[D]. 杭州：浙江工业大学硕士学位论文，2004.

[8] Escobar K, Gonzalez B, Ortiz J, et al. On the residual stress control in aluminum alloy 7050 [J]. Materials Science Forum, 2002, 396-402: 1235-1240.

[9] Bains T. Residual stress reduction in aluminum die forgings[C]//Proceedings of the 1st International Non-Ferrous Processing Technology Conference, 1997: 221-231.

[10] Senatorova O G, Sidelnikov V V, Mihailova I F, et al. Low distortion quenching of aluminum alloys in polymer medium[J]. Materials Science Forum, 2002, 396-402: 1659-1664.

[11] Heymes F, Commet H, Dubost B, et al. Development of new Al alloys for distortion free machined aluminum aircraft components[C]//Proceedings of the 1st International Non-Ferrous Processing and Technology Conference, 1997: 249-255.

[12] 王秋成. 航空铝合金残余应力消除及评估技术研究[D]. 杭州：浙江工业大学博士学位论文，2003.

[13] Jaensson B, Larsson S E. Control and use of residual stresses in aircraft structural parts [J]. Journal of Aircraft, 1988, 25(1): 48-54.

[14] Tanner D A, Robinson J S, Cudd R L. Cold compression residual stress reduction in aluminum alloy 7010[J]. Materials Science Forum, 2000, 347-349: 235-240.

[15] Mattson R L, Coleman W S. Effect of shot-peening variables and residual stresses on fatigue life of leaf-spring specimens[J]. Transactions, Society of Automotive Engineers, 1954, 62: 546-556.

[16] Morrow J, Sinclair G M. Cycle-dependent stress relaxation[C]//Symposium on Basic Mechanisms of Fatigue, ASTM STP 237, American Society for Testing and Materials, 1959: 83-109.

[17] Jhansale H R, Topper T H. Engineering analysis of the inelastic stress response of a structural metal under variable cyclic strains[C]//Cyclic Stress-Strain Behavior-Analysis, Experimentation, and Failure Prediction. ASTM STP 519, American Society for Testing and Materials, 1973: 246-270.

[18] Kodama S. The behavior of residual stress during fatigue stress cycles[C]//Proceedings of

the International Conference on Mechanical Behavior of Metals II,1972,2:111-118.

[19] Holzapfel H,Schulze V,Vohringer O,et al. Residual stress relaxation in an AISI 4140 steel due to quasistatic and cyclic loading at higher temperatures[J]. Materials Science and Engineering. 1998,(248):9-18.

[20] 史东梅. LY12 铝合金尺寸稳定化处理的研究[D]. 哈尔滨:哈尔滨工业大学硕士学位论文,1987.

[21] 金延. 高强度铝合金沉淀相结构和时效微观机理的研究[D]. 北京:北京航空材料研究院博士学位论文,1991.

[22] Mondolfo L F. Aluminum alloys: structure and properties[M]. London-Boston: Butter Worths,1976.

[23] Croucher T. Uphill quenching of aluminum: Rebirth of a little known process[J]. Heat Treating,1983,15(10):30-34.

[24] Yoshihara N,Hino Y. Removal technique of residual stress in 7075 aluminum alloy[C]// 1991 3th ICRS,1991:1140-1145.

[25] 杨峰,武高辉,孙东立. 冷热循环工艺中冷热转移速率对 LY12 铝合金尺寸稳定性的影响[J]. 上海金属,2003,25(1):1-4.

[26] 杨峰,武高辉,孙东立. 稳定化处理对 LY12 铝合金微屈服行为影响的初探[J]. 机械工程材料,2003,27(7):6-8.

[27] 张帆,李小璀,孙鹏飞. 热处理对 LY12 合金微塑变抗力的影响[J]. 金属热处理,2000,(4):5,6.

[28] 邵华,刘兆晶,刘君,等. 分级时效和冷热循环对 2024 铝合金微塑变抗力的影响[J]. 中国有色金属学报,2000,10(3):330-332.

[29] 陈鼎,黎文献. 铝和铝合金的深冷处理[J]. 中国有色金属学报,2000,10(6):891-895.

[30] 王秋成,付军,胡晓冬,等. 深冷处理消除铝合金板材残余应力的建模与仿真[J]. 低温工程,2006,(2):45-48.

[31] M. Д. 亨金,ЛИ. X. 洛克申. 精密机械制造与仪器制造中金属与合金的尺寸稳定性[M]. 蔡安源,杜树芳,译. 北京:科学出版社,1981.

[32] Yang F,Wu G H,Sun D L,et al. Study on isotropy treatment process of hot extruded LY12 Al alloy[J]. Materials Science and Engineering A,2000,280(1):50-53.

[33]Yang F,Wu G H,Sun D L. A study on micro-plastic deformation behavior of 2024 Al alloy [J]. Acta Metall Sinica,2000,13(2):502-507.

[34] 杨峰,武高辉,孙东立,等. 2024 铝合金微变形各向异性消除工艺研究[J]. 金属热处理,2000,(3):20,21.

[35] 杨峰,武剑峰,孙东立,等. LY12 铝合金挤压棒材各向同性化处理工艺的研究[C]//材料研究与应用新进展会议,1999:1088-1091.

[36] 杨峰. LY12 铝合金尺寸稳定化处理工艺原理及其评价方法[D]. 哈尔滨:哈尔滨工业大学博士学位论文,2000.

[37] Tang J C, Li S D, Mao X Y, et al. Effect of electric field on the crystallization process of amorphous $Fe_{86}Zr_7B_6Cu_1$ alloy[J]. J. Phys. D: Appl. Phys. ,2005,38(5):729-732.

[38] Hummel R E, Huntington H B. Electro-and thereto-transport in metals and alloys[J]. AIME,1997.

[39] Conrad H, Ramachandran S, Jung K, et al. Transmission electron microscopy observations on the microstructure of naturally aged Al-Mg-Si alloy AA6022 processed with an electric field[J]. Journal of Materials Science,2006,41(22):7555-7561.

[40] Jung K, Conrad H. External electric field applied during solution heat treatment of the Al-Mg-Si alloy AA6022[J]. Journal of Materials Science,2004,39(21):6483-6486.

[41] Conrad H, Sprecher A F, Cao W D, et al. Elctroplasticity-the effect of electricity on the mechanical properties of metals[J]. JOM, Journal of the Minerals, Metals and Materials Society,1990,42(9):28-33.

[42] 刘伟. 铝锂合金电场热处理工艺及理论研究[D]. 沈阳:东北大学博士学位论文,1995.

[43] Conrad H, Guo Z, Sprecher A R. Effect of an electric field on the recovery and recrystallization of Al and copper[J]. Sripta Metallurgica,1989,23(6):821-823.

[44] 王美玲. 电场时效 LY12 铝合金微变形行为[D]. 哈尔滨:哈尔滨工业大学硕士学位论文,2001.

[45] Wang X F, Sun P L, Wu G H, et al. Effects of aging in electric field on 2024 alloy[J]. Trans Nonferrous Met Soc China,2002,12(2):283-285.

[46] 孙东立,王美玲,王秀芳,等. 电场时效对 LY12 铝合金微变形行为的影响[J]. 材料工程,2003,(5):15-18.

[47] 王秀芳. 一种提高了 LY12 铝合金微塑性变形抗力的新工艺[C]//2000 中国材料研讨会,2000:944-947.

[48] 郭金芳. 陀螺转子轴承保持架的质量分析与控制[J]. 轴承,2004,(5):30-32.

[49] 邓宏论,刘郭建. 液浮陀螺电机用轴承的寿命可靠性分析[J]. 中国惯性技术学报,2005,13(2):63-65.

[50] 何传五,李东. 陀螺电机可靠性研究[J]. 航天控制,2002,(4):74-83.

[51] 万德钧,周百令. 陀螺电机的振动与平衡[J]. 水利水电科技进展,2005,26(11):46-55.

[52] 刘春浩,顾家铭,周赤忠,等. 陀螺仪电动机转子轴承研究现状与展望[J]. 机械工程学报,2006,42(11):17-25.

[53] 王子君. 陀螺轴承用多孔含油聚酰亚胺保持架研究[D]. 合肥:合肥工业大学硕士学位论文,2004.

[54] 季亚男. 磁滞陀螺电机在单自由度液浮陀螺中的应用研究[D]. 天津:天津大学硕士学位论文,2003.

[55] 马文烈,蒋天弟,万洪芳. 陀螺马达振动测试方法和结果分析[J]. 农机化研究,2003,(2):170,171.

[56] 董劲峰,和德安. 液浮速率陀螺仪的研究和改进[J]. 传感器技术,2003,22(7):10-12.

[57] 郭素云. 陀螺仪原理及应用[M]. 哈尔滨:哈尔滨工业大学出版杜,1985.

[58] 王淑娟,吴广玉. 惯性器件温度误差补偿方法综述[J]. 中国惯性技术学报,1998,6(3):44-49.

[59] 叶世雄,冯佩明. 国外惯性加速度计的研制和发展概况[J]. 惯性导航与器件,1980,3:50-55.

[60] Г. А. 斯洛棉斯基. 浮子式陀螺仪及其应用[M]. 北京:国防工业出版社,1965.

[61] 王栋. 高精度陀螺温控系统的工程实现研究[D]. 哈尔滨:哈尔滨工程大学硕士学位论文,2006.

[62] Chrzanowski K,Fischer J,Matyszkiel R. Testing and evaluation of thermal cameras for absolute temperature measurement[J]. Optical Engineering,2000,39(9):2535-2544.

[63] 何学农. 红外热像仪在石化行业节能中的应用[J]. 今日电子,2008,(5):64-65.

[64] 刘宇,黎蕾蕾,刘俊,等. 压电陀螺漂移特性的灰色神经网络建模研究[J]. 系统仿真学报,2007,19(20):4676-4679.

[65] 徐清雷,邓正隆,张传斌. 光纤陀螺刻度因子的建模方法[J]. 光电工程,2004,31(12):4-7.

[66] Chen X Y. Modeling random gyro drift by time series neural networks and by traditional method[C]//Neural Networks& Signal Processing Conference,Nanjing,P R China,IEEE,2003,1:810-813.

[67] Bian H W,Jin Z H,Tian W F. A projection pursuit learning network for modeling temperature drift of FOG[C]//NeuraI Networks& Signal Processing Conference,Nanjing,P R China,IEEE,2003,1:87-90.

[68] 阎平凡,张长水. 人工神经网络与模拟进化计算[M]. 北京:清华大学出版社,2000.

[69] 陈晨,张祖培,卢文阁,等. 工程陶瓷及特种石墨在热熔器结构设计中的应用[J]. 吉林大学学报(地球科学版),2004,34(4):643-647.

[70] Litvinenko V S. Foreground of terrestrial heat drilling using subterrene[A]//Deadiken U D. Physical Process of Mine Production. Saint-Petersburg:SPSMI,1995:35-43.

[71] 马小霞,戴世荣,李汉舟,等. 基于模糊控制的陀螺温度控制系统研究[J]. 中国惯性技术学报,2004,12(2):68-71.

[72] 刘玉光. 惯性平台温控系统精度研究[J]. 中国惯性技术学报,1996,4(1):33-37.

[73] 李巍,房建成,俞文伯,等. 控制力矩陀螺用主动电磁轴承数字控制系统设计与实现[J]. 中国惯性技术学报,2005,13(4):47-51.

[74] 马小霞,戴世荣,李汉舟,等. 陀螺数字 PID 温度控制系统设计与实现[J]. 中国惯性技术学报,2004,12(1):66-69.

[75] 马小霞,李汉舟,马建辉. 陀螺 Fuzzy-PID 温度控制系统研究[J]. 中国惯性技术学报,2004,12(5):58-61.

[76] 马小霞,戴世荣,李汉舟,等. 基于 PC/104 的陀螺温度控制系统研究[J]. 导航与控制,2003,12(4):68.

[77] Websler D L. Beryllium Science and Technolony[M]. New York:Plenum,1979.

[78] Fitzpatrick M E,Lodini A. Analysis of Residual Stress by Diffraction Using Neutron and Synchrotron Radiation[M]. London:Taylor & Francis Press,2003.

[79] Wang Q C, Ke Y L, Xing H Y, et al. Evaluation of residual stress relief in aluminum alloy 7050 using the crack compliance method[J]. Trans Nonferrous Met Soc China, 2003, 13(5): 1190-1193.

[80] Withers P J, Bhadeshia H K. Residual stress parts 1: measurement techniques[J]. Materials Science and Technology, 2001, 17(4): 355-365.

[81] Noyan I C, Cohen I. Residual Stress Measurements by Diffraction and Interpretation [M]. New York: Springer, 1987.

[82] Nickola W E, Practical subsurface residual stress evaluation by the hole-drilling method [C]//Procceedings of the Fifth International Congress on Experimental Mechanics, 1986: 126-136.

[83] Andersen L F. Residual stresses and deformation in steel structures[D]. Technical University of Denmark Ph D. thesis, 2000.

[84] Gremaud M, Cheng W, Finnie I, et al. The compliance measurement of near surface residual stresses-analytical background[J]. Journal of Engineering Materials and Technology, 1994, 116(4): 550-555.

[85] 张定铨,何家文. 材料中残余应力的 X 射线衍射分析和作用[M]. 西安:西安交通大学出版社,1999.

[86] HB/Z 352-2002. 航空精密仪器仪表金属制件的尺寸稳定化处理[S]. 国防科学技术业委员会,2003.

[87] 郑卜祥,宋永伦,席峰. X 射线衍射法测残余应力的"突变"现象与定峰技巧探讨[J]. 理化检验-物理分册,2008,44(3):119-122.

[88] Yang F, Wu G H, Sun D L, et al. Study on isotropy treatment process of hot extruded LY12 Al alloy[J]. Materials Science and Engineering A, 2000, 280(1): 50-53.

[89] 钟万登. 液浮惯性器件[M]. 北京:宇航出版社,1994.

[90] 王德鸿,李德才. 液浮陀螺仪框架结构刚度特性的研究[J]. 中国惯性技术学报,2000,8(1):36-41.

[91] 李德才,王德鸿. 惯性陀螺框架刚度特性的数值研究[C]//2005 年 UFC 中国用户论文集,2005:1-5.

[92] 凌林本,郑淑娜,白水杰,等. 太空环境压力变化对液浮陀螺性能的影响分析[J]. 中国惯性技术学报,2008,16(4):466-469.

[93] Wenk H R, Canova G, Brechet Y A deformation-based model for recrystallization of anisotropic materials[J]. Acta Materialia. 1997, 45(8): 3283-3296.

[94] 吴敏镜. 惯性器件制造技术[M]. 北京:宇航出版社,1989.

[95] 常庆明,陈长军,陈霞,等. 车轮液淬过程的三维热场模拟[J]. 武汉科技大学学报,2008,31(5):501-505.

[96] Totten G E, Mackenzie D S. Aluminum quenching technology: a review[J]. Materials Science Forum, 2000, 331-337: 589-594.

[97] 赖宏,刘天模. 45 钢零件淬火过程温度场的 ansys 模拟[J]. 重庆大学学报,2003,26(3):82-84.

[98] 方刚,曾攀.金属正交切削工艺的有限元模拟[J].机械科学与技术,2003,22(4):641-645.

[99] 侯满义,李曙林,孙旭,等.飞机壁板结构战伤的动力有限元仿真[J].空军工程大学学报,2007,8(1):1-3.

[100] 王慧东.高锰钢钻削加工仿真与实验研究[D].大连:大连交通大学硕士学位论文,2009.

[101] Galloway D F. Some experiments on the influence of various fac tors on drill performance [J]. ASME Transactions,1957,79:191-237.

[102] Tsai W D,Wu S M. A mathematical model for drill point design and grinding[J]. Journal of Engineering for Industry,ASME Transactions,1979,101:333-340.

[103] Paul A,Kapoor S G,Devor R E. A chisel edge model for arbitrary drill point geometry [J]. Journal of Manufacturing Science and Engineering, 2005,127(1):23-32.

[104] Guo Y B,Dornfeld D A. Finite element modeling of burr formation process in drilling 304 stainless steel[J]. Journal of Manufacturing Science and Engineering, 2000,122(4):612-619.

[105] 邓文英.金属工艺学(下)[M].北京:高等教育出版社,2004.

[106] 查利 R. 布鲁克斯,阿肖克·考霍莱.工程材料的失效分析[M].谢斐娟,译.北京:机械工业出版社,2003.

[107] 郭永良,刘兴秋,杨峰,等.LY12 铝合金微屈服强度测试方法的研究[J].物理测试,2000,(3):29-31.

[108] Brown N. Electron microscopy and microplasticity of metals[J]. Acta Met.,1962,10(2):1101-1107.

[109] Marschall C W, Maringer R E. Dimensional Instability[M]. New York: Pergamon Press,1977.

[110] 杨峰,武剑锋,武高辉,等.LY12 铝合金冷热循环处理稳定化基本原理的研究[C]//惯性器件材料与工艺学术研讨暨技术交流会,2005:56-61.

[111] 单岩,夏天,赵雅杰,等.数控线切割加工[M].北京:机械工业出版社,2008.

[112] 李立.数控线切割加工禁忌与技巧[M].北京:机械工业出版社,2010.

[113] 梅硕基.惯性仪器测试与数据分析[M].西安:西安工业大学出版社,1991.

[114] 彭文季.水电机组振动故障的智能诊断方法研究[D].西安:西安理工大学博士学位论文,2007.

[115] 翁贤邦.振动测试技术讲座第一讲基本概念[J].噪声与振动控制,1986,(6):58-64.

[116] 翁贤邦.振动测试技术讲座第二讲测振传感器[J].噪声与振动控制,1987,(1):53-58.

[117] 陈桂明,张明照,戚红雨.应用 MATLAB 处理数字信号与数字图像[M].北京:科学出版社,2000.

[118] 沈国际.振动信号处理技术在直升机齿轮箱故障诊断中的应用[D].长沙:国防科技大学博士学位论文,2005.

[119] 樊永生.机械设备诊断的现代信号处理方法[M].北京:国防工业出版社,2009.

[120] 何岭松.小波函数性质及其对分析结果的影响[J].振动工程学报,2000,13(1):143-146.

[121] Yan R Q. Base wavelet selection criteria for non-stationary vibration analysis in bearing

health diagnosis[D]. University of Massachusetts Amherst,2007.

[122] 迟军,单一峰. 机械振动信号分析中小波函数的选择[J]. 机电工程,2007,24(7):17-19.

[123] 任春辉,魏平,肖先赐. 改进的 Morlet 小波在信号特征提取中的应用[J]. 电波科学学报,2003,18(6):633-637.

[124] 张贤达,保铮. 非平稳信号分析与处理[M]. 北京:国防工业出版社,1998:23-42.

[125] Huang N E,Shen Z,Long S R,et al. The empirical mode decomposition and the Hilbert spectrum for nonlinear and non-stationary time series analysis[J]//Proceeding of the Royal Socciety Ser. A. London,1998,454(1971):903-995.

[126] 曹建军,张培林,任国全,等. 基于蚁群优化的振动信号特征选择[J]. 振动与冲击,2008,27(5):24-26.

[127] 李颖新,刘全金,阮晓钢. 急性白血病的基因表达谱分析与亚型分类特征的鉴别[J]. 中国生物医学工程学报,2005,24(2):240-244.

[128] 李玉榕,项国波. 一种基于马氏距离的线性判别分析分类算法[J]. 计算机仿真,2006,23(8):86-88.

[129] 汪西莉,焦李成. 一种基于马氏距离的支持向量快速提取算法[J]. 西安电子科技大学学报,2004,31(4):639-643.

[130] 钟珞,饶文碧,邹承明. 人工神经网络及其融合技术[M]. 北京:科学出版社,2007.

[131] 刘美容. 基于遗传算法、小波与神经网络的模拟电路故障诊断方法[D]. 长沙:湖南大学博士学位论文,2009.

[132] Funahashi K. On the approximate realization of continuous mapping by neural networks [J]. Neural Networks,1989,(2):183-192.

[133] 王军强. 基于振动模态分析技术和神经网络的结构损伤监测[D]. 西安:西安工业大学硕士学位论文,2005.

[134] 周斌. 基于 BP 神经网络的内燃机排放性能建模与应用研究[D]. 成都:西南交通大学博士学位论文,2004.

[135] 邓伟妮. 基于 BP 神经网络的西安市 PM_{10} 污染预报及其 MATLAB 实现[D]. 西安:西安科技大学硕士学位论文,2008.

[136] 胡婧. 基于 BP 神经网络的滚动轴承缺陷诊断研究[D]. 武汉:华中科技大学硕士学位论文,2006.

[137] 严鸿,管燕萍. BP 神经网络隐层单元数的确定方法及实例[J]. 控制工程,2009,16(S):100-102.

[138] 黄丽. BP 神经网络算法改进及应用研究[D]. 重庆:重庆师范大学硕士学位论文,2008.

[139] Abiyev R H,Altunkaya K. Neural network based biometric personal identification with fast iris segmentation[J]. International Journal of Control, Automation, and Systems,2009,7(1):17-23.

[140] Yang L,Song M L. Research on BP neural network for nonlinear economic modeling and its realization based on matlab [C]//International Symposium on Intelligent Information Technology Application,2009:505-508.

[141] Wu X G,Zhu Y P. A mixed-encoding genetic algorithm with beam constraint for conformal radiotherapy treatment planning[J]. Medical Physics,2000,27(11):2508-2516.

[142] Ha J L,Fung R F,Han C F. Optimization of an impact drive mechanism based on real-coded genetic algorithm[J]. Sensorsand Actuators,2005,121(2):488-493.

[143] Baland L,Estel L,Cosmao J M,et al. A genetic algorithm with decimal coding for the estimation of kinetic and energetic parameters[J]. Chemometrics and Intelligent Laboratory Systems,2000,50(1):121-135.

[144] 王银年. 遗传算法的研究与应用[D]. 无锡:江南大学硕士学位论文,2009.

[145] 李小荣,郭永刚. 基于遗传算法优化神经网络权值的损伤识别[J]. 噪声振动与控制,2008(6):47-51.

[146] Vapnik V N. The Nature of Statistical Learning theory[M]. New York: Springer-Verlag,1995.

[147] 曹志坤. 制冷陈列柜性能仿真 SVM 方法的研究及应用[D]. 上海:上海交通大学博士学位论文,2009.

[148] 彭文季. 水电机组振动故障的智能诊断方法研究[D]. 西安:西安理工大学博士学位论文,2007.

[149] 张艳秋,王蔚. 利用遗传算法优化的支持向量机垃圾邮件分类[J]. 计算机应用,2009,29(10):2755-2759.

[150] Nguyen H N, Syng-Yup Ohn S Y, Park J, et al. Combined kernel function approach in SVM for diagnosis of cancer[J]. Lecture Notes in Computer Science, 2005, 3610: 1017-1026.

[151] Lu M Z,Chen L P,Huo J B. Optimization of combined kernel function for SVM by particle swarm optimization[C]//Proceedings of the Eighth International Conference on Machine Learning and Cyberneties,2009,2:1160-1166.